螺杆真空泵
理论与应用

张世伟 张志军 孙 坤 著

Theory and Application of Screw Vacuum Pump

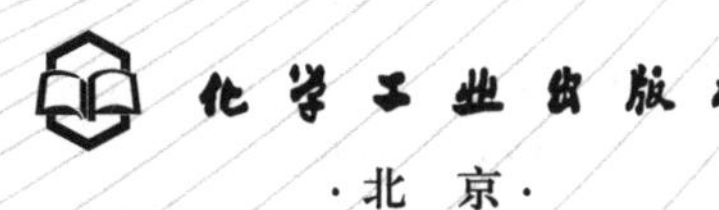

·北 京·

内容简介

本书是一部系统介绍螺杆真空泵的专著，全书共分7章，系统阐述了螺杆真空泵在设计、制造、应用各个环节所涉及的基本理论和方法，内容包括螺杆真空泵的抽气原理与特点，螺杆真空泵转子型线设计的基础理论和常用基本型线，螺杆转子的螺旋展开方式与动平衡设计方法，螺杆真空泵的结构设计，泵内气体流动与热力学过程分析，以及螺杆真空泵的典型工程应用。

本书理论与实践紧密结合，可作为螺杆真空泵理论研究、设计、生产、销售与维护人员以及螺杆真空泵应用领域工作人员的参考书，也可作为高等学校应用物理、真空技术、流体机械、半导体、新能源等相关专业本科生、研究生的参考资料。

图书在版编目（CIP）数据

螺杆真空泵理论与应用 / 张世伟，张志军，孙坤著.
北京 : 化学工业出版社，2025. 1（2025. 5 重印）. -- ISBN 978-7-122-46743-0

Ⅰ. TB752

中国国家版本馆 CIP 数据核字第 2024Q3E208 号

责任编辑：卢萌萌　戴燕红　　文字编辑：王云霞
责任校对：李雨晴　　装帧设计：史利平

出版发行：化学工业出版社
（北京市东城区青年湖南街 13 号　邮政编码 100011）
印　　装：涿州市般润文化传播有限公司
710mm×1000mm　1/16　印张 13　字数 243 千字
2025 年 5 月北京第 1 版第 2 次印刷

购书咨询：010-64518888　　售后服务：010-64518899
网　　址：http://www.cip.com.cn
凡购买本书，如有缺损质量问题，本社销售中心负责调换。

定　　价：128.00 元

前言

螺杆真空泵是一种容积式机械真空泵，作为一种直排大气的低真空泵，它具有无油污染、抽速范围宽、结构简单紧凑、抽气部件无机械磨损、工作性能可靠、寿命长、排出可凝性蒸气和固体粉尘颗粒能力强等特点，因此在医药化工、钢铁冶金、轻工食品、航空航天等传统经济产业，以及半导体加工、太阳能电池、锂电池等新兴高技术产业都得到了广泛的应用，已成为增长速度较快的真空获得产品，备受生产企业和使用单位的青睐。

近年来，国内真空行业专家学者对螺杆真空泵有较多关注，在螺杆转子型线的选择与构造设计、螺旋展开方式与内压缩效果、螺杆转子的三维建模与动平衡方法、泵内气体输运过程与级间返流对抽气性能的影响等方面开展研究，俨然已成为真空行业的热点。但目前尚未有关于螺杆真空泵的系统论著公开出版，虽有少数真空获得设备类教材设立了有关螺杆真空泵的章节，但因容量小、内容浅，无法满足国内研究单位和生产企业对相关知识体系的迫切需求。本书作者在广泛收集借鉴国内外有关资料的基础上，结合自身多年来开展相关理论研究的成果和产品设计的经验，完成了本书的编写工作。

作为国内出版的第一部螺杆真空泵专著，本书集中反映了当前螺杆真空泵领域的主要研究成果，既包括作者团队和国内同行学者的理论研究工作，也涵盖国际知名真空企业的典型产品，体现了螺杆真空泵的最新技术水平。书中详细介绍了螺杆真空泵的抽气原理与性能特点；针对其关键构件——螺杆转子的设计制造，系统阐述了型线构造的基础理论、典型转子型线的解析方程以及螺旋展开方式和动平衡设计的方法；全方位介绍了螺杆真空泵的结构组成与各部分构件的设计要点；深入剖析了泵内气体的流动过程与热力学过程；列举了螺杆真空泵和罗茨-螺杆泵干式真空机组的典型工程应用。

本书由张世伟、张志军和孙坤著，其中张世伟负责第 1 章、第 2 章、第 7 章，张志军负责第 3 章、第 6 章，孙坤负责第 4 章、第 5 章；全书最后由张世伟统稿。在作者及其团队关于螺杆真空泵近 20 年的研究历程中，感谢东北大学机械工程与自动化学院真空与过程装备专业各位同事的长期合作与相互扶持；感谢团队中参与螺杆真空泵相关研究工作的历届研究生同学，他们有刘春姐、赵瑜、刘柳红、刘冰、顾中华、赵晶亮、张英锋、张杰、赵凡、蔡旭、翟云飞、高雷鸣等。在本书成稿的过程中，得到许多真空行业前辈、同行专家学者以及相关企业技术翘楚的指导，特别感谢姜燮昌先生、孙杰先生、 孙猛先生、许祖近先生、杨耀先生、王波女士和张莉女士，以及做出大力支持的东北大学真空专业校友谭晓华同学、刘吉峰同学、 温燕修同学、周良峰同学、王驰同学、韩峰同学等。

限于著者水平及编写时间，书中存在不妥或疏漏之处在所难免，诚望读者批评指正，共同为提升我国螺杆真空泵的整体研发水平，促进螺杆真空泵制造技术的发展贡献绵薄之力。

著　者

2024 年 8 月

目录

034 第3章 常用螺杆真空泵转子基本型线

059 第4章 螺杆真空泵转子的螺旋展开与动平衡

第1章
绪论

1.1 真空泵分类

真空泵是用于产生、改善和维持真空的装置。真空泵的作用是根据真空应用设备的工艺要求，抽除其内部的各种气体，为其提供合适的低压状态环境条件，从而保障真空应用工艺的顺利进行。由于真空应用技术的需求多种多样，包括要求抽除气体成分的构成、抽除气体量的多少、设备极限真空度和工艺工作真空度的高低等多方面的差异性，所要求配置的真空泵的种类和性能也各不相同，由此引出许多不同种类的真空泵。

按照其基本工作原理，真空泵总体上可分为气体输送泵和气体捕集泵两种类型[1,2]。气体输送泵是一种在吸气口不断吸入气体并从排气口排出泵外从而达到抽气目的的真空泵；气体捕集泵则是一种从吸气口吸入被抽气体并将其吸附或凝结在泵内部分表面上不即时排出泵外的真空泵。

(1) 气体输送泵

气体输送泵又可以分为变容式真空泵和动量传输式真空泵。其中变容式真空泵是利用泵腔容积的周期性变化或转移来完成吸气、隔离、压缩和排气的装置，即通过与吸气口连通的泵腔容积膨胀吸入气体，随之与吸气口隔离开来，然后将气体输送到排气口，泵腔容积压缩将气体排出泵外。变容式真空泵泵腔容积实现周期性膨胀与压缩的方式，可以是利用泵腔内活塞的往复运动将气体吸入、压缩并排出，如往复式真空泵和隔膜真空泵；更多的是利用泵腔内转子的旋转运动将气体吸入、压缩并排出，如旋片泵、滑阀泵、液环泵、余摆线泵、涡旋泵、罗茨泵、爪式泵、螺杆泵等。

动量传输式真空泵是利用高速运动的固体表面或高速流动的流体射流，把动量传输给被抽气体或气体分子，使之吸入、压缩并排出的一种真空泵。与变容式真空泵将气体分段隔离开来分别输送的方式不同，动量传输式真空泵中被抽气体由入口持续不断地被输送到出口。采用固体表面携带气体分子的动量传输式真空泵是利用高速旋转的转子（及叶片）把动量传输给气体分子的，如涡轮分子泵和牵引分子泵，以及由二者组合串联而成的复合分子泵。采用高速流体射流携带气体的动量传输式真空泵，通常是利用流体射流文丘里效应产生的压力降，将被抽气体从吸气口携带到排气口。射流流体可以是液体，如水喷射泵；更多的则是气体，通常采用拉瓦尔喷嘴结构使气体形成超声速射流从而获得更强的抽气能力，例如：采用普通空气为射流流体的大气喷射泵，采用水蒸气为射流流体的水蒸气喷射泵，采用油（及汞等）蒸气为射流流体的油扩散泵和油增压泵，等等。

（2）气体捕集泵

气体捕集泵的吸气机制包括吸附、凝结、化合和掩埋等多种形式。吸附泵是主要依靠具有大真实表面积的吸附剂材料（如多孔物质）的物理吸附作用来抽气并将其保留在泵内的一种捕集式真空泵，往往可以通过降温来提高其吸气速率和延长吸附时间，如分子筛吸附泵。低温泵单纯利用一系列低温表面来冷凝捕集气体，低温表面的温度应低至能使被抽气体可以发生凝华，如氦制冷机低温泵。吸气泵是利用气体分子与吸气剂发生化合反应形成化学吸附而保留在泵内的一种捕集式真空泵，吸气剂通常是一种金属（如钛）或合金，并以散装或蒸发、溅射沉积成新鲜薄膜的状态存在，采用加热方式使吸气剂金属升华为蒸气再沉积成吸气薄膜的捕集泵是升华泵；采用将被抽气体电离成离子并对吸气剂金属制成的阴极进行溅射从而沉积形成吸气薄膜的捕集泵是溅射离子泵。吸附泵和低温泵在吸气量趋于饱和后可以暂时脱离吸气工作状态而后进入再生状态，通过升温方式促使泵内表面吸附或凝结的气体重新脱附或蒸发释放出来，再生后又可以重新投入吸气工作。升华泵和溅射离子泵则是通过不断产生的新鲜吸气薄膜，将先前化合吸附的气体分子掩埋起来，从而维持长时间持续吸气工作。

（3）真空泵的工作压力范围

按照其工作区域，即能够正常抽气工作的压力范围，真空泵可以划分为粗（低）真空泵、高真空泵、超高真空泵和增压泵。粗（低）真空泵是从大气压开始降低容器内压力的真空泵；高真空泵和超高真空泵分别是在高真空和超高真空范围内工作的真空泵；增压泵通常设置在高真空泵和低真空泵之间，用于提高抽气系统在中间压力范围内的抽气速率或改善系统压力分布，以降低前级泵所需抽速，如机械增压泵（罗茨泵）和油增压泵。粗（低）真空泵是本书内容的重点。

按照工作原理和工作压力范围，真空泵的分类可参见表 1-1。

按照真空泵在真空系统中的作用，又有主泵、预抽泵、前级泵、维持泵等分类。主泵是在真空系统中用于获得最高真空度的真空泵。预抽泵是从大气压开始降低系统压力直到另一（工作于更低压力区域）真空泵或真空系统开始工作的真空泵。前级真空泵是用于维持另一个真空泵的前级压力在其临界前级压力以下的真空泵，前级泵也可以同时兼做预抽泵使用。维持泵是在真空系统中，当气体流量很小时，不能有效地利用主前级泵，为此，在真空系统中配置一种容量较小的辅助前级泵维持主泵正常工作或维持已抽空容器所需的低压的真空泵。

表 1-1　真空泵的分类

工作原理				工作压力范围/Pa				备注
分类	传输机理	特征	种类	超高真空	高真空	中真空	低真空	
				$10^{-9}\sim 10^{-5}$	$10^{-5}\sim 10^{-1}$	$10^{-1}\sim 10^{2}$	$10^{2}\sim 10^{5}$	
气体输送泵	变容式	往复运动	往复泵					V
			隔膜泵					V
		旋转运动	旋片泵					V
			滑阀泵					
			液环泵					
			涡旋泵					V
			干式罗茨泵					V
			罗茨增压泵					V
			多级罗茨泵					V
			爪式泵					V
			螺杆泵					V
	动量传输式	固体表面	涡轮分子泵					
			复合分子泵					*
		流体射流	水环-大气喷射泵					
			水蒸气喷射泵					
			扩散泵					
			油增压泵					
气体捕集泵	化学化合		钛升华泵					V
	低温凝结		低温泵					*
	物理吸附		分子筛吸附泵					*
	掩埋		溅射离子泵					*

注：1. V 表示可作为干式真空泵的低真空泵；* 表示可组成干式真空系统的高真空泵。
2. 深色压力区域是正常工作范围；浅色压力区域是可扩展工作范围。

1.2 干式真空泵概述

随着半导体、生物医药、新材料、新能源等新兴高科技产业的飞速发展，很多真空应用工艺设备对其工作的真空环境提出了更为严苛的要求，不仅关注其“数量”（真空度指标），更强调其“质量”（残余气体的成分）。其中最为常见的要求之一就是不允许有机物蒸气分子对真空容器造成污染，故而导致传统的油封式真空泵（如旋片泵、滑阀泵、往复泵等粗真空泵）因存在泵油蒸气返流扩散危险而不能满足越来越多行业对“清洁真空”的需求。其次，许多工艺过程中存在的毒性、腐蚀性、强溶解性、可凝性气体或蒸气，以及含有的固体颗粒，都会对泵油产生破坏作用从而影响油封泵的正常工作。此外，对各种有害蒸气和固体颗粒耐受性最好的水环泵和水蒸气喷射泵，在医药化工等行业应用中，常常带来大量的溶剂原料损失和废水排放等问题，加大了后续处理工作难度和环境保护压力。总之，传统的“湿式”真空泵越来越无法满足现代新兴产业的技术要求。

针对上述情况，清洁“无油”（oil-free）真空泵，或称为“干式”（dry）真空泵应运而生[3-5]。狭义的“干式真空泵”是指能够从大气压下开始抽气，又能够将被抽气体直接排入大气压或略高于大气压的环境，泵腔内没有起润滑、密封、冷却作用的油脂或其他工作介质的粗（低）真空泵；更广义地，将工作在中高真空区域，泵腔中同样没有污染性工作介质的罗茨真空泵和分子泵也划归为干式真空泵，由各种干式真空泵组成的真空机组称为干式真空机组。与之对应，以油、水或其他聚合物作为工作介质的传统粗（低）真空泵，以及工作在中高真空区域的扩散泵和油增压泵，统称为“湿式”真空泵；包含有任何一种“湿式”真空泵的真空机组，均属于湿式（有油或有水）真空机组。

本书涉及的主要是工作于粗（低）真空区域的容积式无油真空泵，即狭义概念的“干式真空泵”。按照转子是否有固体接触式摩擦，可以划分为非接触型转子（如螺杆式、爪式、罗茨式）和接触型转子（如旋片式、活塞式、膜片式、涡旋式）两种类型。

1.2.1 传统干式真空泵

早期的干式真空泵当属无油旋片真空泵和无油往复真空泵[6]。它们就是在传统油封泵的基础上，取消作为润滑剂和密封剂的泵油工作液体，直接将泵内原有固体接触摩擦的零部件，代之以采用具有自润滑特性的固体材料加工制作而成，属于接触型转子（活塞）。

干式旋片泵是在高速直联式旋片真空泵的基础上，将钢制旋片改为由填充聚四氟乙烯玻璃布、渗金属石墨或者石棉酚醛树脂等材料制作[7]。利用这些材料的自润滑特性，保证旋片在无液体润滑状态下正常工作。同样，干式往复泵是在常规立式或卧式往复式真空泵的基础上，仅仅将活塞密封环采用与之类似的自润滑材料制作；在此过程中，干式往复泵还充分借鉴吸收了无油空压机的经验，有些则直接使用了无油空压机的活塞环，同样取得了成功的经验。当然，在将传统油封泵改造成干式泵的过程中还需要做很多相关变动，例如干式旋片泵的旋片要更短一些以避免旋片折断；转子上旋片槽的宽度更大一些以适应自润滑旋片更大的热膨胀量；旋片泵转子体与泵体以及往复泵的缸体等与自润滑材料发生接触摩擦的部件，要选择与之相匹配的材料；等等。

这种直接脱胎于油封泵的干式真空泵，由于快速满足了工业领域对“无油真空”的迫切需求，在20世纪80年代得以发展。但这一类干式真空泵由于存在无液体润滑的固体接触摩擦，从而带来如下不足之处：摩擦力大，泵的功率消耗也大；泵体发热严重，排气温度高；机械噪声大；参与摩擦的零部件普遍可靠寿命短；另外，这类泵对固体颗粒十分敏感，当抽除含有粉尘的气体时，必须在泵口前加装高密度除尘器；这类泵也不适合抽除不耐高温的有机溶剂蒸气，以免蒸气在泵内发生裂解、焦化、碳化等有害化学反应。

不同于对油封泵的改造，膜片式真空泵（又称隔膜泵）问世之初就是无油真空泵。膜片式真空泵属于往复运动的变容积机械真空泵，电动机通过曲柄连杆机构驱动活塞块，带动膜片做往复移动，依靠柔性膜片的弹性变形，产生泵腔容积的变化。当膜片外移使泵体与膜片间的泵腔容积膨胀变大时，腔内气体压力变低，来自进气口外的被抽气体推开进气阀进入泵腔，直至膜片停止后移时进气阀自动关闭；当膜片内移使泵腔容积收缩变小时，腔内气体压力升高，推开排气阀经排气口排出泵外。

膜片式真空泵内的气流通道只有膜片和进排气阀，无需润滑和密封介质，因此是天然的干式真空泵；膜片式真空泵可以直排大气，可单独使用或者作为其他真空泵的前级泵使用，甚至可以作为输送泵向更高压力容器排气；选用合适的金属与膜片材料，可以输送任何有毒、有害、腐蚀性气体，对可凝性蒸气的耐受性也很好。单级膜片泵所能达到的真空度不高，即便是双级或多级串联，极限压力也仅在数千帕量级；膜片真空泵的抽速也不适于做得很大，通常是在实验室或小型仪器中使用。

1.2.2 涡旋式真空泵

涡旋式真空泵[3,8] 的基本结构如图1-1所示，主要包括左定子静涡旋盘1、右定子静涡旋盘2、转子动涡旋盘3、曲轴4、防自转机构5、进气口6、排气口7和驱动电机8。左、右定子固定在机架上，定子外圆周上开设有进气口，定子静涡旋盘和转子动涡旋盘的中心处开有排气口，电动机通过曲轴带动转子动涡旋盘绕定子中心做公转运动，同时防自转机构约束转子涡旋盘不能发生自转而只能做平动。定子盘底板和转子盘底板上均垂直加工有渐开线涡旋齿，二者的涡旋齿形状相同，但装配时相位错开180°，对插在一起，构成一个个相互隔离的月牙形储气腔，由外圆周进入的气体被封闭在内部。当转子动涡旋盘相对于定子涡旋盘平动公转时，定子涡旋齿与转子涡旋齿相互啮合但留有微小间隙，所围成的各个月牙腔由外向内旋转移动，容积不断缩小，对气体进行压缩。涡旋式真空泵工作原理如图 1-2 所示。在定子和转子上的涡旋齿二者顶端均装有密封圈，多为改

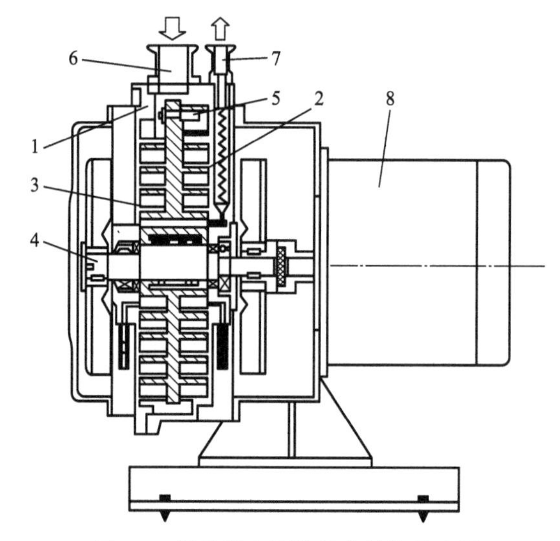

图 1-1　涡旋真空泵的基本结构示意图

1—左定子静涡旋盘；2—右定子静涡旋盘；3—转子动涡旋盘；4—曲轴；5—防自转机构；6—进气口；7—排气口；8—驱动电机

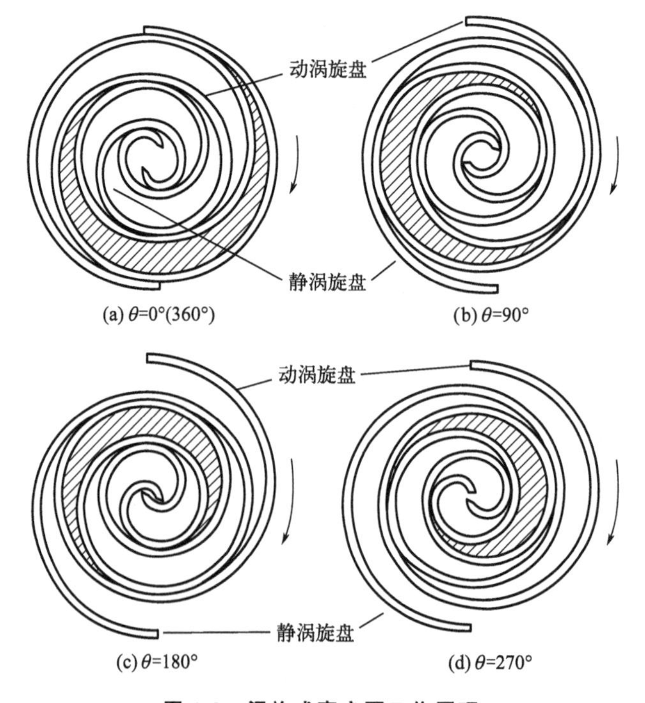

图 1-2　涡旋式真空泵工作原理

性聚四氟乙烯等自润滑材料制成，压紧在对面涡旋盘的底板上，形成月牙储气腔的端面密封，工作时密封圈在底板上滑动，因此涡旋式真空泵属于接触型转子真空泵。

涡旋式真空泵的特点是：a. 由于使用的是自润滑密封件，具有清洁无油的优势；b. 能够直排大气，既可单独工作，也可在无油高真空系统中作分子泵、低温泵的前级泵；c. 体积小、结构简单、零部件少、制造维修成本不高；d. 属于内压缩式真空泵，具有较高的压缩比，且泵内压缩过程连续均匀，因此功率消耗波动小；e. 运行平稳，振动及噪声小。

涡旋泵受涡旋齿型线结构限制，月牙形储气腔容积不大，兼之接触型转子的转速不宜过高，因此不适合做成大抽速泵，目前产品最大抽速为 30L/s。涡旋泵能够大量抽除可凝性蒸气，但对固体颗粒十分敏感，不适宜抽除含有粉尘的气体。

1.2.3 爪式真空泵

爪式真空泵[3,9] 属于非接触型干式泵，其基本抽气部件是一对安装在 8 字形泵腔内的爪形转子；两个平盘形转子共轭啮合，反向同步旋转，爪齿与泵腔圆周内壁间形成的吸排气腔依次与泵腔侧面端壁的吸排气口连通或隔离，通过吸排气腔的膨胀、压缩完成吸排气作用。

以单齿爪自啮合转子为例，爪式真空泵的抽气过程可以分为 4 个阶段。第一阶段如图 1-3(a) 所示，一对爪形转子处于初始位置，吸气腔 S 容积最小，开始与吸气口 2 接通；随着转子同步反向旋转，吸气腔 S 容积增大，外部气体扩散进入 S 腔；同时目前容积很大的排气腔 T 开始逐渐缩小。第二阶段如图 1-3(b) 所示，随着转子对的转动，吸气腔 S 持续增大，吸入气体增多；同时排气腔 T 容积持续缩小，腔内气体被压缩而压力升高，直至与排气口 1 接通，开始排气。第三阶段如图 1-3(c) 所示，转子旋转使排气腔 T 容积压缩至最小，转子即将封闭排气口；同时吸气腔 S 膨胀至最大，也即将与吸气口隔离开；两个转子同步完成吸排气。第四阶段如图 1-3(d) 所示，两个转子分别封闭了吸气口和排气口后，吸、排气腔相互连通成一体，容积进一步增大，吸气腔内的气体得以膨胀；两个转子爪齿相互啮合，两个爪齿之间的梭形空间 3 成为有害空间，存留有原排气腔中的残余气体；随着转子进一步旋转向图 1-3(a) 所示的初始状态过渡时，残余气体被携带回新生成的吸气腔 S 中。主、从转子每旋转一周，完成一次吸排气过程。

一级爪式真空泵的压缩比不足以获得必要的真空度，所以通常是多级（如 3～5 级）串联工作。在两根平行排布的转子轴上顺序串联多级转子腔；在相邻两级转子中间的中隔板上开有气道，将前一级的排气口与后一级的吸气口连通，组成多级爪式真空泵。各级爪形转子的初始相位角位置经过周密计算，以保证相邻级间的吸排气过程合理匹配。各级间的压缩比由转子的厚度控制。图 1-4 为一台小型卧式 4 级转子的爪式泵结构示意图。

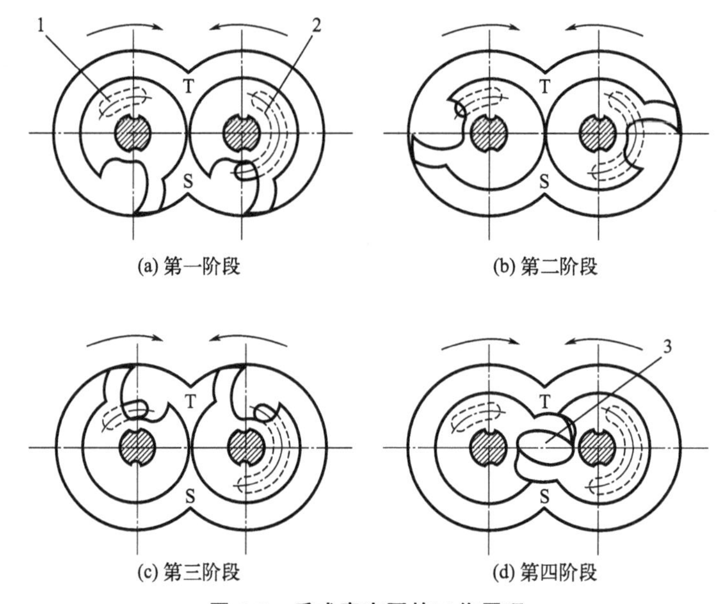

图 1-3　爪式真空泵的工作原理

1—排气口；2—吸气口；3—梭形空间；S—吸气腔；T—排气腔

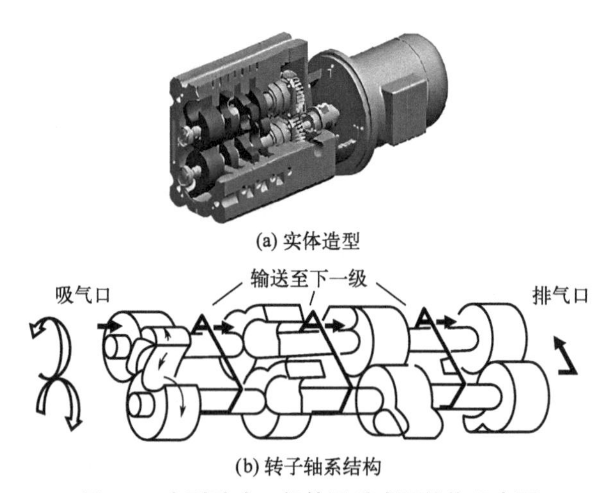

图 1-4　小型卧式 4 级转子爪式泵结构示意图

爪形转子也可以与罗茨转子组合串联，构成多级罗茨-爪式真空泵。

爪式真空泵具有如下特点：a. 转子在泵腔内处于悬浮状态，无接触摩擦，属于非接触型转子，因此泵内不需要润滑剂，属于清洁无油的干式真空泵；b. 可以高转速运行，有利于获得较大的抽速；c. 可靠性好，寿命长；爪式真空泵属于内压缩泵，逐级压缩的排气方式大大降低了排气功耗；d. 在爪形转子的每一次吸排气过程中，都有吸排气口封闭阶段，有效地减少了气体级间返流；e. 开启气镇时能抽除可凝性气体，包括纯溶剂蒸气，适用于要求溶剂物料回收的工艺环节，也可以适当提高排气压力，作为气体输送泵使用。

爪式真空泵的不足之处包括：各级泵腔的级间通道较长，气路曲折，气体流通不够顺畅；不适合含有固体粉尘、颗粒的气体输送，极易在转子端面形成沉积和剐蹭；爪式真空泵的转子、泵腔和级间隔板都需要精加工，机加成本较高；转子与隔板间的端面间隙较难控制，因转子热膨胀、转子轴串动和黏附异物等原因，存在转子与隔板发生接触摩擦、严重剐蹭甚至卡死的风险。

爪形转子的型线不限于单齿，也可以是双齿或多齿；两个转子的型线也可以形状不同，即不属于自啮合曲线，而只需要满足相互共轭啮合即可。一款双爪转子单级爪式真空泵的工作原理如图 1-5 所示，转子每旋转一周，完成 2 次吸排气过程。作为单级爪式真空泵，其极限压力约为 5kPa，在真空脱水脱气、真空输送与搬运、真空包装、化工原料真空蒸发蒸馏等工艺设备中有成功应用。

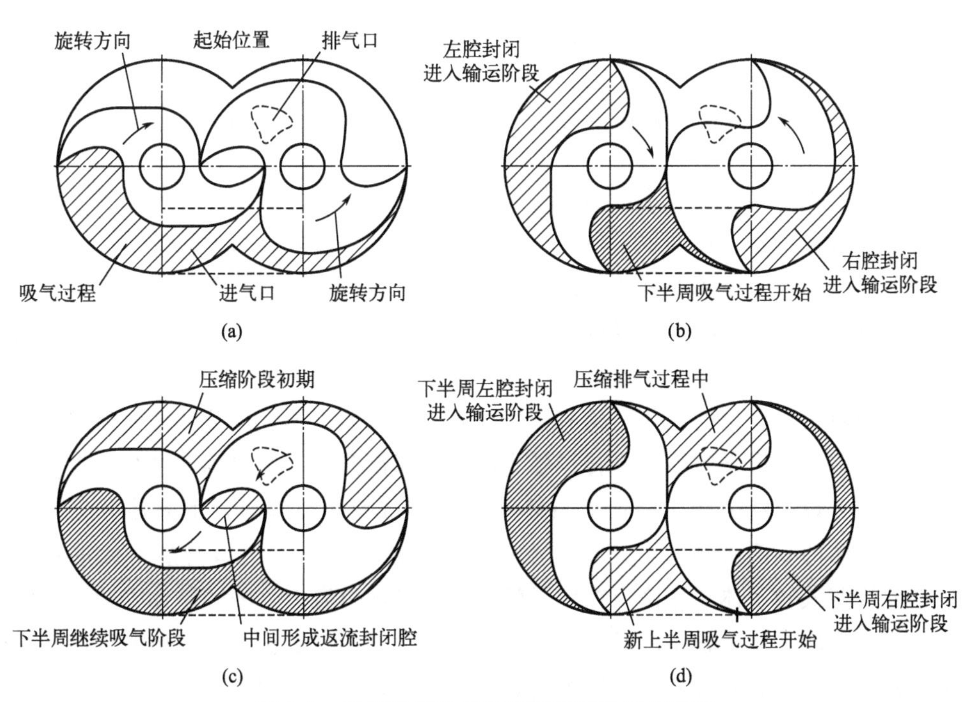

图 1-5　双爪转子单级爪式真空泵的工作原理

1.2.4 多级罗茨真空泵

罗茨真空泵[5] 属于旋转式容积式真空泵，也是天然的清洁无油真空泵，8字形泵腔内的两个转子互相共轭啮合反向同步旋转，两个转子间及与泵腔内壁间均无接触摩擦，泵腔内无任何工作介质。最常见的双叶 8 字形转子罗茨泵的吸排气过程如图 1-6 所示，转子每旋转一周，每个转子的一个齿叶吸排气一次，因此一对双叶转子罗茨泵总共交替吸排气 4 次；同理，三叶转子罗茨泵每旋转一圈，共吸排气 6 次，依此类推。

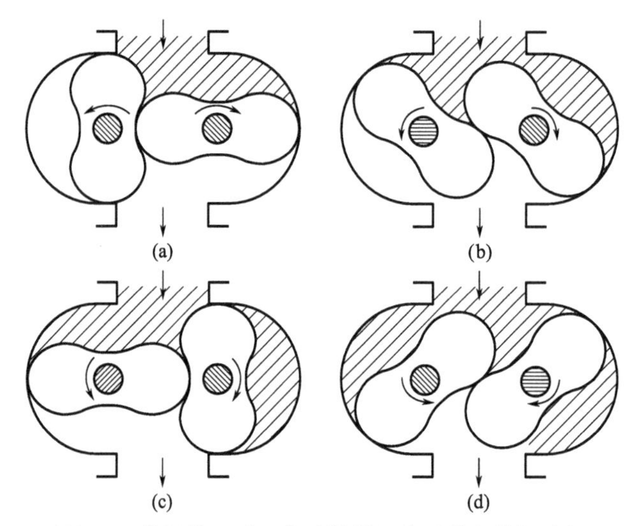

图 1-6 常见的双叶 8 字形转子罗茨泵的吸排气过程

单级罗茨泵的压缩比不足以获得必要的真空度，因此采用多级（通常 4 级以上）串联方式工作。在两根平行排布的转子轴上顺序串联多级罗茨转子；在相邻两级转子中间设置中隔板将相邻两级转子隔离开，形成多级泵腔。在泵体侧壁或中隔板内开有气道，将前一级的排气口与后一级的吸气口连通，组成多级罗茨真空泵。

多级罗茨真空泵的泵体结构有分体式和串联式两种形式。分体式泵体采用卧式结构，将 8 字形泵腔沿两个转子轴中心线平面剖分成上下对称两部分；上下泵体均顺序开设有各级转子腔；上泵体开设各级泵腔的进气口，下泵体开设排气口，在泵体两侧圆周侧壁中开设气流通道连接前一级的排气口与后一级的进气口；各级罗茨转子体顺序固定在转子轴对应泵腔的位置上，随轴整体安装于各级泵腔之内；两个转子轴系的两端支撑轴承和密封件均安装于上下泵体开设的轴承座内；上下泵体的接合面采用涂胶密封，外缘用螺栓连接固定。图 1-7 即为一款分体式 5 级三叶转子罗茨真空泵的实物拆卸照片。

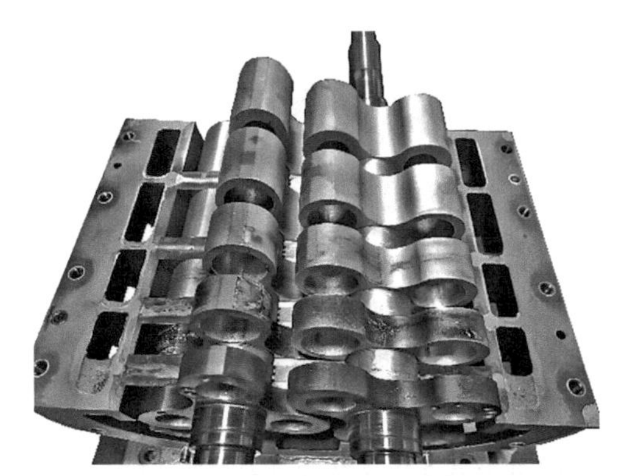

图 1-7　分体式 5 级三叶转子罗茨真空泵实物拆卸照片

串联式泵体是将泵体沿轴向分级拆分，每一级泵体还可以分割成中隔板和泵腔体两个扁平部件；装配时两转子轴垂直摆放，以后端泵体为底座，以轴承为定位基准，由下向上，依次顺序串联叠放各级中隔板和泵腔体；同时在泵腔体内将本级转子体套装在转子轴上，并调整转子体侧面与中隔板的间隙；在中隔板和泵腔体的结合面上设有密封圈或采用涂胶密封，加装定位销保证各级泵腔体的同心度；在中隔板或/和泵腔体上开设气流通道连接前一级的排气口与后一级的进气口；各级泵体串联叠放安装完毕后，用长螺栓将各级泵体统一压紧固定连接。

罗茨泵内的抽气输运过程没有对气体的压缩作用，属于外压缩式真空泵。为取得内压缩效果，多级罗茨真空泵是通过改变不同级的几何抽速来实现内压缩的；在各级转子端面型线相同情况下，最简单的方法就是改变各级罗茨转子的宽度，各级转子的宽度尺寸比就是其容积压缩比。更为有效的方法，也可以通过改变转子端面型线的抽气面积来调节压缩比，比如采用五叶罗茨转子后抽气面积明显变小，从而获得更大压缩比。另外，近些年开始将爪形转子引入多级罗茨泵，即利用爪形转子具有的内压缩特性和对排气口的短时封闭功能，来弥补罗茨转子的不足，构成罗茨-爪形转子多级复合型真空泵，大大提升了多级泵的内压缩性能，明显改善其抽气特性和对不同工况的适应能力，已经在泛半导体领域得到成功应用。图 1-8 即是一款串联式 5 级罗茨-爪式真空泵的结构示意图。

多级罗茨真空泵以及多级罗茨-爪式真空泵的特点是，作为非接触式转子的容积式真空泵，可以高转速运行，因此体积小、质量轻；运行中振动小，噪声低；具有固定的内压缩比，排气能耗低，高效节能；多级罗茨泵的级间气流通道很长，各级排气口下方可以设置宽大的预留空间，用以积存从气流中脱离出来的固体颗粒物，因此对含有粉尘的气体和各类可凝性蒸气具有高耐受性。

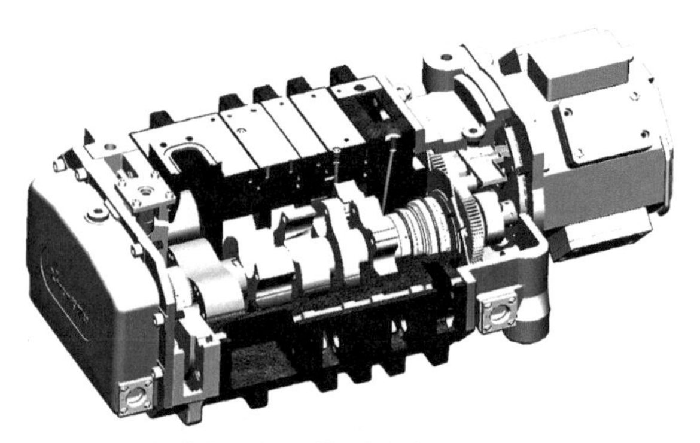

图 1-8　串联式 5 级罗茨-爪式真空泵的结构示意图

1.3　螺杆真空泵原理与特点

干式螺杆真空泵属于容积式机械真空泵，其基本工作原理脱胎于出现更早的螺杆气体压缩机和螺杆液体输送泵。尽管螺杆真空泵输送的介质与螺杆气体压缩机相同，但其作为抽气部件的螺杆转子结构形式却更接近于螺杆液体输送泵中的螺杆转子。螺杆真空泵的转子与定子之间留有间隙而没有直接固体接触，抽气通道中没有作为润滑、密封功能的工作液，因此属于非接触式干式真空泵。鉴于螺杆液体输送泵有单螺杆、双螺杆和三螺杆等多种形式，而干式螺杆真空泵通常只采用双螺杆结构形式，有很多文献也特别指明为双螺杆以示区别，因此完整全称为干式双螺杆真空泵（dry twin screw vacuum pump）。在真空行业里则通常习惯性地简称为螺杆泵[10]。

1.3.1　原理

螺杆真空泵作为容积式真空泵，其抽气部件是安装于 8 字形泵腔内的一对螺旋方向相反的螺杆转子。两个转子相互啮合、反向旋转，一个转子上的螺旋齿牙嵌合于另一个转子的螺旋槽内，将两个转子的螺旋槽分割成相互隔离的吸气段，并与 8 字形泵腔内壁共同构成一级接一级的吸气腔。

当两个转子同步反向旋转时，各级吸气腔由吸气侧向排气侧移动，从而将其内的气体从吸气口运送到排气口。随着两螺杆的转动，在靠近吸入端形成接触线，使齿的两侧密封，而齿间则与泵内腔形成一个空间。该空间随两螺杆转动而进行移动，体积增大，吸入被抽气体，此为吸入过程。当吸入端再产生新的接触线时，构成一个密封链，便形成了一个完整的密封腔，吸入过程结束，输运过程开始。密封腔应向前平移至少一个密封腔长度。密封腔向前平移至排气端，两螺杆继续转动，密封链在排气端断开，腔室的后接触线逐渐缩短至消失，排气过程结束。螺杆泵的各个密封腔都经历上述过程，连续不断地进行循环从而吸入和排出气体。抽气过程如图 1-9 所示[11]。

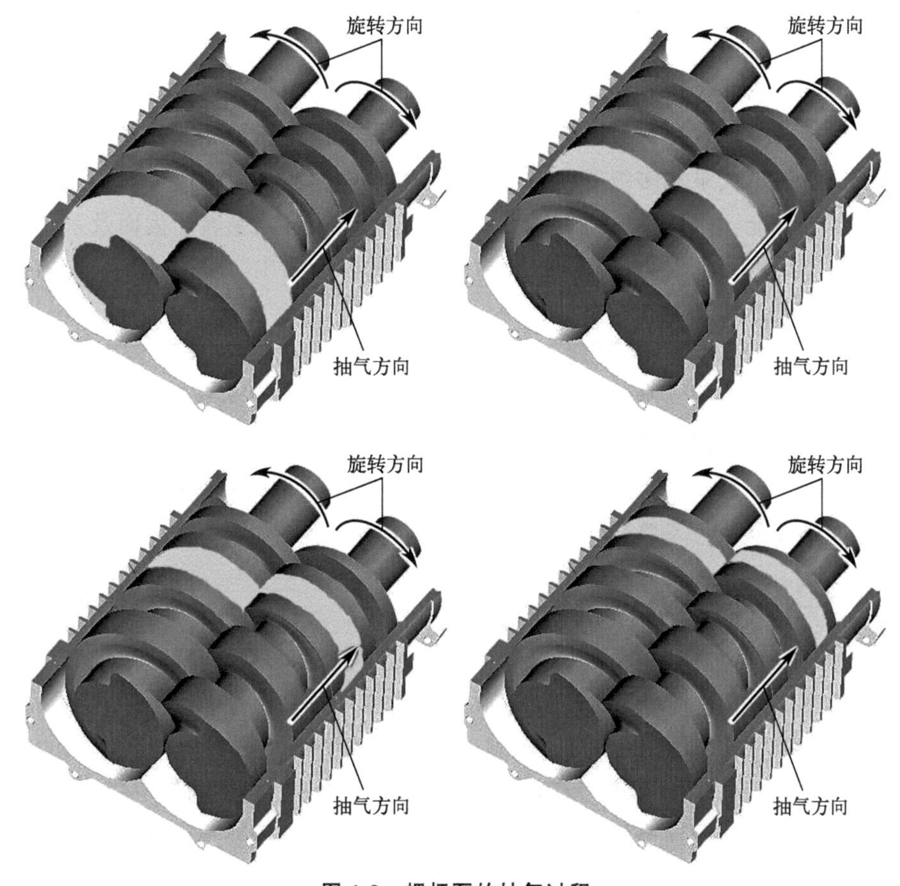

图 1-9　螺杆泵的抽气过程

1.3.2　特点

干式螺杆真空泵作为一种直排大气的低真空泵，与旋片泵、滑阀泵等传统油封泵相比，螺杆泵具有无油污染、排出水蒸气和固体粉尘颗粒能力强的特点；与水环泵、喷射泵等液封泵相比，螺杆泵具有真空度高、能耗低、抽除可溶性蒸气时无废液产生的特点；与多级爪式泵、多级罗茨泵、涡旋泵等其他干式真空泵相比，螺杆泵具有抽速范围宽泛、结构简单紧凑、抽气腔元件无摩擦、寿命长等特点。

螺杆型干式真空泵的结构简单，与传统油封类机械泵和其他多级干式真空泵相比，零部件使用量少，从而在运行稳定性和维修成本上有很大的优势。螺杆泵的抽气部件螺杆转子在工作中无固体接触摩擦，因此它运转可靠，无机械磨损，寿命长，可靠性高。螺杆泵的运动部件没有结构不平衡的惯性力，动力平衡性好，机器可平稳地高速运行，振动小，噪声低，因此螺杆泵具有向高转速运行的发展趋势，从而具有体积小、抽速大的特点，更适合制作大型泵，这也使螺杆泵的抽速范围较其他真空泵更为宽泛。螺杆真空泵转子具有强制输气的特点，在较宽的压力范围内能保持较高的抽速。螺杆泵的转子为单级设计，气体通路短，对流程气体搅动少，气体在泵内停留时间短，可以快速排出，相比于各级间气体通道曲折复杂的爪式泵和多级罗茨泵等多级泵，螺杆泵减少了冷凝物和微小颗粒在级间堆积的可能，因此抽气适应性更强。螺杆型干式真空泵转子齿面及泵体间留有微小间隙，因而更适合多相混输，可适应抽除含有粉尘、可凝性蒸气、颗粒物等多种杂质成分的气体。

但是，也正是由于干式螺杆泵采用单级设计和转子齿面及泵腔之间留有间隙，泵腔内存在由排气端直接连通吸气端的级间气体返流泄漏通道，伴随着转子抽气过程始终有气体返流，从而导致螺杆泵与油封泵和其他多级干式真空泵相比，其极限压力高，抽气效率低，抽速损失较大，因此在抽速计算、泵型选用、系统配置等环节，需要留有较大的抽速裕量。

1.3.3 基本计算

关于螺杆真空泵结构参数设计的最基本几何学计算，包括抽速和压缩比。

真空泵的抽气速率（简称抽速），又名真空泵的体积流率，标准单位为 m^3/s，工程中常用单位有 L/s 和 m^3/h。与其他容积式真空泵相同，螺杆真空泵的抽速涉及实际抽速、名义抽速和几何抽速三个概念。其中名义抽速是产品铭牌标称的抽气速率值；实际抽速是螺杆泵产品在标准工况下采用标准测试方法真实测量得到的最大抽速值，实际抽速应该不小于名义抽速，通常认为二者相等；几何抽速又称理论抽速，这里是指螺杆转子在额定转速下单位时间内所能排出的几何容积，由于泵内气体存在返流泄漏，螺杆泵的实际抽速远小于其几何抽速。

螺杆泵实际抽速 S_d 的计算公式为

$$S_d = \eta S_t = \frac{2}{60} n V_{in} \eta \tag{1-1}$$

式中 η——泵的抽气效率，是名义抽速（或者实际抽速）与几何抽速之比，由于螺杆泵内部没有液体密封，泵内的气体级间返流泄漏十分严重，所以与其他传统容积式真空泵相比，其抽气效率要低得多，通常认为在 0.65～0.85 范围内，其中高转速、大抽速的螺杆泵取大值，低转速、小抽速的螺杆泵取小值；

S_t——泵的几何抽速，m^3/s；

n——螺杆转子的工作转速，r/min；

V_{in}——单一螺杆转子的齿间有效吸气容积，m^3，考虑螺杆真空泵大都是采用双螺杆，所以式（1-1）中乘以系数 2。

对于端面型线形状尺寸沿轴向保持不变的螺杆转子，吸气容积 V_{in} 可表示为

$$V_{in}=A_e\lambda_{in} \tag{1-2}$$

式中 A_e——单一螺杆转子端面型线的有效抽气面积，m^2；

λ_{in}——吸气导程，是对应螺杆泵吸气口结束点之后第一个螺旋导程的长度，m。

这样，一款螺杆真空泵的理论抽速计算，就归结为其螺杆转子有效抽气面积和当量吸气导程的计算。

螺杆转子的吸气容积与排气容积之比定义为变螺距转子螺杆真空泵的吸排气几何压缩比（又称内压缩比，简称压缩比）。鉴于真空泵排气压力通常为环境大气压这一特点，螺杆真空泵的压缩比采用几何压缩比的概念，这与气体压缩机将排气压力与进气压力之比定义为压缩比是不同的。螺杆真空泵的吸排气几何压缩比 ε 可表示为

$$\varepsilon=V_{in}/V_{out} \tag{1-3}$$

式中 V_{out}——单一螺杆转子的齿间排气容积，$V_{out}=A_e\lambda_{out}$，m^3；

λ_{out}——排气导程，是对应螺杆泵排气端面之前最后一个螺旋导程的长度，m。

对于 A_e 沿轴向保持不变的螺杆转子，螺杆泵的吸排气容积压缩比 ε 取决于螺杆转子螺旋导程的变化，可表示为

$$\varepsilon=\lambda_{in}/\lambda_{out} \tag{1-4}$$

对于等螺距转子螺杆真空泵，吸气导程与排气导程相等，压缩比为 1，表示被抽气体在泵内没有内压缩过程。对螺杆泵内气体输运过程的热力学计算表明：在指定的吸气容积下，压缩比越大，排气容积越小，排气功耗也越小，而且在排气压力恒定条件下排气功耗恒定；同时，压缩功耗随几何压缩比和吸气压力增大而增大。对于长期工作在吸气压力较低条件下的螺杆泵，采用大压缩比会具有很明显的节能效果。不过在启动初期进气压力高于临界压力阶段，螺杆泵的压缩功耗会很大以至于超出电机最大许用值，这时通常采用变频降速方式运行，通过减少抽气量来降低压缩功耗，当然同时损失了泵的有效抽速。如果不希望采用变频运行，那么转子就不应该采用过大的几何压缩比。许多定频运行螺杆泵的几何压缩比取值在 1.8～2.1 之间，实际就是同时兼顾启动阶段压缩功耗和极限附近排气功耗均不超负荷的折中方案。

螺杆真空泵的极限压力和功耗，也是产品制造者和使用者十分关注的性能指标，将在本书第 6 章中详细讨论。

1.4 螺杆真空泵的应用领域与发展现状

螺杆泵的结构形式与工作原理最早应用于螺杆气体压缩机和螺杆液体输送泵，作为螺杆输送机械，其发展历史悠久；但作为真空泵使用，却是相对较晚。可追溯的早期文献记录，有日本著名学者于1992年发表的关于干式真空泵的综述文章中[12]，介绍当时已经有正式螺杆真空泵产品，与多级罗茨、多级爪式、涡旋式和往复活塞式等真空泵并列；但同时提及了使用螺杆气体压缩机阴阳转子和矩形齿转子两种螺杆形式，反映出当时螺杆泵尚处于早期探索开发阶段。德国和日本的多个企业，都分别宣称于20世纪80年代、90年代甚至2000年后，独立开发推出不同型号和用途的螺杆真空泵产品。在2000年之前，许多日本企业在本国和欧美国家大量申请有关螺杆真空泵的专利。

基于半导体行业对干式泵的刚性需求，螺杆真空泵应运而生，并伴随着半导体产业的迅猛增长而得以快速发展。时至今日，在半导体制造工业的晶体生长与加工、晶圆制造和封装测试全流程中，在氧化、扩散、沉积、光刻、蚀刻、离子注入、热处理、封装等工艺环节上，在单晶炉、蒸镀机、光刻机、刻蚀机等关键设备的真空系统里，均可见到螺杆真空泵的广泛应用。同时，由于螺杆泵抽速范围宽、抽气效率高、适应能力强、工作性能稳的特点，螺杆真空泵又迅速地进入食品、医药、化工、轻工、材料等传统工业行业领域，以替代传统油封、水封等湿式真空泵的方式，得以普及推广，其生产数量和应用范围远远超出同期其他品种干式真空泵，成为近30年来增长趋势最快、发展势头最猛的真空泵产品。

干式螺杆真空泵产品大约是在20世纪90年代初期进入我国工业市场的，略晚于涡旋真空泵和爪式真空泵。最初是伴随进口的真空应用设备，作为配套真空系统使用；后来是在引进、学习国际先进工艺技术时单独采购国外真空系统。例如在早期进口高档印刷机械领域，油墨原料的真空干燥和溶剂脱除设备中使用螺杆泵，有效避免了油墨和溶剂蒸气对油封泵内泵油的污染破坏；在医药行业的原料药生产领域，真空抽滤、减压干燥、溶剂回收等工艺环节，螺杆泵及其机组体现出明显的节能减排优势；在精细化工行业，基于全封闭式螺杆泵的干式真空系统，在精馏、蒸馏、交联、聚合等多种多样的工艺流程中成功解决了有毒、有害、易燃、易爆、腐蚀性气体成分的安全处理；伴随着微电子、半导体工艺设备的大量引进，包括螺杆泵在内的各种干式真空系统，国内真空企业眼界大开，认识到了螺杆泵的技术优势和应用前景。

国内企业于20世纪90年代末期开始接触螺杆真空泵的应用。由于当时缺少相关的技术资料，最初是在为国外螺杆泵产品做维修养护过程中了解螺杆泵的结构组成和技术参数，从而开始尝试仿制。从很早开始，国内专家[4] 就提出螺杆真空泵按其应用领域可以分为半导体型和石化型（即后来定义的工业用泵），并指出鉴于我国微电子、半导体行业的主要生产设备多数从国外全套引进，国产半导体型干泵很难打入这一领域。因此，国内许多传统真空获得设备制造企业纷纷由此入手，重点开发面向传统工业领域应用的干式螺杆真空泵。2000 年至今，能够生产螺杆泵的国内企业已经由最初的数家、十几家，陆续发展至几十家，并已形成一定规模的产量，主要应用领域也几乎涉足各种真空应用技术，其中尤其是在医药、石化、精细化工等行业，配合我国环境保护政策的推行，以无油螺杆真空泵代替传统水环泵、水蒸气喷射泵等湿式真空系统，在真空脱气脱水脱液、干燥、洗涤过滤、蒸馏精馏等多种工艺流程中，取得了突出的节能、减排、物料回收、减少环境污染等功效，实现了大范围的成功应用。近年来，我国太阳能光伏产业、新能源锂电产业和泛半导体产业的迅猛发展，对配套干式真空系统的使用量急速增加，并预示未来会有更大的市场空间，于是强烈刺激了螺杆泵的生产欲望。许多原有螺杆泵制造企业，纷纷投资购买 5 轴数控加工中心等高档机床，或专门建厂，为提高螺杆泵产品加工质量和生产能力提供设备保障。同时，该领域也吸引了一些更大规模企业集团的目光，目前正利用其雄厚资本和强大的生产组织能力，跨界进入螺杆泵制造行业，瞄准高新技术领域的中高端市场，组织高性能螺杆真空泵的开发与批量化生产。

国内学者和相关技术人员针对螺杆真空泵的学术研究工作，基本是服务于国内生产企业的螺杆泵产品开发工作。在很长一段时间内，螺杆转子的型线设计与加工技术，成为相关企业产品开发的技术瓶颈，也成为该时期的技术攻关与学术研究重点。其间，曾有企业试图利用螺杆气体压缩机阴阳转子制作螺杆真空泵，因为当时这种螺杆加工的技术与设备都相对成熟，结果是与国外一些类似企业同样没有成功。与此对应，早从 2001 年开始，国内真空专业技术杂志就陆续发表关于转子型线的研究论文，一直持续至今；后续继而针对螺杆转子动平衡、螺旋展开方式、螺杆转子（低成本）加工技术、螺杆泵工作性能改善等方面所发表的学术文章，基本满足了国内螺杆泵生产的技术需求。近年来，为了适应螺杆泵在不同工艺流程中的合理应用，关于泵内气体级间返流泄漏、泵内气体流场与热场分布、泵内气体热力过程的研究也日渐增多，进而提出了面向用户的螺杆转子专属化设计的新理念，为促进我国螺杆真空泵的生产与应用提供理论支撑。

但是，国内螺杆真空泵的生产质量水平和数量，与国际产品相比还有很大的差距。在 2015 年之前，国内能够提供批量螺杆泵产品的生产企业仅有十余家；在国际真空展览会上展出的国产螺杆真空泵还主要以等螺距螺杆转子为主。虽然此后生产企业数量有快速增长，但螺杆泵产品销售数量并没有对应成比例增长，单品销售价格反而有所下降，销售对象主要是国内药化行业的低端市场。迄今为止，在当前的国内螺杆泵采购市场上，国外企业及其他们在国内的代理企业一直占据着绝大部分市场份额，不但在半导体行业内，而且在航空航天、大科学工程、材料冶金、新能源行业等大规模高端市场中，国外企业的螺杆泵产品也以其产品质量可靠、性能稳定、品种齐全，并能提供有针对性的解决方案、有丰富应用业绩和成熟配套工艺控制系统等优势，长期占据着统治地位。

总之，在当前及未来一段时期内的国内真空应用领域中，无油螺杆真空泵具有广泛的应用范围和广阔的市场前景。提升产品质量，在高端市场替代国外产品；或者开发自主新产品，开拓应用新领域，均可成为国内生产企业未来发展之路。仅以半导体行业为例，由于以前半导体生产设备依赖进口，自带了干式真空系统，国内真空泵产品完全没有涉足的机会；而今国内将自主研发半导体生产设备，从而完全打开了这一市场的大门，为国内真空获得设备制造企业带来了全新的发展机遇。实际上，国内已有企业率先开展干式真空泵的研制，在国内半导体行业中获得成功应用，但目前还是以多级罗茨或爪式真空泵为主，螺杆真空泵的发展还有更多的工作要做。强化自身，赶超国际，国内企业还有较长的路要走。

参考文献

[1] 杨乃恒．真空获得设备［M］．2版．北京：冶金工业出版社，2001.

[2] 国家市场监督管理总局，中国国家标准化管理委员会．真空技术　术语：GB/T 3163—2024［S］．2024-09-29.

[3] 达道安．真空设计手册［M］．3版．北京：国防工业出版社，2004.

[4] 董镛．干泵——21世纪照耀真空工业的新星［J］．真空，1997，34（4）：48-51.

[5] 杨乃恒．干式真空泵的原理、特征及其应用［J］．真空，2000，37（3）：1-9.

[6] 胡焕林．洁净预真空的获得［J］．合肥工业大学学报（自然科学版），1990（4）：64-70.

[7] 何壁生．FTBS-1旋片新材料介绍［J］．真空，1985（6）：1-2，35.

[8] 巴德纯，岳向吉．涡旋真空泵理论与实践［M］．北京：科学出版社，2022.

[9] 姚民生，平功长．爪型泵型线的研究［J］．真空，1989（3）：9-13，5.

[10] 张世伟，赵凡，张杰，等．无油螺杆真空泵螺杆转子设计理念的回顾与展望［J］．真空，2015（5）：1-12.

[11] 赵瑜．螺杆型干式真空泵转子结构和性能研究［D］．沈阳：东北大学，2008.

[12] 泽田雅．真空抽气系统的干式化［J］．涡轮机械（日文），1992，20（11）：47-53.

第2章

螺杆真空泵转子型线的基础理论

螺杆转子型线的开发与设计，是干式螺杆真空泵的关键技术之一，是螺杆真空泵产品开发设计的基础，也是设计人员在开发螺杆真空泵新产品时所面临的首要技术难题。在强调面向用户实际需求提供专属化设计的今天，及时开发出适应不同实际工况要求的螺杆泵产品，已成为干式螺杆真空泵厂商的基本共识，也因此要求设计技术人员能够深刻掌握螺杆转子型线设计的基础理论，从而熟练完成不同种类螺杆转子的型线设计。本章介绍螺杆转子型线设计相关的基础几何理论知识。

2.1 转子型线基础概念

2.1.1 转子型线的三种表征方法

依据螺杆转子剖切面方位的不同，螺杆转子型线的常用表述方式也有三种，分别为端面型线、轴面型线和法面型线[1]。图2-1给出的是同一个等螺距螺杆转子的端面型线、轴面型线和法面型线的剖切方位以及对应的三个型线图形。

(1) 端面型线

螺杆转子的端面型线，是指螺杆转子体外轮廓曲面在转子端面，即与螺杆转子体轴线相垂直的平面上的封闭齿形曲面。转子的端面型线对于研究主从螺杆转子的共轭啮合属性、分析级间泄漏特性、计算转子抽气面积和泵腔容积效率等都十分直观方便，因此在型线设计过程中被普遍采用。本书也主要基于端面型线的形式介绍螺杆真空泵中螺杆转子的型线构成。

(2) 轴面型线与法面型线

螺杆转子的轴面，是指通过螺杆转子体轴线的某一平面；螺杆转子的法面，则是指通过转子节圆上一点处的齿面法线并与该点处的螺旋展开线相垂直的平面。螺杆转子体外轮廓曲面在转子轴面和法面平面上的齿形曲线，就分别称为螺杆转子的轴面型线和法面型线。轴面型线和法面型线主要适合用于表征等螺距螺杆转子的结构，在等螺距螺杆转子的设计、加工、检验过程中应用更为方便，因此也时有使用。如果希望采用成型刀具直接加工等螺距螺杆转子，则必须依据法面型线来设计成型刀具。

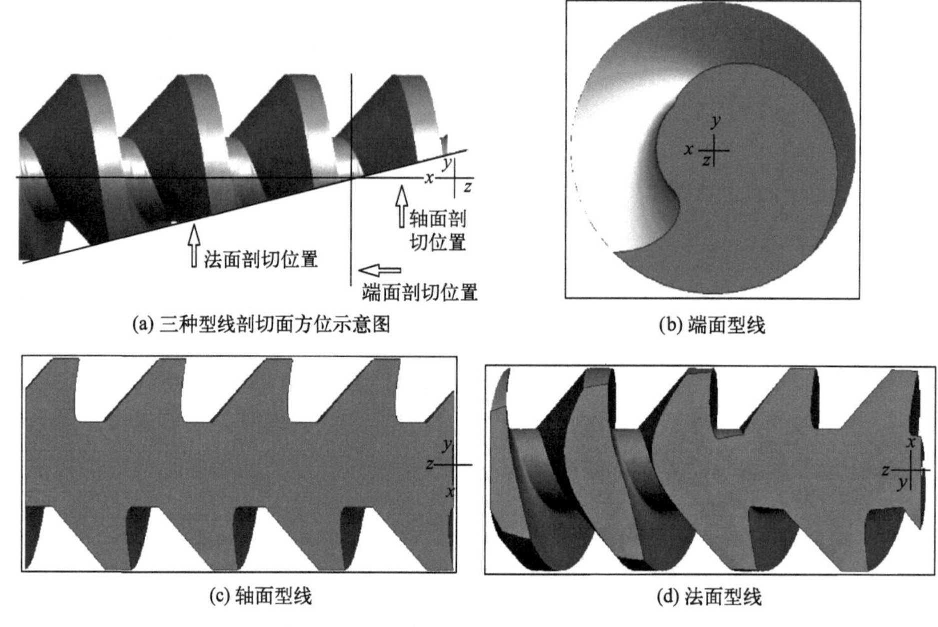

(a) 三种型线剖切面方位示意图

(b) 端面型线

(c) 轴面型线

(d) 法面型线

图 2-1　螺杆转子的端面型线、轴面型线和法面型线示意图

螺杆转子端面型线、轴面型线和法面型线的各自表征方程，以及转子齿面的螺旋曲面方程，均可以在转子坐标系中相互转换求得，因此只要确定了其中一种型线表征方式和螺旋展开方式，其余型线表征方式就已经确定。各种型线表征方程的互求转换方法，可以参照螺杆压缩机、螺杆泵或螺旋齿轮的相关理论方法。螺杆转子端面型线方程与轴面型线方程之间的转换计算方法，见本章 2.5 部分相关内容。

2.1.2　螺杆真空泵转子型线的特征与构成

螺杆真空泵的工作原理脱胎于在其出现前已经技术成熟的螺杆气体压缩机和螺杆液体输送泵，螺杆真空泵中螺杆转子的工作原理与结构设计理念也是由这两种产品衍化而来。因此，螺杆真空泵中螺杆转子的型线设计也充分借鉴了前两者完善的理论与经验。

尽管螺杆真空泵输送的介质与螺杆气体压缩机相同，但其转子结构形式却更接近螺杆液体输送泵中的螺杆转子。至今为止，绝大多数螺杆真空泵的定型产品，其转子均采用单头自啮合型线结构。所谓“自啮合”属性，就是主、从螺杆转子采用完全相同的端面型线，仅是螺旋旋向相反而已。这一点与螺杆气体压缩机有很大不同而与螺杆液体输送泵类似。

下面以端面型线的形式介绍常用螺杆转子型线的基本构成。依据螺杆转子共轭啮合原理的计算证明，本身具有自啮合属性、数学形式简单且易于加工的常用曲线主要有圆弧、摆线和渐开线三大类。分析螺杆式无油真空泵的相关文献和实际产品，所涉及的螺杆转子型线也大多属于这三大类型线的组合。螺杆真空泵目前实际采用的结构型线中，圆弧曲线被作为齿顶圆和齿根圆，而渐开线或摆线则作为连接齿顶圆和齿根圆的过渡曲线，其中摆线又包括单摆线和以节圆为分界线分别连接齿顶圆及齿根圆的双摆线。依据在节圆连接点处的连接属性，双摆线又可分为平滑连接双摆线和非平滑连接双摆线。

实际设计中，上述几种基本型线可以互相组合，其中齿顶圆与齿根圆必须存在，渐开线必须与另外 3 种摆线之一配合使用，3 种摆线则可以与自身或者其他摆线任意组合，从而形成不同的型线形式，其中多数已经在实际产品中被采用。

此外，设计人员还可以依据转子共轭啮合原理，设计开发出类似于双摆线的新型端面型线。即以节圆为分界线，分别构造出连接齿顶圆和齿根圆的两段曲线，其中一段可以是圆弧、椭圆、阿基米德螺旋线等任意基线，而另一段则是该段基线的共轭包络曲线。由于可供选择的基线种类和取值多种多样，因此可以构造衍生出多不胜数的这一类结构型线。这一类型线的最大优点是生产厂家或设计人员可以设计出具有自主知识产权的、完全属于自己的新结构型线，从而突破其他人的专利保护壁垒；其不足之处则是共轭包络曲线段的型线方程可能十分复杂甚至没有显式解析解，而只能以坐标点数据记录表示，给转子的加工和检验带来一定困难。

2.2 转子共轭啮合原理

本节介绍如何依据共轭啮合原理，从一个螺杆转子上的一段已知齿形曲线出发，求取另一个螺杆转子上与之啮合的共轭曲线的方法[2]。

2.2.1 坐标系建立与坐标变换

(1) 坐标系建立

为便于用数学方程描述螺杆转子型线中的各段组成曲线，建立如图 2-2 所示的 4 个坐标系：

① 固结在主动转子上的动坐标系，$O_1x_1y_1$；

② 固结在从动转子上的动坐标系，$O_2x_2y_2$；

③ 主动转子的静坐标系，$O_1X_1Y_1$；

④ 从动转子的静坐标系，$O_2X_2Y_2$。

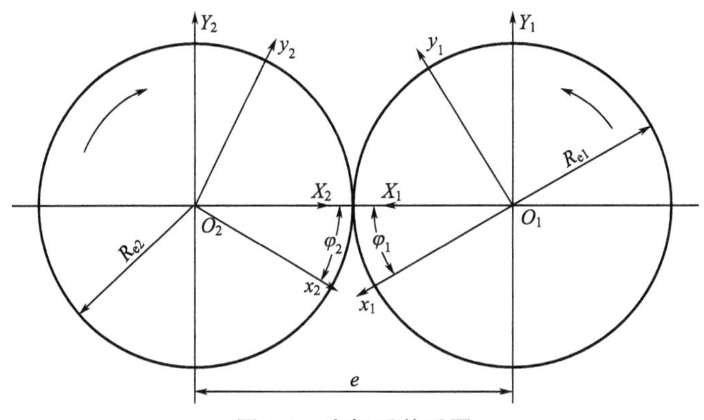

图 2-2　坐标系关系图

为便于表述主、从转子的相互啮合关系，主动转子坐标系采用左手坐标系，而从动转子坐标系采用右手坐标系。固结在主、从转子上的动坐标系，当转角为0°时，与对应的静坐标系重合。

由于螺杆真空泵通常采用主、从转子相同节圆的设计结构，所以有

$$\frac{\varphi_1}{\varphi_2}=\frac{n_1}{n_2}=\frac{\omega_1}{\omega_2}=\frac{R_{e1}}{R_{e2}}=\frac{z_1}{z_2}=1$$

式中　φ——旋转角度；

n——转子的转速；

ω——转子旋转角速度；

R_e——转子的节圆半径；

z——转子型线的齿数（头数）；

下标 1 和 2——分别对应主动转子和从动转子。

两个转子的中心距等于转子的节圆直径 e，为

$$e=R_{e1}+R_{e2}$$

（2）坐标系变换

螺杆转子齿形曲线上的每一点，都可以在上述 4 个坐标系中分别表示出来，并利用各坐标系之间的变换关系进行不同坐标系之间的转换，其中直接反映主、从转子齿形曲线间啮合关系的是主动转子动坐标系 $O_1x_1y_1$ 与从动转子动坐标系 $O_2x_2y_2$ 之间的坐标变换式：

$$\begin{cases} x_1 = -x_2\cos 2\varphi_1 - y_2\sin 2\varphi_1 + e\cos\varphi_1 \\ y_1 = -x_2\sin 2\varphi_1 + y_2\cos 2\varphi_1 + e\sin\varphi_1 \end{cases} \tag{2-1}$$

$$\begin{cases} x_2 = -x_1\cos 2\varphi_1 - y_1\sin 2\varphi_1 + e\cos\varphi_1 \\ y_2 = -x_1\sin 2\varphi_1 + y_1\cos 2\varphi_1 + e\sin\varphi_1 \end{cases} \tag{2-2}$$

2.2.2 共轭曲线求解方法

(1) 基本齿形曲线的建立

在从动转子的动坐标系 $O_2x_2y_2$ 上建立一段曲线作为从动转子的基本齿形曲线，这段曲线随从动转子旋转，因此在从动转子动坐标系 $O_2x_2y_2$ 上是保持固定不变的。

以参数方程形式给出，该曲线可以表述为

$$\begin{cases} x_2 = x_2(t) \\ y_2 = y_2(t) \end{cases} \tag{2-3}$$

式中，t 为形式参数，t 的初始值 t_b 和终止值 t_e 决定了曲线在坐标系上的起点和终点。转子型线中一段齿形曲线的完整表述，需要同时给定其型线方程和形式参数的变化范围。

(2) 齿形曲线簇的表征

当主、从转子做相对啮合运动时，从动转子上的齿形曲线（$x_2(t), y_2(t)$）在主动转子动坐标系下的不同时刻处于不同位置，从而形成一个与转动角度 φ 一一对应的曲线簇。在两转子相对转动 φ 角度时，从动转子上的曲线（$x_2(t)$，$y_2(t)$）在主动转子动坐标系下的位置可由（2-1）式变换求得，从而形成如下曲线簇方程：

$$\begin{cases} x_1(t,\varphi) = -x_2(t)\cos 2\varphi - y_2(t)\sin 2\varphi + e\cos\varphi \\ y_1(t,\varphi) = -x_2(t)\sin 2\varphi + y_2(t)\cos 2\varphi + e\sin\varphi \end{cases} \tag{2-4}$$

(3) 共轭曲线与包络条件式

在主动转子上，与从动转子齿形曲线（$x_2(t), y_2(t)$）相啮合的是主动转子的共轭曲线（x_1, y_1），根据啮合条件，该曲线上的每一点都一定处于上述曲线簇（$x_1(t,\varphi)$，$y_1(t,\varphi)$）中，形成该曲线簇的包络线，因此式(2-4）就可以作为该共轭曲线的曲线方程。但为确定曲线簇中哪些点属于包络线，还需满足包络条件。

依据包络理论，曲线簇的包络线应满足如下包络条件式：

$$f(t,\varphi)=\frac{\partial x_1}{\partial t}\times\frac{\partial y_1}{\partial \varphi}-\frac{\partial x_1}{\partial \varphi}\times\frac{\partial y_1}{\partial t}=0 \tag{2-5}$$

从中求出 t 与 φ 的一一对应关系，与式(2-4) 共同构成主动转子动坐标系下的共轭曲线方程，为

$$\begin{cases} x_1=x_1(t,\varphi) \\ y_1=y_1(t,\varphi) \\ f(t,\varphi)=0 \end{cases} \tag{2-6}$$

本节所介绍的共轭曲线求解方法是通用的，理论上似乎可以利用这种方法得到任何一条齿形曲线的共轭曲线，但实际上并非任意指定的齿形曲线都能求得其解析显式的共轭曲线方程。有些情况是因为求解过程过于复杂或根本没有显式的解析解，还有些情况则是共轭啮合方式是以点啮合形式出现，因此不能采用这种方法求解。例如，可以通过计算证明，渐开线的共轭曲线也是渐开线，即渐开线具有自啮合属性；但同样具有自啮合属性的单摆线，却无法通过这种方法直接求出共轭曲线方程，因为单摆线的共轭啮合方式是点啮合。还有一些曲线，无法得到共轭曲线的显式数学方程，但可以通过数值计算的方法获得共轭曲线的坐标点位置。

下面分别以平滑连接双摆线和阿基米德螺线两种曲线为例，演示求解其共轭曲线的计算过程，其中前者可以直接得到共轭曲线的显式方程，而后者则无法得到显式方程，只能以隐函数形式给出包络条件式，需要后续做编程计算求解。至于像渐开线、单摆线和非平滑连接双摆线这些已经得到广泛应用的成熟齿形曲线，将在第 3 章中直接给出其方程式，在此不再重新推导计算。

2.3 求解共轭曲线示例——双摆线

下面以分别位于节圆内外的互啮合摆线所构成的平滑连接双摆线型线为例(如图 2-3 所示)[3,4]，演示求解共轭曲线的方法步骤。

首先在从动转子的节圆与齿顶圆之间，建立一段外摆线 1 作为齿形曲线的一部分。该摆线的生成方式是：以从动转子的节圆 4 作为固定基圆，定圆直径为 e；在定圆外设外摆线动圆 5，动圆直径等于齿顶圆半径 R_D 与节圆半径 R_e 之差，亦等于齿顶圆半径 R_D 与齿根圆半径 R_d 之差的 1/2，即动圆直径为 $R_D-R_e=(R_D-R_d)/2$。动圆在定圆之上做无滑动滚动，动圆上一点所描绘的曲线即为外摆线 1。

从动转子上外摆线 1 在 $O_2x_2y_2$ 坐标系中的坐标方程为

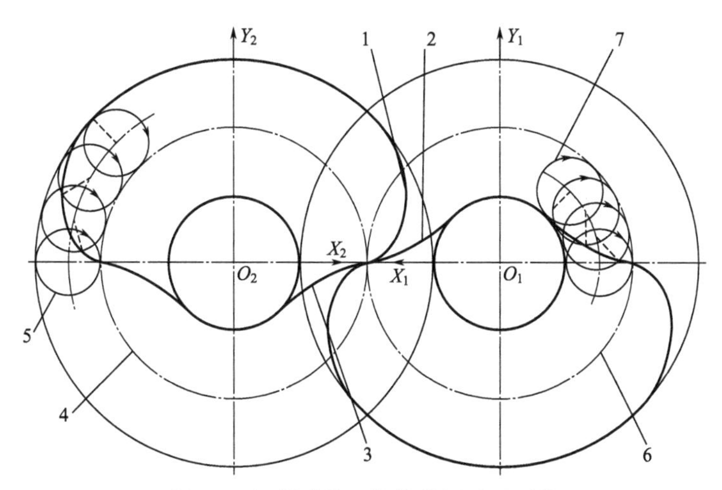

图 2-3 平滑连接双摆线转子端面型线

1—外摆线；2，3—内摆线；4，6—节圆，定圆；5—外摆线动圆；7—内摆线动圆

$$\begin{cases} x_2=\dfrac{1}{4}(R_d+3R_D)\cos t-\dfrac{1}{4}(R_D-R_d)\cos\left(\dfrac{R_d+3R_D}{R_D-R_d}t\right) \\ y_2=\dfrac{1}{4}(R_d+3R_D)\sin t-\dfrac{1}{4}(R_D-R_d)\sin\left(\dfrac{R_d+3R_D}{R_D-R_d}t\right) \end{cases} \tag{2-7}$$

形式参数的取值范围为

$$t=0\sim\frac{R_D-R_d}{R_D+R_d}\times\frac{\pi}{2} \tag{2-8}$$

将曲线 1 的坐标方程式(2-7) 代入坐标变换式(2-1) 中，经整理可得曲线簇方程为

$$\begin{cases} x_1=-\dfrac{1}{4}(R_d+3R_D)\cos(t-2\varphi)+\dfrac{1}{4}(R_D-R_d)\cos\left(\dfrac{R_d+3R_D}{R_D-R_d}t-2\varphi\right)+e\cos\varphi \\ y_1=\dfrac{1}{4}(R_d+3R_D)\sin(t-2\varphi)-\dfrac{1}{4}(R_D-R_d)\sin\left(\dfrac{R_d+3R_D}{R_D-R_d}t-2\varphi\right)+e\sin\varphi \end{cases} \tag{2-9}$$

分别求偏导数

$$\frac{\partial x_1}{\partial t}=\frac{1}{4}(R_d+3R_D)\sin(t-2\varphi)-\frac{1}{4}(R_d+3R_D)\sin\left(\frac{R_d+3R_D}{R_D-R_d}t-2\varphi\right) \tag{2-10}$$

$$\frac{\partial x_1}{\partial \varphi}=-\frac{1}{2}(R_d+3R_D)\sin(t-2\varphi)+\frac{1}{2}(R_D-R_d)\sin\left(\frac{R_d+3R_D}{R_D-R_d}t-2\varphi\right)-e\sin\varphi \tag{2-11}$$

$$\frac{\partial y_1}{\partial t}=\frac{1}{4}(R_d+3R_D)\cos(t-2\varphi)-\frac{1}{4}(R_d+3R_D)\cos\left(\frac{R_d+3R_D}{R_D-R_d}t-2\varphi\right) \tag{2-12}$$

$$\frac{\partial y_1}{\partial \varphi}=-\frac{1}{2}(R_d+3R_D)\cos(t-2\varphi)+\frac{1}{2}(R_D-R_d)\cos\left(\frac{R_d+3R_D}{R_D-R_d}t-2\varphi\right)+e\cos\varphi \tag{2-13}$$

将式(2-10)～式(2-13) 代入包络条件式(2-5) 中，经过复杂化简运算，可求得

$$\varphi=t \tag{2-14}$$

将式(2-14) 代入式(2-9) 中，即求得主动转子动坐标系下的共轭曲线方程，即主动转子节圆与齿根圆之间的型线 2 的方程，为

$$\begin{cases}x_1=\frac{1}{4}(R_D+3R_d)\cos t+\frac{1}{4}(R_D-R_d)\cos\left(\frac{R_D+3R_d}{R_D-R_d}t\right)\\ y_1=\frac{1}{4}(R_D+3R_d)\sin t-\frac{1}{4}(R_D-R_d)\sin\left(\frac{R_D+3R_d}{R_D-R_d}t\right)\end{cases} \tag{2-15}$$

可以证明，该段共轭曲线 2 是一段内摆线，该摆线的生成方式是：以主动转子的节圆 6 作为固定基圆，定圆直径为 e；在定圆内设内摆线动圆 7，动圆直径等于节圆半径 R_e 与齿根圆半径 R_d 之差，亦等于齿顶圆半径 R_D 与齿根圆半径 R_d 之差的 1/2，即动圆直径为 $R_D-R_e=(R_D-R_d)/2$。动圆在定圆之内做无滑动滚动，动圆上一点所描绘的曲线即为内摆线 2。

式(2-15) 也可转化为从动转子上节圆与齿根圆之间的型线 3 的方程，为

$$\begin{cases}x_2=\frac{1}{4}(R_D+3R_d)\cos t+\frac{1}{4}(R_D-R_d)\cos\left(\frac{R_D+3R_d}{R_D-R_d}t\right)\\ y_2=-\frac{1}{4}(R_D+3R_d)\sin t+\frac{1}{4}(R_D-R_d)\sin\left(\frac{R_D+3R_d}{R_D-R_d}t\right)\end{cases} \tag{2-16}$$

其形式参数 t 的取值范围依然是由式(2-8) 决定。

由内、外摆线共同构成的平滑连接双摆线型线，可以像渐开线、单摆线、非平滑连接双摆线一样，用作螺杆真空泵转子的端面型线。

2.4 求解共轭曲线示例——阿基米德螺线

有多方面文献推荐采用阿基米德螺旋线作为螺杆转子端面型线的一部分[5]，

其优点是该型线对应的轴面型线是一条直线，非常便于加工制造。尽管它看起来与渐开线很接近，但实际上这种曲线并不具备自啮合属性，因此必须与其共轭曲线配合使用，需要求解其共轭曲线。然而，尚未发现文献给出共轭曲线的型线方程，因为在求解其共轭曲线过程中无法得到简明的解析表达式，最终只能以数值计算方法获得型线坐标数据。

如前所述，这种非自啮合曲线只能作为螺杆转子端面型线中节圆一侧部分的齿形曲线，节圆另一侧与之相啮合部分的齿形曲线则是其共轭曲线。下面示例将从动转子节圆与齿根圆之间的齿形曲线选作阿基米德螺线，求解主动转子上节圆与齿顶圆之间与阿基米德螺线啮合的共轭曲线，如图 2-4 所示。

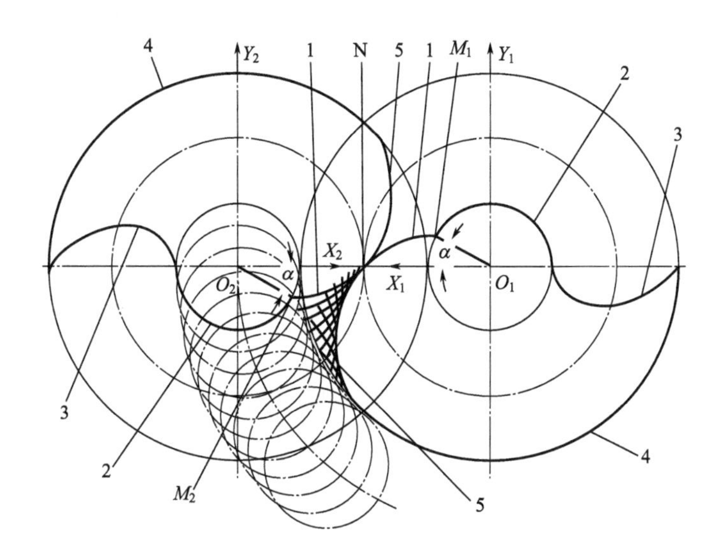

图 2-4　阿基米德螺线与其共轭曲线

1—阿基米德螺线；2—齿根圆；3—单摆线；4—齿顶圆；5—阿基米德螺线的共轭曲线

直角坐标系中，阿基米德螺线的基本方程形式为

$$\begin{cases} x = R_0 t \cos t \\ y = R_0 t \sin t \end{cases}$$

该方程所定义的曲线为由内向外做逆时针方向延展，如果将 x 与 y 的右侧表达式互换，则曲线改为做顺时针方向延伸。

为使阿基米德螺线的起点位于从动转子齿根圆上的某一点 M_2，终点位于节圆与 x_2 轴正向的交点 N 处，该段阿基米德螺线的方程应为如下所示：

$$\begin{cases} x_2 = R_0 t \cos(t - R_e / R_0) \\ y_2 = R_0 t \sin(t - R_e / R_0) \end{cases} \tag{2-17}$$

式中　t——形式参数，取值范围为 $[R_d/R_0, R_e/R_0]$；

R_d——转子的齿根圆半径；

R_e——节圆半径；

R_0——阿基米德螺线的基圆半径。

阿基米德螺线的展开张角 α（即齿根圆上的起点射线 O_2M_2 与 x_2 轴间的夹角）与基圆半径 R_0 的关系为

$$\alpha=(R_e-R_d)/R_0 \tag{2-18}$$

据此可以设计基圆半径 R_0 的取值。

将阿基米德螺线 1 的坐标方程式(2-17) 代入坐标变换式(2-1) 中，经整理可得曲线簇方程为

$$\begin{cases} x_1=-R_0 t\cos(t-R_e/R_0-2\varphi_1)+e\cos\varphi_1 \\ y_1=R_0 t\sin(t-R_e/R_0-2\varphi_1)+e\sin\varphi_1 \end{cases} \tag{2-19}$$

分别求偏导数

$$\frac{\partial x_1}{\partial t}=-R_0\cos(t-R_e/R_0-2\varphi_1)+R_0 t\sin(t-R_e/R_0-2\varphi_1) \tag{2-20}$$

$$\frac{\partial x_1}{\partial \varphi_1}=-2R_0 t\sin(t-R_e/R_0-2\varphi_1)-e\sin\varphi_1 \tag{2-21}$$

$$\frac{\partial y_1}{\partial t}=R_0\sin(t-R_e/R_0-2\varphi_1)+R_0 t\cos(t-R_e/R_0-2\varphi_1) \tag{2-22}$$

$$\frac{\partial y_1}{\partial \varphi_1}=-2R_0 t\cos(t-R_e/R_0-2\varphi_1)+e\cos\varphi_1 \tag{2-23}$$

将式(2-20)～式(2-23) 代入包络条件式(2-5) 中，最终化简为

$$f(t,\varphi_1)=R_0 t-R_e\cos(t-R_e/R_0-\varphi_1)+tR_e\sin(t-R_e/R_0-\varphi_1)=0 \tag{2-24}$$

分析式(2-24) 可以发现，很难求解出 φ_1 与形式参数 t 的显式代数关系式，但依此可以通过编程计算的方法求出 φ_1 与 t 的一一对应数值，代入式(2-19)，即可得到主动转子上介于节圆与齿顶圆之间的一系列型线坐标点数值，通过密集取值逐点计算，就能绘制出光滑的阿基米德螺线的共轭曲线。

2.5 端面型线与轴面型线转换

如前所述，端面型线适用于表征主从转子的啮合关系，轴面型线则十分适用

于表现等螺距螺杆转子的螺齿空间形状。因为恒定端面型线在做等螺距螺旋展开时，在不同转角位置的轴剖面上，其轴面型线的形状保持不变。因此，利用轴面型线，可以制作仿形加工的成型刀具和检验螺齿形状的靠模型板，为等螺距转子的加工和检验带来方便。不过轴面型线极少用于变螺距转子，因为恒定端面型线在做变螺距螺旋展开后，在不同转角位置的轴剖面上，轴面型线的形状是不同的。

等螺距螺杆转子的齿形大致由 4 个螺旋曲面构成，可以分别命名为齿顶面、齿根面、上齿面和下齿面，分别对应端面型线中的齿顶圆、齿根圆和连接齿顶圆与齿根圆的两条过渡曲线。图 2-5(a)、(b) 中分别展示了由齿顶圆 1、齿根圆 2、渐开线 3、单摆线 4、平滑连接双摆线 5 和非平滑连接双摆线 6 构成的两种端面型线，二者做等螺距螺旋展开所形成的螺杆转子如图 2-5(c)、(d) 所示，上述各段曲线所对应的齿形面分别为齿顶面 1′、齿根面 2′、斜齿面 3′、凹齿面 4′、平滑直齿面 5′和非平滑直齿面 6′。

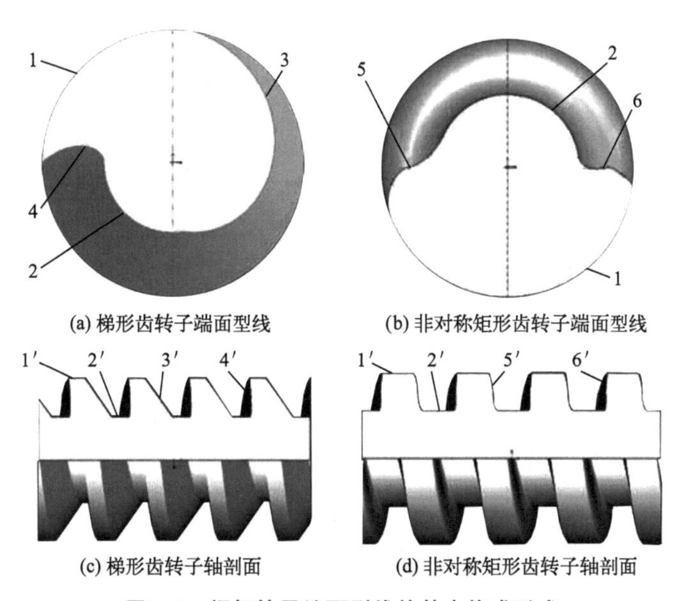

(a) 梯形齿转子端面型线　　(b) 非对称矩形齿转子端面型线

(c) 梯形齿转子轴剖面　　(d) 非对称矩形齿转子轴剖面

图 2-5　螺杆转子端面型线的基本构成形式

1—齿顶圆；2—齿根圆；3—渐开线；4—单摆线；5—平滑连接双摆线；6—非平滑连接双摆线；
1′—齿顶面；2′—齿根面；3′—斜齿面；4′—凹齿面；5′—平滑直齿面；6′—非平滑直齿面

为表述等螺距螺杆转子的轴面型线方程，首先建立螺杆转子的空间坐标系：以转子回转轴为 z 轴，以 z 轴与转子任一端面的交点为原点 O，指向转子另一端面为 z 轴正向；选定转子任一半径方向为 r 轴；依照右手螺旋定则规定转角 θ 的旋转正方向；建立圆柱坐标系 $Or\theta z$。其中垂直于 Z 轴的 $Or\theta$ 平面为描述端面型线的极坐标系；由 z 轴和 r 轴构成的 Orz 平面为描述轴面型线的轴平面坐标系。

同时，也可以在端面平面极坐标系之上，另外建立相互垂直的 x 轴和 y 轴，与 z 轴一同组成右手螺旋法则的直角坐标系 $Oxyz$，其中 Oxy 平面为端面平面，Oxz 平面可作为轴面平面，如图 2-6 所示。

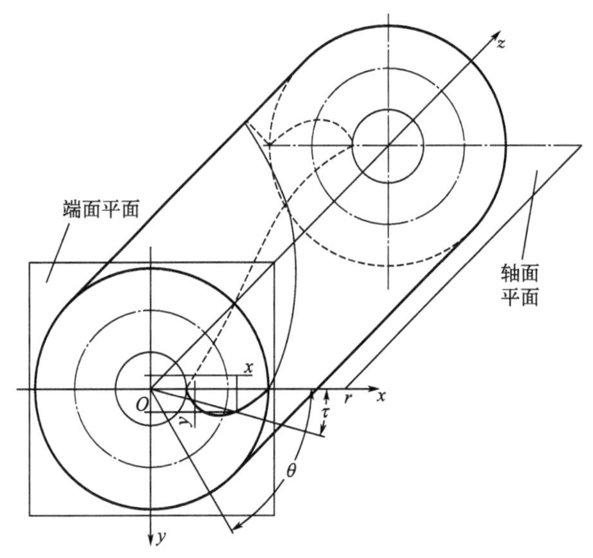

图 2-6　螺杆转子的空间坐标系

依据等螺距螺杆转子的端面型线方程，可以求解对应的螺旋曲面方程和轴面型线方程。其中，端面型线中的齿顶圆和齿根圆，在空间坐标系中等螺距螺旋展开，即为螺旋带状的圆柱面；在轴面平面坐标系中，齿顶圆与齿根圆的图形曲线为简单的直线，其方程形式分别为 $r=R_{\mathrm{D}}$ 和 $r=R_{\mathrm{d}}$。因此，研究螺杆转子端面型线与轴面型线的转换，主要关注的是连接齿顶圆与齿根圆的两条过渡曲线。

在圆柱坐标系 $Or\theta z$ 下的转换方法如下。设等螺距螺杆转子端面型线中的某一构成曲线的极坐标方程形式为

$$\begin{cases} r=r(t) \\ \theta=\theta(t) \end{cases} \tag{2-25}$$

则该曲线做等螺距螺旋展开后的空间曲面方程为

$$\begin{cases} r=r(t) \\ \theta=\theta(t)\pm\tau \\ z=\tau\lambda_0/(2\pi) \end{cases} \tag{2-26}$$

式中　λ_0——螺杆转子的螺旋导程；

t——描述端面型线的形式参数；

τ——螺旋展开转角，其前面的正负号取决于螺旋展开的左右旋方向。

在曲面方程式(2-26) 中取 $\theta=0$，并求出 τ 与 t 的关系，则转化为该曲线对应的轴面型线坐标方程

$$\begin{cases} r=r(t) \\ z=\pm\theta(t)\lambda_0/(2\pi) \end{cases} \tag{2-27}$$

在直角坐标系 $Oxyz$ 下的转换方法如下。设等螺距螺杆转子端面型线中的某一构成曲线在端面平面坐标系 Oxy 下的直角坐标方程形式为

$$\begin{cases} x=x(t) \\ y=y(t) \end{cases} \tag{2-28}$$

则该曲线做等螺距螺旋展开后在直角坐标系 $Oxyz$ 下的空间曲面方程为

$$\begin{cases} x=x(t)\cos(\tau)+y(t)\sin(\tau) \\ y=-x(t)\sin(\tau)+y(t)\cos(\tau) \\ z=\pm\tau\lambda_0/(2\pi) \end{cases} \tag{2-29}$$

该曲线在轴面平面坐标系 Orz 下对应的轴面型线坐标方程为

$$\begin{cases} r=[x^2(t)+y^2(t)]^{\frac{1}{2}} \\ z=\pm\arctan\left[\dfrac{y(t)}{x(t)}\right]\lambda_0/(2\pi) \end{cases} \tag{2-30}$$

2.6 理论型线与实际型线

螺杆转子的型线设计分为理论型线和实际型线。所谓理论型线，是指主、从转子在零间隙情况下满足啮合条件的基本型线模型。通过对理论型线的研究，能够分析计算出螺杆转子的有效抽气面积及面积利用系数，清晰地演示齿形面相互啮合的平滑顺畅性、形成的接触线长度和级间泄漏三角形，从而正确评估所设计型线模型的适用性。和大多数研究转子型线的文献相同，本章前述讨论和后面给出的转子端面型线也都是理论型线。

然而，理论型线的无间隙属性决定了它不能被直接做成实体模型投入使用，实际加工出的螺杆转子必须采用实际型线。实际型线是在理论型线基础上经过实用化修正后所获得的、制成实体后可在实际应用中可靠运行的型线模型。理论型线与实际型线的差别，源于主、从转子和泵体之间必须预留啮合间隙，以及在各段型线相互连接部位增加必要的过渡曲线，以便更易于加工或使过渡更平滑。

将理论型线修正为实际型线，首要工作是设计各啮合接触面间的啮合间隙。以前文所述的渐开线（梯形齿）转子型线为例，如图 2-7 所示，图中的 M、N 两条粗实线曲线，分别为左右两个转子的理论型线，它们在啮合点处是无间隙相互接触的。为了在啮合点处获得期望的运动间隙 δ_1，通常做法是在理论型线的基础上，向内构造一条与理论型线距离为 $0.5\delta_1$ 的等距线，如图中的虚线 M'、N'所示。等距线的构造方法是，以理论型线的每一点为圆心，以运动间隙的一半 $0.5\delta_1$ 为半径，画出一系列圆，所有这些圆的内切包络线，即构成与理论型线各点的法向距离均为 $0.5\delta_1$ 的等距线，相当于将理论型线模型向内缩小了半个间隙，从而在两个转子的啮合点处形成完整间隙值 δ_1。譬如左侧转子的齿根圆和右侧转子的齿顶圆的半径均减小 $0.5\delta_1$（圆弧的等距线就是其同心圆弧），则在二者的啮合点处产生 δ_1 宽的间隙。同样道理，将转子齿顶圆弧线半径增大 $0.5\delta_1$ 作为主泵体 8 字形泵腔的内径，则在两个转子齿顶圆与泵腔之间也能够形成 δ_1 的运动间隙。

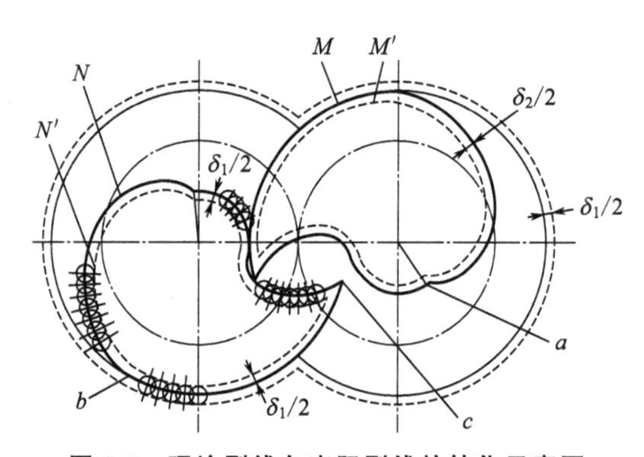

图 2-7 理论型线向实际型线的转化示意图

M，N—转子的理论型线；M'，N'—转子的实际型线；δ_1，δ_2—预留的运动间隙

从理论端面型线出发，采用等距收缩方法构成的实际型线，对于生成齿顶面、齿根面和泵体内腔表面之间的径向间隙十分有效。但是，对于如单摆线和渐开线等连接齿顶圆与齿根圆的中间过渡曲线，则存在问题。尽管从端面型线上看，它们的啮合点处也产生了完整的间隙值，但必须注意，这是两条线在同一平面径向方向上的距离。当这些过渡曲线做螺旋展开形成倾斜的螺旋曲面后，相互啮合齿面之间的最短距离是其法向距离，该距离通常小于横截面上的径向距离。因此，若要使两个转子上的斜齿面（由端面型线中的渐开线螺旋展开后形成）之间的最小间隙距离为 δ_1，则在端面型线上，实际型线相对理论型线的收缩距离 δ_2 应大于 δ_1，其量值关系还取决于螺旋展开的升角或者局部导程。关于螺杆转子曲面啮合间隙的设计，后面 6.4.5 部分有专门介绍。

参考文献

[1] 张世伟，赵凡，张杰，等．无油螺杆真空泵螺杆转子设计理念的回顾与展望［J］．真空，2015（5）：1-12.

[2] 邢子文．螺杆压缩机——理论、设计及应用［M］．北京：机械工业出版社，2000.

[3] 李福天．螺杆泵［M］．北京：机械工业出版社，2010.

[4] 刘冰．基于摆线的无油螺杆真空泵转子型线的研究［D］．沈阳：东北大学，2011.

[5] Mito M，Yoshimura M，Takahashi M. Dry screw vaccum pump having nitrogen injection：US06554593B2［P］. 2003-04-29.

第3章

常用螺杆真空泵转子基本型线

本章介绍一些在螺杆泵产品中实际经常用到或设计新颖的转子型线，尽可能完整地给出可供实际设计采用的理论型线方程。这些型线首先以主曲线的端面型线形式给出，最后简单介绍对主曲线的局部修正方法。

3.1 梯形齿螺杆转子

3.1.1 梯形齿转子端面型线概述

梯形齿螺杆转子是目前无油螺杆泵产品中使用量最大的一种转子造型，因其转子齿型的轴向剖面近似为一个直角梯形而得名。能够构成梯形齿螺杆转子的型线也有数种不同细微差别的曲线组合，其中最为常用的端面型线是由单摆线段、齿根圆段、渐开线段和齿顶圆段四段主曲线组成，习惯上称为渐开线转子[1,2]，如图 3-1(a) 所示；渐开线转子的轴向剖面有 4 个齿型面，对应上述四段主曲线，依次为凹齿面、齿根面、斜齿面和齿顶面，如图 3-1(b) 所示。

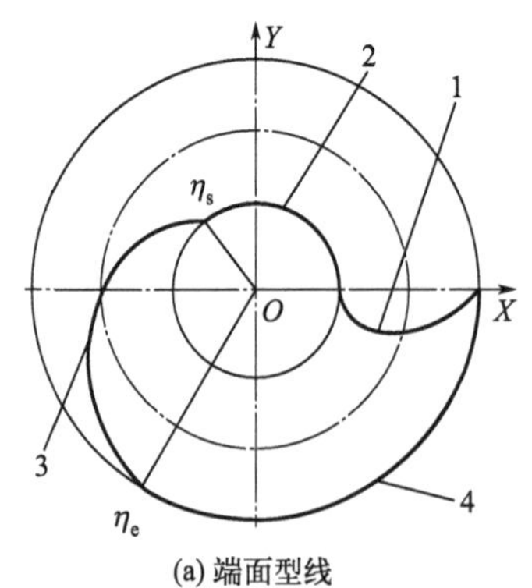

(a) 端面型线

1—单摆线；2—齿根圆；3—渐开线；4—齿顶圆

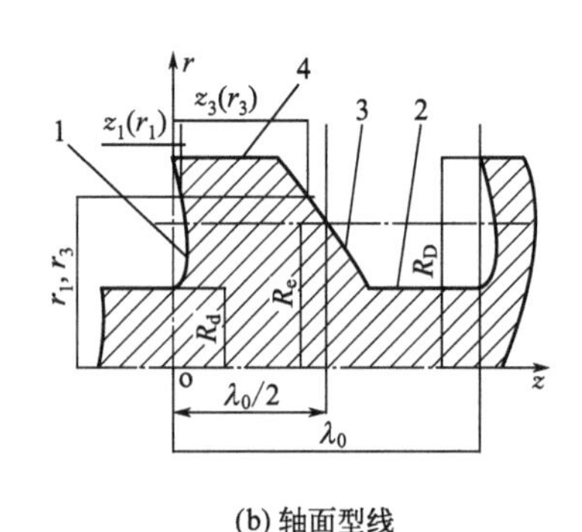

(b) 轴面型线

1—凹齿面；2—齿根面；3—斜齿面；4—齿顶面

图 3-1 梯形齿（渐开线）转子型线示意图

单摆线是具有自啮合属性的长幅摆线，为点啮合形式。单摆线是一个以转子的节圆为定圆、另一个转子的节圆为动圆，当动圆在定圆外做纯滚动时，以随动圆一同滚动的齿顶圆上一点为摆点所描绘出的长幅摆线。在梯形齿轴面型线中，由单摆线螺旋展开所生成的凹齿面，相当于梯形齿的一个直角边，但向内凹入，这给机械加工带来一定困难。主、从转子的凹齿面互相啮合，在垂直于两个转子轴线的其中一个方向上有一个很大的梭形泄漏通道，使主从两个转子的螺旋C形抽气空间形成连通；但在另一个方向上，一个转子凹齿面的齿顶尖与另一配对转子的凹齿面完全贴合，构成转子前后级抽气空间的级间密封线，将转子的抽气空间沿轴向隔离成一个个相对独立的抽气室，从而大大降低了被抽气体的级间返流。因此，单摆线是螺杆转子型线中十分重要的组成曲线。

渐开线因在齿轮传动中广泛使用而为人们所熟知，具有自啮合属性，因此可以独立作为齿顶圆与齿根圆之间的过渡曲线。由渐开线螺旋展开所生成的斜齿面，相当于梯形齿的斜边。渐开线的自啮合特性，使得在两个转子轴线共同所在的平面内，两个转子的斜边相互紧密贴合，构成转子前后级抽气空间的级间密封线；但在与之垂直的中垂面内，即8字形泵腔的中间腰部，两个转子的斜边存在一个很大的泄漏三角形，使主从两个转子的螺旋抽气空间形成连通。

在端面型线中，渐开线基圆半径越小，渐开线所占据的张角就越大，相应的齿顶圆和齿根圆所占据的角度就越小，型线的抽气面积也就越大；对应地，螺旋展开后所形成的斜齿面越宽，轴面型线中斜齿面倾斜的角度越大，齿顶宽和齿根宽越小，同时泄漏三角形也越大。反之，渐开线基圆半径越大，斜齿面越陡，齿顶与齿根越宽，泄漏三角形变小，同时抽气面积变小。渐开线基圆半径必须小于齿根圆半径，才能保证渐开线与齿根圆相交。

3.1.2 梯形齿转子端面型线直角坐标系方程

(1) 摆线段方程

$$\begin{cases} X_1=(R_d+R_D)\cos\varphi_1-R_D\cos2\varphi_1 \\ Y_1=(R_d+R_D)\sin\varphi_1-R_D\sin2\varphi_1 \end{cases} \tag{3-1}$$

其中，形式参数的取值范围 $\varphi_1=[0,\ \arccos(R_e/R_D)]$。

(2) 齿根圆段方程

$$\begin{cases} X_2=R_d\cos\theta_2 \\ Y_2=R_d\sin\theta_2 \end{cases} \tag{3-2}$$

式中，转角的取值范围 $\theta_2=[0,\eta_s]$，η_s 为齿根圆的终止角度，同时也是渐开线的起始相位角，由渐开线的参数确定，见后文式(3-9)。

(3) 渐开线段方程

$$\begin{cases} X_3=R_0[\cos(t+\beta_m)+t\sin(t+\beta_m)] \\ Y_3=R_0[\sin(t+\beta_m)-t\cos(t+\beta_m)] \end{cases} \tag{3-3}$$

式中，形式参数的取值范围为

$$t=\left(\sqrt{\left(\frac{R_{\mathrm{d}}}{R_{0}}\right)^{2}-1},\sqrt{\left(\frac{R_{\mathrm{D}}}{R_{0}}\right)^{2}-1}\right)$$

旋转相位角

$$\beta_{\mathrm{m}}=\pi-\sqrt{\left(\frac{R_{\mathrm{e}}}{R_{0}}\right)^{2}-1}+\arctan\sqrt{\left(\frac{R_{\mathrm{e}}}{R_{0}}\right)^{2}-1} \tag{3-4}$$

上面各式中 R_0 为渐开线的基圆半径，其取值大小直接决定着端面型线中渐开线段所包含的角度大小，从而影响螺杆转子斜齿面的倾斜角度，也直接决定了梯形转子齿顶宽和齿槽底宽。

(4) 齿顶圆段方程

$$\begin{cases}X_{4}=R_{\mathrm{D}}\cos\theta_{4}\\ Y_{4}=R_{\mathrm{D}}\sin\theta_{4}\end{cases} \tag{3-5}$$

其中形式参数 $\theta_4=[\eta_{\mathrm{e}},2\pi]$，$\eta_{\mathrm{e}}$ 为齿顶圆的起始角度，同时也是渐开线的终止相位角，由渐开线的参数确定，见后文式(3-10)。

3.1.3 梯形齿转子端面型线极坐标系方程

在某些场合，采用极坐标系形式表述要比直角坐标系更为方便。鉴于梯形齿转子使用的普遍性，因此特别给出其端面型线的极坐标型线方程。

(1) 摆线段方程

$$\begin{cases}r_{1}=[R_{\mathrm{d}},R_{\mathrm{D}}]\\ \theta_{1}=\arccos\dfrac{4R_{\mathrm{e}}^{2}+R_{\mathrm{D}}^{2}-r_{1}^{2}}{4R_{\mathrm{e}}R_{\mathrm{D}}}-\arccos\dfrac{4R_{\mathrm{e}}^{2}+r_{1}^{2}-R_{\mathrm{D}}^{2}}{4R_{\mathrm{e}}r_{1}}\end{cases} \tag{3-6}$$

(2) 齿根圆段方程

$$\begin{cases}r_{2}=R_{\mathrm{d}}\\ \theta_{2}=[0,\eta_{\mathrm{s}}]\end{cases} \tag{3-7}$$

(3) 渐开线段方程

$$\begin{cases}r_{3}=[R_{\mathrm{d}},R_{\mathrm{D}}]\\ \theta_{3}=\sqrt{\left(\dfrac{r_{3}}{R_{0}}\right)^{2}-1}-\arctan\sqrt{\left(\dfrac{r_{3}}{R_{0}}\right)^{2}-1}+\beta_{\mathrm{m}}\end{cases} \tag{3-8}$$

或者

$$\begin{cases} r_3 = R_0\sqrt{1+\varphi^2} \\ \theta_3 = \varphi - \arctan\varphi + \beta_m \end{cases} \tag{3-8a}$$

其中，形式参数的取值范围为

$$\varphi = [\varphi_s, \varphi_e] = \left[\sqrt{\left(\frac{R_d}{R_0}\right)^2 - 1}, \sqrt{\left(\frac{R_D}{R_0}\right)^2 - 1}\right]$$

对应的型线坐标点为 $(r_3, \theta_3) = [R_d, \eta_s]$　$(r_3, \theta_3) = [R_D, \eta_e]$

渐开线的起始相位角为

$$\eta_s = \sqrt{\left(\frac{R_d}{R_0}\right)^2 - 1} - \arctan\sqrt{\left(\frac{R_d}{R_0}\right)^2 - 1} + \beta_m \tag{3-9}$$

渐开线的终止相位角为

$$\eta_e = \sqrt{\left(\frac{R_D}{R_0}\right)^2 - 1} - \arctan\sqrt{\left(\frac{R_D}{R_0}\right)^2 - 1} + \beta_m \tag{3-10}$$

(4) 齿顶圆段方程

$$\begin{cases} r_4 = R_D \\ \theta_4 = [\eta_e, 2\pi] \end{cases} \tag{3-11}$$

3.1.4 梯形齿转子轴面型线柱坐标系方程

梯形齿转子的轴剖面如图 3-1(b) 所示，其转子齿形由 4 段型线构成，分别是由单摆线生成的凹齿面 1、由齿根圆生成的齿根面 2、由渐开线生成的斜齿面 3 和由齿顶圆生成的齿顶面 4。其中齿顶面和齿根面都是圆柱面，在轴面型线中呈现为简单的直线，需要计算的主要是凹齿面和斜齿面的型线方程。

如图 3-1(b) 所示，以螺杆转子的中轴线为 z 坐标轴，通过凹齿面与齿顶圆和齿根圆的某一交点轴向位置作为原点 O，以转子径向方向为 r 坐标轴，建立柱坐标系 Orz。凹齿面 1 在 Orz 平面内的坐标方程为：

$$\begin{cases} r_1 = [R_d, R_D] \\ z_1(r_1) = \dfrac{\lambda_0}{2\pi}\left[\arccos\dfrac{e^2 - R_D^2 + r_1^2}{2er_1} - \arccos\dfrac{e^2 - r_1^2 + R_D^2}{2eR_D}\right] \end{cases} \tag{3-12}$$

斜齿面 3 在 Orz 平面内的坐标方程为：

$$\begin{cases} r_3 = [R_d, R_D] \\ z_3(r_3) = \dfrac{\lambda_0}{2\pi}\left[\gamma_m - \sqrt{\left(\dfrac{r_3}{R_0}\right)^2 - 1} + \arctan\sqrt{\left(\dfrac{r_3}{R_0}\right)^2 - 1}\right] \end{cases} \tag{3-13}$$

其中，

$$\gamma_{\mathrm{m}}=\sqrt{\left(\frac{R_{\mathrm{e}}}{R_{0}}\right)^{2}-1}-\arctan\sqrt{\left(\frac{R_{\mathrm{e}}}{R_{0}}\right)^{2}-1} \tag{3-14}$$

式中　λ_0——等螺距转子的螺旋导程。

3.1.5 梯形齿转子端面型线的抽气面积计算

依据前文 1.3.3 部分中式(1-1) 和式(1-2) 可知，计算螺杆真空泵几何抽速的关键是首先计算出螺杆转子端面型线的有效抽气面积 A_{e}。参照图 3-2，梯形齿转子端面型线的有效抽气面积 A_{e} 即为图中不带阴影部分图形的面积，等于转子齿顶圆投影面积 $S_0=\pi R_{\mathrm{D}}^2$ 分别减去两个转子重叠部分的弓形面积 S_{A} 和端面型线所包络几何实体的横截面面积 S_{B}。其中渐开线转子几何实体的横截面积 S_{B} 包括齿根圆扇形 $ObaO$ 的面积 S_1，渐开线扇形 $ObcdO$ 的面积 S_2 和齿顶圆与单摆线围成的面积 S_3，其中 S_3 是齿顶圆扇形 $OdefgaO$ 的面积 S_4 与单摆线弓形 $ahfga$ 的面积 S_5 的差。下面分别计算。

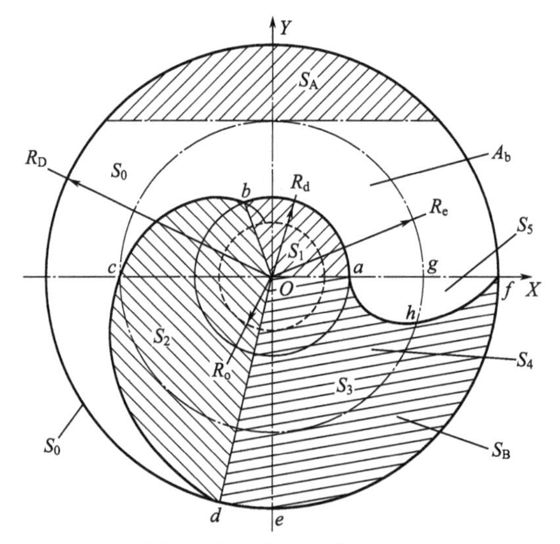

图 3-2　渐开线转子端面型线有效抽气面积计算示意图

(1) 两个转子相互重叠的弓形部分面积 S_{A}

$$S_{\mathrm{A}}=R_{\mathrm{D}}^{2}\arccos\left(\frac{R_{\mathrm{e}}}{R_{\mathrm{D}}}\right)-R_{\mathrm{e}}\sqrt{R_{\mathrm{D}}^{2}-R_{\mathrm{e}}^{2}} \tag{3-15}$$

(2) 齿根圆扇形 $OabO$ 的面积 S_1

$$S_{1}=\pi R_{\mathrm{d}}^{2}\frac{\eta_{\mathrm{s}}}{2\pi}=\frac{R_{\mathrm{d}}^{2}}{2}\left[\sqrt{\left(\frac{R_{\mathrm{d}}}{R_{0}}\right)^{2}-1}-\arctan\sqrt{\left(\frac{R_{\mathrm{d}}}{R_{0}}\right)^{2}-1}+\beta_{\mathrm{m}}\right] \tag{3-16}$$

(3) 渐开线扇形 $ObcdO$ 的面积 S_2

$$S_2=\frac{R_0^2}{6}\left\{\left[\left(\frac{R_D}{R_0}\right)^2-1\right]^{\frac{3}{2}}-\left[\left(\frac{R_d}{R_0}\right)^2-1\right]^{\frac{3}{2}}\right\} \tag{3-17}$$

(4) 齿顶圆扇形 $OdefgaO$ 的面积 S_4

$$S_4=\frac{R_D^2}{2}\left[\pi-\sqrt{\left(\frac{R_D}{R_0}\right)^2-1}+\arctan\sqrt{\left(\frac{R_D}{R_0}\right)^2-1}+\sqrt{\left(\frac{R_e}{R_0}\right)^2-1}-\arctan\sqrt{\left(\frac{R_e}{R_0}\right)^2-1}\right] \tag{3-18}$$

(5) 单摆线弓形 $ahfga$ 的面积 S_5

$$S_5=-\int Y_1\mathrm{d}X_1=\int_0^{\varphi_e}Y_1\frac{\mathrm{d}X_1}{\mathrm{d}\varphi_1}\mathrm{d}\varphi_1$$

将式(3-1)中的 X_1、Y_1 表达式代入上式，可得到：

$$S_5=R_e^2[2\varphi_e-\sin(2\varphi_e)]-4R_DR_e\sin^3\varphi_e+R_D^2\left(\varphi_e-\frac{1}{2}\sin2\varphi_e+2\sin^3\varphi_e\cos\varphi_e\right) \tag{3-19}$$

其中，

$$\varphi_e=\arccos\ (R_e/R_D)$$

于是有渐开线（梯形齿）转子的有效抽气面积

$$A_e=S_0-S_A-S_B=\pi R_D^2-S_A-S_1-S_2-S_4+S_5 \tag{3-20}$$

将 A_e 代入式(1-1)和式(1-2)，即可求出渐开线（梯形齿）转子的螺杆真空泵几何抽速。

3.2 对称矩形齿螺杆转子

3.2.1 对称矩形齿转子端面型线概述

矩形齿螺杆转子因其转子齿型的轴向剖面近似为一个矩形而得名，在无油螺杆泵产品中也较为常见。其中常见的一种矩形齿转子的端面型线为对称图形，即连接齿顶圆和齿根圆的两侧型线形状相同；而且两侧型线中节圆之外的外摆线和节圆之内的内摆线互为共轭曲线，构成非平滑连接双摆线，俗称对称矩形齿转子[2]。其中外摆线是以一个转子的节圆为定圆，另一个转子的节圆为动圆，当动圆在定圆外做纯滚动时，以动圆上一点为摆点所描绘出的等幅摆线；内摆线则是以一个转子的节圆为定圆，另一个转子的节圆为动圆，当动圆在定圆外做纯滚动时，以随动圆一同滚动的齿顶圆上一点为摆点所描绘出的长幅摆线。

如图 3-3(a) 所示，对称矩形齿转子的端面型线由 6 段曲线构成，分别是外摆线 ab、内摆线 bc、齿根圆 cd、内摆线 de、外摆线 ef、齿顶圆 fa。对称矩形齿转子的轴向剖面如图 3-3(b) 所示，由于端面型线中外摆线 ab 与内摆线 bc 在节圆处是非平滑连接的，所以在轴向剖面中，对应的齿侧面在节圆半径处也存在一个微凸尖角，通常需要补充过渡圆弧。

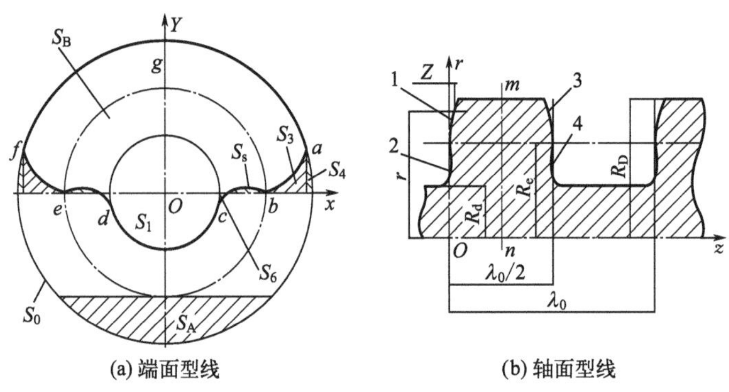

(a) 端面型线　　(b) 轴面型线

图 3-3　双摆线对称矩形齿转子型线示意图

一对对称矩形齿螺杆转子相互啮合所产生的接触线较短，泄漏三角形也较小，因此其密封性很好，返流量较小。与梯形齿螺杆转子相比，矩形齿螺杆两个转子同级 C 形储气槽之间的密封性更好，气体交换量更少；但前后级间的密封性稍差，不如包含单摆线的梯形齿。

3.2.2　对称矩形齿转子端面型线直角坐标系方程

(1) 外摆线段（*ab* 段）方程

$$\begin{cases} x_1 = e\cos t_1 - R_e\cos(2t_1) \\ y_1 = e\sin t_1 - R_e\sin(2t_1) \end{cases} \tag{3-21}$$

其中，

$$t_1 = [0, t_a]$$

$$t_a = \arccos\frac{e^2 + R_e^2 - R_D^2}{e^2} = \arccos\left[1.25 - \left(\frac{R_D}{e}\right)^2\right] \tag{3-22}$$

(2) 内摆线段（*bc* 段）方程

$$\begin{cases} x_2 = e\cos(t_2 + \beta_b) - R_D\cos(2t_2 + \beta_b) \\ y_2 = -e\sin(t_2 + \beta_b) + R_D\sin(2t_2 + \beta_b) \end{cases} \tag{3-23}$$

其中，
$$t_2=[0,t_b]$$
$$t_b=\arccos\frac{4R_D^2+3e^2}{8R_De} \tag{3-24}$$
β_b 可由下式求得
$$\beta_b=\arctan\frac{2\sin t_a-\sin(2t_a)}{2\cos t_a-\cos(2t_a)} \tag{3-25}$$

(3) 齿根圆段（*cd* 段）方程

$$\begin{cases}x_3=R_d\sin t_3\\ y_3=-R_d\cos t_3\end{cases} \tag{3-26}$$
其中，
$$t_3=[\theta_d,\theta_c]$$
$$\begin{cases}\theta_c=\dfrac{\pi}{2}-\beta_b\\ \theta_d=\beta_b-\dfrac{\pi}{2}\end{cases} \tag{3-27}$$

(4) 内摆线段（*de* 段）方程

$$\begin{cases}x_4=-e\cos(t_4+\beta_b)+R_D\cos(2t_4+\beta_b)\\ y_4=-e\sin(t_4+\beta_b)+R_D\sin(2t_4+\beta_b)\end{cases} \tag{3-28}$$
其中，
$$t_4=[0,t_b]$$

(5) 外摆线段（*ef* 段）方程

$$\begin{cases}x_5=-e\cos t_5+R_e\cos(2t_5)\\ y_5=e\sin t_5-R_e\sin(2t_5)\end{cases} \tag{3-29}$$
其中，
$$t_5=[0,t_a]$$

(6) 齿顶圆段（*fa* 段）方程

$$\begin{cases}x_6=R_D\sin t_6\\ y_6=R_D\cos t_6\end{cases} \tag{3-30}$$
其中，
$$t_6=[\theta_f,\theta_a]$$
$$\begin{cases}\theta_a=\dfrac{\pi}{2}-\beta_b\\ \theta_f=\beta_b-\dfrac{\pi}{2}\end{cases} \tag{3-31}$$

3.2.3 对称矩形齿转子端面型线极坐标系方程

鉴于对称矩形齿转子端面型线的对称属性，只需给出外摆线和内摆线两段的极坐标型线方程即可；齿顶圆段和齿根圆段的型线方程，可以参考 3.1.3 部分中的对应公式。

(1) 外摆线段（*ab* 段）方程

$$\begin{cases} r_1=[R_e, R_D] \\ \theta_1=\arccos\dfrac{5R_e^2-r_1^2}{4R_e^2}-\arccos\dfrac{3R_e^2+r_1^2}{4R_e r_1} \end{cases} \tag{3-32}$$

(2) 内摆线段（*bc* 段）方程

$$\begin{cases} r_2=[R_d, R_e] \\ \theta_2=\arccos\dfrac{4R_e^2+r_2^2-R_D^2}{4R_e r_2}-\arccos\dfrac{4R_e^2+R_D^2-r_2^2}{4R_e R_D}-\beta_b \end{cases} \tag{3-33}$$

式中，β_b 由式(3-25) 计算得到。

(3) 内摆线段（*de* 段）方程

$$\begin{cases} r_4=[R_d, R_D] \\ \theta_4=\pi-\arccos\dfrac{4R_e^2+r_4^2-R_D^2}{4R_e r_4}+\arccos\dfrac{4R_e^2+R_D^2-r_4^2}{4R_e R_D}+\beta_b \end{cases} \tag{3-34}$$

(4) 外摆线段（*ef* 段）方程

$$\begin{cases} r_5=[R_d, R_D] \\ \theta_5=\pi+\arccos\dfrac{5R_e^2-r_5^2}{4R_e^2}-\arccos\dfrac{3R_e^2+r_5^2}{4R_e r_5} \end{cases} \tag{3-35}$$

3.2.4 对称矩形齿转子轴面型线柱坐标系方程

同样依据对称矩形齿转子端面型线的对称属性，只需给出一组由外摆线生成的外齿面和由内摆线生成的内齿面在轴剖面上的柱坐标型线方程，即能满足实际需求。

如图 3-3(b)所示，以螺杆转子的中轴线为 z 坐标轴，以外齿面与内齿面在节圆的某一交点轴向位置作为原点 O，以转子径向方向为 r 坐标轴，建立柱坐标系 Orz。外齿面 1 在 Orz 平面内的坐标方程为：

$$\begin{cases} r_1=[R_d,R_D] \\ z_1(r_1)=\dfrac{\lambda_0}{2\pi}\left[\arccos\dfrac{5R_e^2-r_1^2}{4R_e^2}-\arccos\dfrac{3R_e^2+r_1^2}{4R_e r_1}\right] \end{cases} \tag{3-36}$$

内齿面 2 在 Orz 平面内的坐标方程为：

$$\begin{cases} r_2=[R_d,R_D] \\ z_2(r_2)=\dfrac{\lambda_0}{2\pi}\left[\arccos\dfrac{4R_e^2+r_2^2-R_D^2}{4R_e r_2}-\arccos\dfrac{4R_e^2+R_D^2-r_2^2}{4R_e R_D}-\beta_b\right] \end{cases} \tag{3-37}$$

3.2.5 对称矩形齿转子端面型线的抽气面积计算

如图 3-3(a) 所示，对称矩形齿端面型线的有效抽气面积 A_e 等于转子齿顶圆投影面积 S_0 分别减去两个转子重叠部分的弓形面积 S_A 和端面型线所包络几何实体的横截面面积 S_B。转子几何实体的横截面积 S_B，等于一个齿根圆的半圆面积 S_1 加上一个齿顶圆的半圆面积 S_2，然后扣除 2 倍的外摆线和内摆线与 X 轴所围成的面积 S_3、S_4 和 S_5，再加上 2 倍的内摆线与齿根圆包围的面积 S_6。即

$$S_B=0.5\pi(R_D^2+R_d^2)-2(S_3+S_4+S_5-S_6) \tag{3-38}$$

实际上，由于 S_4、S_5 和 S_6 的面积都相对很小，且具有互补性，为简化计算，可以忽略其影响，则转子实体的横截面积近似为：

$$S_B\approx 0.5\pi(R_D^2+R_d^2)-2S_3 \tag{3-39}$$

其中，由外摆线沿横坐标 X 轴的线下面积 S_3 为：

$$S_3=\int y_1\mathrm{d}x_1=\int_0^{t_a} y_1\frac{\mathrm{d}x_1}{\mathrm{d}t}\mathrm{d}t$$

将式(3-21) 中的 x_1、y_1 表达式代入上式，可得到：

$$S_3=R_e^2\left[-3t_a+\sin(2t_a)+4\sin^3 t_a+\frac{1}{4}\sin(4t_a)\right] \tag{3-40}$$

式中的 t_a 由式(3-22) 计算得到。

于是对称矩形齿螺杆转子的有效抽气面积为：

$$A_e=S_0-S_A-S_B=0.5\pi(R_D^2-R_d^2)-S_A+2S_3 \tag{3-41}$$

其中 S_A 由式(3-15) 计算，S_3 由式(3-40) 计算。

3.3 非对称矩形齿螺杆转子

如前所述，一对对称矩形齿螺杆转子相互啮合时，其前后级间的密封性不如梯形齿螺杆转子，原因在于矩形齿转子端面型线中非平滑连接双摆线的前后级间密封性能不如梯形齿转子端面型线中的单摆线。为提高矩形齿转子的级间密封性

能，可以将单摆线引入矩形齿转子端面型线，即在齿顶圆和齿根圆之间，一侧依旧采用非平滑连接双摆线，而另一侧采用单摆线，如图 3-4(a) 所示。这种转子端面型线经螺旋展开后所生成的螺杆转子，轴向剖面如图 3-4(b) 所示，仍然近似保持着矩形形状，但因两侧不对称，通常称为非对称矩形齿转子。

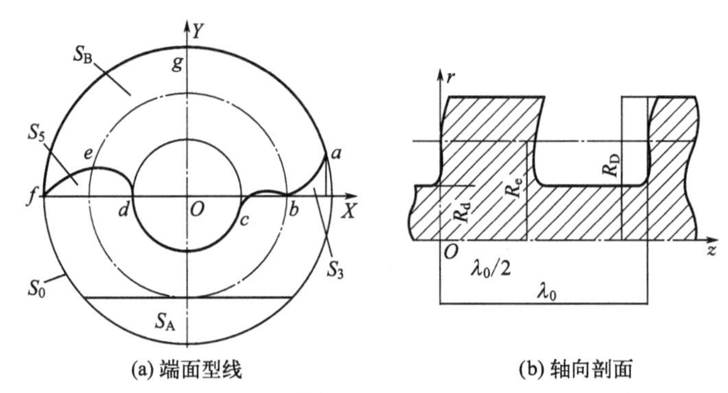

(a) 端面型线　　(b) 轴向剖面

图 3-4　非对称矩形齿转子端面型线与轴向剖面示意图

如图 3-4(a) 所示，非对称螺杆转子端面型线由 5 段曲线构成，分别是外摆线 ab、内摆线 bc、齿根圆 cd、单摆线 def、齿顶圆 fga。各段曲线的坐标方程，在梯形齿转子端面型线和对称矩形齿转子端面型线中分别都有叙述，可以直接借用。非对称矩形齿螺杆转子的直角坐标系与极坐标系端面型线和柱坐标系轴面型线的计算公式，在表 3-1 中列出。

表 3-1　非对称矩形齿螺杆转子的型线方程列表

构成曲线	直角坐标系端面型线公式	极坐标系端面型线公式	轴面型线公式
外摆线 ab	式(3-21),式(3-22)	式(3-32)	式(3-36)
内摆线 bc	式(3-23),式(3-24)	式(3-33)	式(3-37)
齿根圆 cd	式(3-26),$t_3=[-\pi,\theta_c]$	式(3-7)	
单摆线 def	式(3-1)前面加负号	式(3-6)	式(3-12)
齿顶圆 fga	式(3-30),$t_6=[-\pi,\theta_a]$	式(3-11)	

如图 3-4(a) 所示，非对称矩形齿端面型线的有效抽气面积 A_e 等于转子齿顶圆投影面积 S_0 分别减去两个转子重叠部分的弓形面积 S_A 和端面型线所包络几何实体的横截面积 S_B。转子几何实体的横截面积 S_B，等于一个齿根圆的半圆面积 S_1 加上一个齿顶圆的半圆面积 S_2，然后扣除外摆线和单摆线与 X 轴所围成的面积 S_3 和 S_5，即

$$S_B \approx 0.5\pi(R_D^2+R_d^2)-S_3-S_5 \tag{3-42}$$

于是非对称矩形齿螺杆转子的有效抽气面积为

$$A_e=S_0-S_A-S_B=0.5\pi(R_D^2-R_d^2)-S_A+S_3+S_5 \tag{3-43}$$

其中 S_A 由式(3-15) 计算，S_3 由式(3-40) 计算，S_5 由式(3-19) 计算。

3.4 等齿顶宽变螺距螺杆转子

3.4.1 普通变螺距螺杆转子存在的问题

尽管单头变螺距螺杆转子型线的结构多种多样，但有一共同的结构特征是：随着螺杆转子的导程（节距）由吸气端向排气端逐渐变小的过程中，转子齿型中的齿顶宽度（以及对应的齿根宽）也随之等比例地逐渐变窄。这一结构特征会直接导致螺杆泵的抽气性能变差。因为转子齿顶面与泵体内表面之间的间隙是转子排气过程中气体级间返流的最主要泄漏通道，而转子齿型的齿顶宽度相当于该泄漏通道的深度，齿顶宽越宽，泄漏通道越深，对级间泄漏的阻挡能力越强，则相邻两级之间的气体返流量就越小。已有的单头变螺距螺杆转子型线的齿顶宽度由吸气端向排气端逐渐变窄，则对级间泄漏的阻挡能力越来越弱。而螺杆真空泵在工作过程中，恰恰是越靠近排气端，气体压力和级间压力差就越大。这种在压力差变大处齿型齿顶宽反倒变小的结构，会直接导致靠近排气端处气体返流量增大，是明显的不合理状况。反之，在靠近泵的吸气端处，气体压力和级间压力差均比较小，而此处的齿型齿顶宽度却变得很大，则明显是不必要的。同时，过于宽大的齿顶宽反而会导致泵的入口吸气容积（以容积利用系数表征）偏小，降低了其实际抽气速率。

总而言之，普通的变螺距螺杆转子的结构特点会直接导致如下不合理状况：在转子吸气端，齿型齿顶宽不必要地增大，从而降低了泵的容积利用系数；而在转子排气端，级间气体压力差很大，齿型齿顶宽反倒变小，致使气体返流量增大。这会直接造成螺杆真空泵的极限真空度降低和抽气速率下降的后果。如果在螺杆转子型线设计过程中，有意保持转子齿型齿顶宽始终不变，则可以有效地避免上述问题的出现，从而提高螺杆真空泵的抽气性能指标。

3.4.2 等齿顶宽转子端面型线

针对上述问题，这里介绍一种能够保持齿型齿顶宽近似恒定（对应地，齿根宽也会保持近似恒定）的单头变螺距螺杆转子型线[3]。如图 3-5 所示，一个梯形齿变螺距螺杆转子，当螺旋导程由排气端向吸气端逐渐增大（$\lambda_1<\lambda_2<\lambda_3<\lambda_4$）时，齿顶宽却始终保持不变（$B_1=B_2=B_3=B_4$），仅仅是斜齿面所占据的轴向长度不断增大（$L_1<L_2<L_3<L_4$）。

很显然，为实现梯形齿变螺距转子具有等齿顶宽特性，关键就是随着转子导程变化适当调整斜齿面的宽度，这自然要追溯到斜齿面在端面型线上的发生母

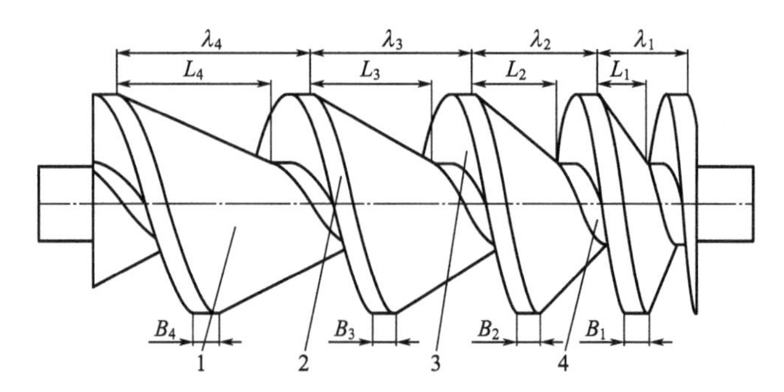

图 3-5　等齿顶宽变螺距螺杆转子的结构示意图

1—斜齿面；2—齿顶面；3—凹齿面；4—齿根面

线——渐开线。回顾 3.1.1 部分梯形齿转子端面型线关于渐开线的说明，当梯形齿转子端面型线中的渐开线基圆半径变小时，在端面型线中渐开线所占据的张角就变大，相应的齿顶圆和齿根圆所占据的角度就变小；在做螺旋展开的轴面型线上，斜齿面的倾斜角度和所占据的轴向长度会变大，从而导致转子的齿顶宽和齿根宽变小。图 3-6 展示了在相同导程下螺杆转子斜齿面形状随渐开线基圆半径变化的趋势，当基圆半径由大变小（$R_{01}>R_{02}>R_{03}$），渐开线在端面型线中所占据的张角由小变大，轴面型线中斜齿面的倾斜角度由小变大，转子牙形的齿顶宽由大变小（$B_1>B_2>B_3$）。正是基于渐开线的这一特性，可以实现变螺距转子具有等齿顶宽的结构。

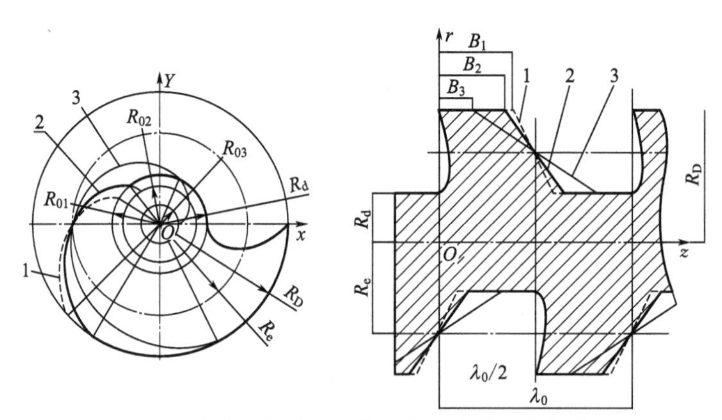

图 3-6　螺杆转子斜齿面形状与渐开线基圆半径的关系

构造等齿顶宽变螺距转子的具体方法，就是依据转子螺旋展开时每个横截面的实际导程取值，调整该横截面上端面型线中渐开线的基圆半径，从而改变齿顶圆在端面型线中所占据的角度，使其按照转子导程变化规律螺旋展开后，具有近似相等的齿顶面宽度。等齿顶宽变螺距转子的重要结构特征之一，就是在局部导程不同的转子横截面上，其端面型线（主要是渐开线）的参数是不相同的。

等齿顶宽梯形转子的端面型线，主体结构依旧是梯形齿转子的端面型线，也是由单摆线段、齿根圆段、渐开线段和齿顶圆段四段主曲线构成，唯一的变化是其中渐开线的发生基圆半径要随着转子的螺旋展开导程变化而调整。因此每个横截面上的端面型线的方程，依旧可以由式(3-1)～式(3-5)或者式(3-6)～式(3-11)表征，只是其中的基圆半径 R_0 要随转子螺旋导程 λ 变化，记为 $R_0(\lambda)$。

如果设计要求转子的齿顶宽近似保持为 B，那么在局部导程为 L 的转子横截面上，其端面型线中的渐开线基圆半径取值由下式计算。

$$
\begin{aligned}
&\sqrt{(R_D/R_0)^2-1}-\arctan\left(\sqrt{(R_D/R_0)^2-1}\right)-\pi \\
&-\sqrt{(R_d/R_0)^2-1}+\arctan\left(\sqrt{(R_d/R_0)^2-1}\right)+2\pi B/\lambda=0
\end{aligned}
\tag{3-44}
$$

例如，在转子轴向坐标 z_1 处，设定转子局部螺旋导程为 λ_1，至轴向坐标 z_2 处，局部螺旋导程为 λ_2，z_1 至 z_2 区间内螺旋导程线性变化，则导程 $L(z)$ 随轴向坐标的变化规律为

$$
\lambda(z)=\lambda_1+(\lambda_2-\lambda_1)(z-z_1)/(z_2-z_1) \tag{3-45}
$$

代入式(3-43)，得到渐开线基圆半径随轴向坐标的变化规律为

$$
\begin{aligned}
&\sqrt{(R_D/R_0)^2-1}-\arctan\left(\sqrt{(R_D/R_0)^2-1}\right)-\pi-\sqrt{(R_d/R_0)^2-1} \\
&+\arctan\left(\sqrt{(R_d/R_0)^2-1}\right)+\frac{2\pi B(z_2-z_1)}{\lambda_1 z_2-\lambda_2 z_1+(\lambda_2-\lambda_1)z}=0
\end{aligned}
\tag{3-46}
$$

以此公式计算得出的梯形转子端面型线，依旧保持着良好的自啮合属性，因此左右旋转子在相同轴向位置处选择端面型线参数相同，就能够保持良好的互啮合，即等齿顶宽螺杆转子的主从转子端面型线相同。

这种等齿顶宽的螺杆转子型线是最近才被提出的，由于渐开线基圆半径的计算式为隐函数形式，给设计计算带来一定难度和不便。这种变端面参数的齿型，在转子造型设计中也不能采用简单的螺旋展开方法成形，而其加工制造工艺也比传统的螺杆转子更为复杂和困难。由于设计计算和加工制造都有较大难度，所以至今尚未投入实际应用。

3.5 锥形螺杆转子

3.5.1 锥形转子概述

如 3.4.1 部分所述，对于常规变螺距螺杆转子，其齿顶宽度和齿槽宽度随导

程呈正比变化，不仅带来了吸气端容积效率低、排气端返流泄漏量大的问题，还会给转子的机械加工带来困难。尤其是对于希望获得大压缩比的情况，排气端的螺旋导程会变得相对很小，致使转子的螺旋齿槽变得又窄又深，从而带来极大的加工难度。所以普通小抽速范围的螺杆真空泵，单纯依靠螺旋导程变化，很难实现大的几何压缩比。

锥形螺杆转子可以解决螺杆泵难以实现大几何压缩比的问题。锥形螺杆转子的结构特征是，锥形转子的齿顶圆外径由吸气端向排气端线性减小，同时，锥形转子的齿根圆外径则以相同比例线性增大，从而保持两个转子轴线相互平行，即中心距保持不变，如图 3-7 所示。当然，泵体定子的泵腔内径也随齿顶圆外径对应减小，成为圆台形泵腔。鉴于螺杆转子的吸气容积就是处于齿顶圆与齿根圆之间的环形空间，所以随着齿顶圆的缩小和齿根圆的增大，锥形转子的每一级储气容积沿轴向由吸气端向排气端迅速减小，从而能够在较短轴向距离内实现很大的内压缩比。而且转子的齿槽深度越来越小，给机械加工带来便利。这些特点是其他变螺距方式无法做到的。

图 3-7　锥形转子螺杆泵示意图

英国 Edwards（埃地沃兹）公司最早开发了采用锥形转子的 GXS 系列螺杆真空泵产品[4,5]。为了改善泵内排气的热力学效果，该泵还采用了较为复杂的螺旋导程沿轴向的变化方式。在靠近吸气口处，希望获得足够大的初始吸气容积和均匀的抽气速率，所以采用了导程由吸气端向排气端逐渐增大的变化方式，从而弥补环形吸气面积变小的缺陷；在接下来的中间输运段，螺旋导程可以采用等螺距方式（即单纯依赖吸气面积的变小实现气体压缩）或导程逐渐变小的变螺距方式，从而强化压缩效果；在靠近排气口段，为了实现等容输送和均匀排气，其导程又重新采取由吸气端向排气端逐渐增大的变化方式。这种导程变化规律，同时也使该螺杆转子靠近排气口处的齿顶宽相对较宽，有利于减少气体的返流，与前述近似等齿顶宽转子有异曲同工之妙。

锥形转子螺杆的技术难度在于：沿轴向不同截面处的转子端面型线均不相同，为转子的设计与制造带来困难；锥形转子与锥形孔泵体之间的装配，也要求极高的定位精度，远难于普通螺杆转子的装配工艺。

3.5.2 锥形转子端面型线

锥形转子适合采用对称或非对称矩形齿转子端面型线，型线的构成和坐标方程可参见3.2部分和3.3部分，唯一的不同是每个截面的齿顶圆直径和齿根圆直径都是变化的。给出齿顶圆和齿根圆的变化规律，代入各段曲线的型线方程，即得到锥形转子端面型线的曲线方程。

设定锥形转子的排气端齿顶圆半径为 R_{D1}，齿根圆半径为 R_{d1}；吸气端齿顶圆半径为 R_{D2}，齿根圆半径为 R_{d2}；锥形螺杆转子的总长度为 L_T，则有如下关系：

$$R_{D1}+R_{d1}=R_{D2}+R_{d2}=2R_e=e \tag{3-47a}$$

因此有

$$R_{D2}-R_{D1}=R_{d1}-R_{d2}=\Delta \tag{3-47b}$$

以转子排气端端面为轴向坐标原点，则在轴向坐标为 z 的转子横截面处，其齿顶圆半径 $R_D(z)$ 和齿根圆半径 $R_d(z)$ 的值为：

$$R_D(z)=R_{D1}+(R_{D2}-R_{D1})z/L_T=R_{D1}+z\Delta/L_T \tag{3-48}$$

$$R_d(z)=R_{d1}-(R_{d1}-R_{d2})z/L_T=R_{d1}-z\Delta/L_T \tag{3-49}$$

将两值分别代入前面各个端面型线的曲线方程之中，即可得到锥形转子在轴向坐标 z 不同横截面上的型线方程。

3.5.3 锥形转子抽气容积的计算

由于锥形转子各横截面的面积不同，所以转子抽速容积的计算不能采用横截面积与导程乘积的方法，而只能通过沿程积分的方法直接求解吸气容积。

下面以相对常用的对称矩形齿端面型线为例，转子在轴向坐标为 z 的横截面处的端面型线如图3-8所示。

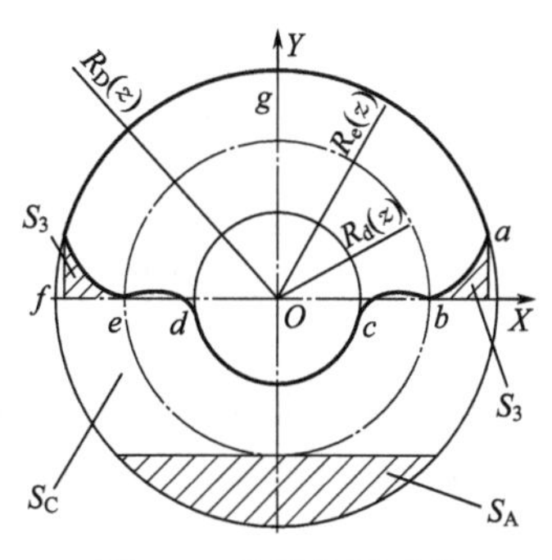

图3-8 锥形转子对称矩形齿端面型线的吸气面积计算图

比照3.3部分中图3-3(a)和面积计算公式(3-41)，单一锥形转子在轴向坐标为 z 的转子横截面上的吸气面积 $A_e(z)$ 近似为：

$$A_e(z)\approx S_C(z)-S_A(z)+2S_3(z) \tag{3-50}$$

式中

$$S_C(z)=0.5\pi[R_D^2(z)-R_d^2(z)] \tag{3-51}$$

两个转子重叠部分的弓形面积 $S_A(z)$ 参照式(3-15)计算，即

$$S_A(z)=R_D^2(z)\arccos\frac{R_e}{R_D(z)}-R_e\sqrt{R_D^2(z)-R_e^2} \tag{3-52}$$

外摆线下曲边三角形面积 $S_3(z)$ 参照式(3-40) 计算

$$S_3(z)=R_e^2\left[-3t_z+\sin(2t_z)+4\sin^3 t_z+\frac{1}{4}\sin(4t_z)\right] \tag{3-53}$$

其中
$$t_z=\arccos\left[1.25-\frac{R_D^2(z)}{e^2}\right] \tag{3-54}$$

锥形转子在轴向坐标 z 位置介于 (a,b) 之间一段的抽气容积等于

$$V_e=\int_a^b A_e\mathrm{d}z\approx\int_a^b[S_C(z)-S_A(z)+2S_3(z)]\mathrm{d}z=V_C-V_A+2V_3 \tag{3-55}$$

其中

$$V_C=\int_a^b S_C(z)\mathrm{d}z=\frac{\pi e}{2}(b-a)\left[R_{D1}-R_{d1}-\frac{b+a}{L_T}\times(R_{D2}-R_{D1})\right] \tag{3-56}$$

$$\begin{aligned}V_A&=\int_a^b S_A(z)\mathrm{d}z\\&=\frac{L_T}{3(R_{D1}-R_{D2})}\left(y^3\arccos\frac{R_e}{y}-2R_e^2 y\sqrt{\frac{y^2}{R_e^2}-1}+R_e^3\ln\left|\frac{y}{R_e}+\sqrt{\frac{y^2}{R_e^2}-1}\right|\right)\Bigg|_{y_a}^{y_b}\end{aligned} \tag{3-57a}$$

式中积分上下限

$$\begin{cases}z=a, & y_a=R_D(a)=R_{D1}+a\times\dfrac{R_{D2}-R_{D1}}{L_T}\\ z=b, & y_b=R_D(b)=R_{D1}+b\times\dfrac{R_{D2}-R_{D1}}{L_T}\end{cases} \tag{3-57b}$$

外摆线下曲边三角形 $S_3(z)$ 的轴向积分体积 V_3，可近似按照三棱台体积计算，因此有

$$V_3=\int_a^b S_3(z)\mathrm{d}z=\frac{1}{3}(b-a)[S_3(a)+S_3(b)+\sqrt{S_3(a)S_3(b)}] \tag{3-58}$$

式中的 $S_3(a)$ 和 $S_3(b)$ 分别是轴向坐标 $z=a$ 和 $z=b$ 两个截面处的曲边三角形面积，由式(3-53) 和式(3-54) 计算。

3.6 双头转子型线

双头转子（亦可称双叶转子）型线是指在同一横截面的端面型线中，分别有两个齿牙和两个齿槽，对称相隔排列；做螺旋展开后，在螺杆转子体上形成两条螺旋线极齿；在螺杆真空泵工作时，转子每旋转一周就产生两次吸排气过程，相比单头螺杆转子，吸排气更均匀平稳。双头转子的最大优点是其端面型线的形心（质心）自动处于其回转轴轴心之上，所以转动时不会产生不平衡惯性力和惯性力偶，转子设计过程中无需做动平衡设计，特别适合于高转速工作状态的螺杆转子，也因此得到越来越多的关注和应用。双头转子的一个不足之处是螺杆转子抽气过程中的级间返流相对较大，抽气效率偏低，即使采用在单头转子型线中级间密封性表现最优的单摆线，相邻齿槽之间也会出现较大的泄漏通道。因此不同于单头螺杆转子抽气过程的分级输送方式（被称为压缩机模式），双头螺杆转子的抽气过程更接近连续输送方式（被称为通风机模式），本身的抽气机理也要求转子以高速旋转来抑制被抽气体的返流泄漏。

双头转子端面型线的构成曲线其实与单头转子型线相同，连接齿顶圆和齿根圆的过渡曲线，依然是常用的单摆线、渐开线、平滑连接双摆线或非平滑连接双摆线[6]。图 3-9 给出了 4 种可用的双头转子端面型线示意图。其中图 3-9(a) 所示的梯形齿双头转子端面型线，两侧齿面的构成曲线分别是单摆线和渐开线，其特点是转子的实体面积相对最小，即 8 字形泵腔的容积利用率最大，相同泵腔横截面积下具有更大的几何抽速，其实物照片可参见图 3-10(a)。图 3-9(b) 所示的对称矩形齿双头转子端面型线，两侧齿面的构成曲线均为非平滑连接双摆线，其特点是型线对称性最佳，动平衡性能最好；同时该型线的双头螺杆转子气体总体返流泄漏最小，抽气效率更高，其实体造型如图 3-10 (b)、(c) 所示。

双头转子端面型线的理论型线方程和设计方法，可以由前述单头转子的理论型线方程推演得到。以梯形齿螺杆转子为例，单头转子的型线构成如前图 3-1(a) 所示，将其转化成双头转子端面型线的方法如图 3-11(a) 所示，将 X 轴负向区域的原过渡曲线（渐开线），以坐标原点 O（即螺杆转子的轴心）为基点，分别向顺时针方向和逆时针方向复制旋转 90°（即 $\pi/2$ 弧度），作为双头转子端面型线的两条新过渡曲线，并去掉原过渡曲线；将 X 轴正向区域的过渡曲线（单摆线）以坐标原点 O（即螺杆转子的轴心）为基点复制旋转 180°（即 π 弧度），作为另一个新的过渡曲线，同时保留原过渡曲线；分别以齿顶圆和齿根圆顺序连接四条过渡曲线的内外端点，即构成双头转子的端面曲线，如图 3-11(b) 所示。

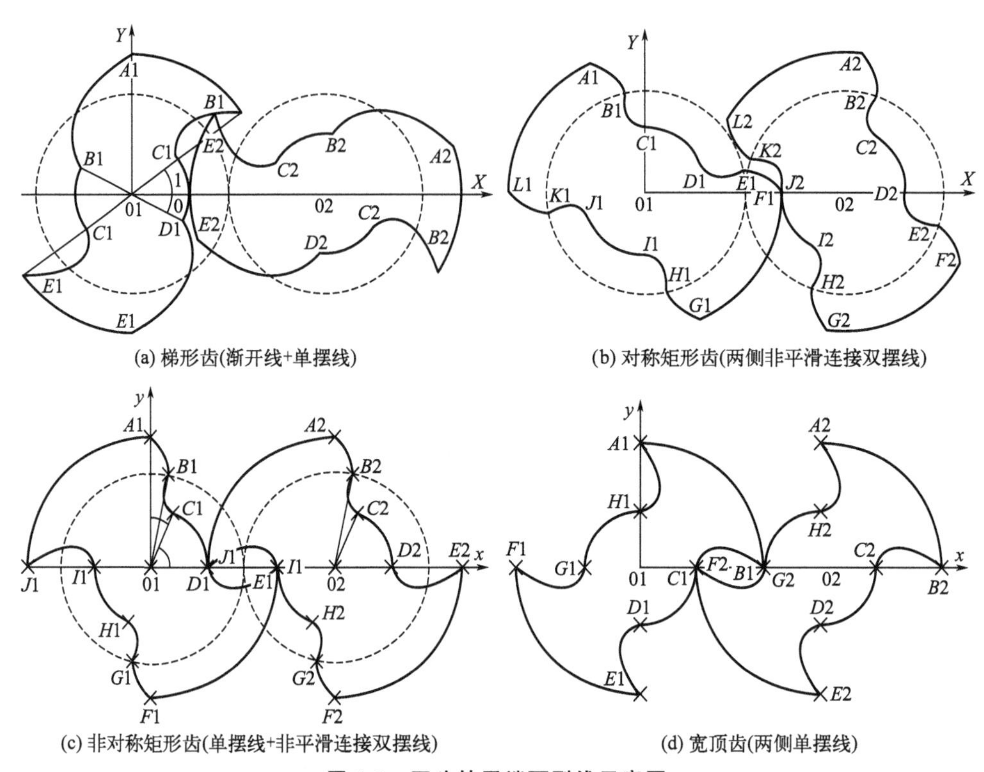

(a) 梯形齿(渐开线+单摆线)

(b) 对称矩形齿(两侧非平滑连接双摆线)

(c) 非对称矩形齿(单摆线+非平滑连接双摆线)

(d) 宽顶齿(两侧单摆线)

图 3-9　双头转子端面型线示意图

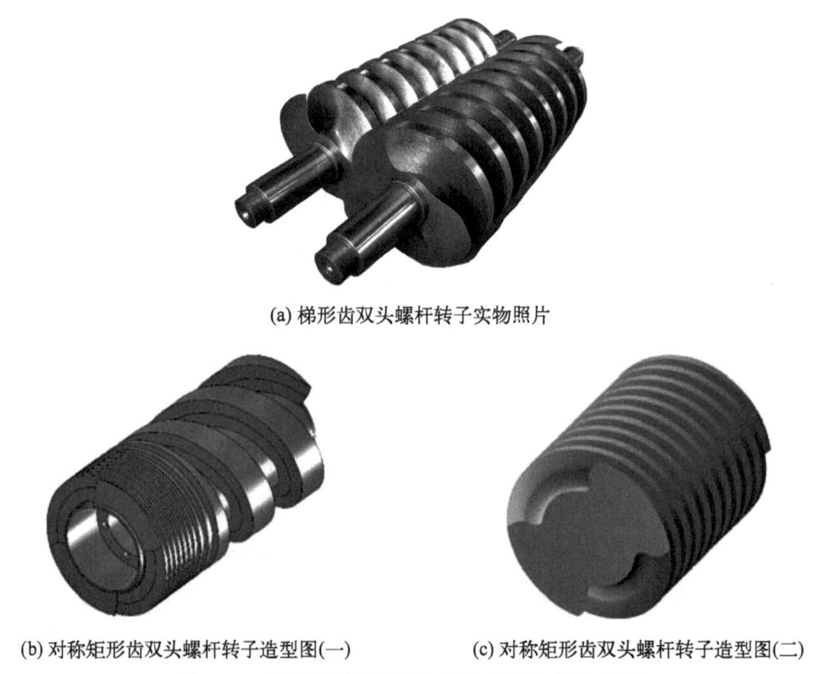

(a) 梯形齿双头螺杆转子实物照片

(b) 对称矩形齿双头螺杆转子造型图(一)

(c) 对称矩形齿双头螺杆转子造型图(二)

图 3-10　双头螺杆转子的实物照片与实体造型

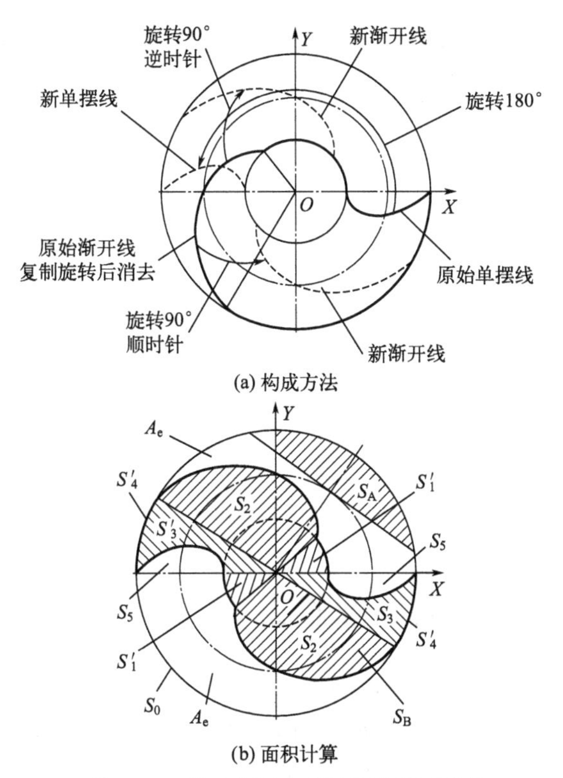

图 3-11　梯形齿双头螺杆转子端面型线

采用双头转子的螺杆真空泵，其几何抽速的计算也依据第 1.3.3 小节中式(1-1) 和式(1-2)，因此同样需要首先计算出螺杆转子端面型线的有效抽气面积 A_e。对比第 3.1.5 小节单头螺杆转子梯形齿转子端面型线的计算方法和面积计算示意图 3-2，参照图 3-11(b) 的双头转子面积计算示意图，梯形齿双头转子端面型线的有效抽气面积 A_e 依旧为图中不带阴影部分图形的面积；该面积被转子几何实体图形分割成对称的两部分，对应转子每旋转一周完成两次吸气过程，但在几何抽速计算时可以统一考虑；有效抽气面积 A_e 等于转子齿顶圆投影面积 $S_0=\pi R_D^2$ 分别减去两个转子重叠部分的弓形面积 S_A 和双头端面型线所包络几何实体的横截面积 S'_B。其中双头转子几何实体的横截面积 S'_B包括两个齿根圆扇形面积 S'_1，两个渐开线扇形面积 S_2 和两个齿顶圆与单摆线围成的面积 S'_3，其中 S'_3是齿顶圆扇形面积 S'_4与单摆线弓形面积 S_5 的差。因此，有效抽气面积的计算公式为

$$A_e=S_0-S_A-S_B=\pi R_D^2-S_A-2S'_1-2S_2-2S'_4+2S_5 \tag{3-59}$$

式中，弓形面积 S_A、渐开线扇形面积 S_2 和单摆线弓形面积 S_5 的大小与单头梯形齿转子的对应面积相同，依旧可以由式(3-15)、式(3-17) 和式(3-19) 分

别计算。所不同的是，齿根圆扇形面积 S_1' 和齿顶圆扇形面积 S_4'，相比于单头梯形齿端面型线的对应面积 S_1 和 S_4，各自减少了 90°夹角的扇形面积，即有

$$S_1'=S_1-\frac{1}{4}\pi R_{\mathrm{d}}^2 \tag{3-60}$$

$$S_4'=S_4-\frac{1}{4}\pi R_{\mathrm{D}}^2 \tag{3-61}$$

式中，S_1 和 S_4 分别由式(3-16) 和式(3-18) 计算。一般情况下，当齿顶圆和齿根圆半径相同时，双头转子端面型线的有效抽气面积要大于单头转子端面型线的有效抽气面积。

本节所介绍的双头转子端面型线构造方法和抽气面积计算方法，虽然是以梯形齿（渐开线和单摆线为过渡曲线）转子型线为例，但此方法同样适用于其他类型的双头转子端面型线。

3.7 转子型线的局部修正

本章前面给出的各种转子端面型线，仅仅是理论型线的主体骨架，其中重点关注的是连接齿顶圆与齿根圆之间的齿面构成曲线。在转子的工程设计和加工制造过程中，在各段标准主曲线的相接之处，通常还需要增补过渡曲线，对转子型线做局部修正。

对转子型线做局部修正有多方面考量。首先是对型线存在的锐边尖角凸出点做圆滑处理。例如梯形齿螺杆转子中单摆线与齿顶圆的交点（图 3-2 中的 f 点）和渐开线与齿顶圆的交点（图 3-2 中的 d 点），对称矩形齿螺杆转子中外摆线与齿顶圆的交点［图 3-3(a) 中的 a 点与 f 点］以及外摆线与内摆线在节圆处的交点［图 3-3(a) 中的 b 点和 e 点］。这种端面型线上两条主曲线的非平滑连接点，在螺旋展开成螺杆转子体后形成两个平滑表面的螺旋相贯线，通常称为锐边尖角。这种锐边尖角，可能造成操作人员的划伤；在工作过程中对磨损十分敏感，极易受到损伤或发生变形，并导致后续的破坏；对于需要在转子体表面涂镀金属或有机涂层从而增强其防腐耐磨性能的转子体，两个非平滑连接表面的相贯线处，因两侧热胀冷缩变形方向的不同，更是涂层发生破裂脱落的重点起源区域。因此必须做圆滑处理。不过这种小尺度的局部修正，一般不需要对端面型线做设计修改，通常是在螺杆转子体进行后期精加工时，直接对锐边尖角处做圆弧倒角，从而在两个非平滑连接表面之间形成一个平滑的圆弧过渡曲面，过渡圆弧半径通常仅有 0.1～0.2mm。这种局部改进，因为所涉及的尺度很小，通常不会影响主体型线的共轭啮合，却能给加工制造和应用过程带来很大便利。

与此类似，在螺杆转子进、排气端的两个端面处，连接齿顶圆与齿根圆之间的齿面构成曲线（如单摆线、渐开线或外摆线）在螺旋展开起始或结束时也会形成一个锐边，其形状就是端面型线。为解决这个锐边带来的危害，通常是将较薄的齿形部分切割去掉，形成具有一定厚度的螺杆转子结束端面，并对各个棱线做圆弧倒角过渡，如图 3-12 所示。这种处理方法虽然损失了一点两个转子的共轭啮合长度，但对总体性能影响甚微。

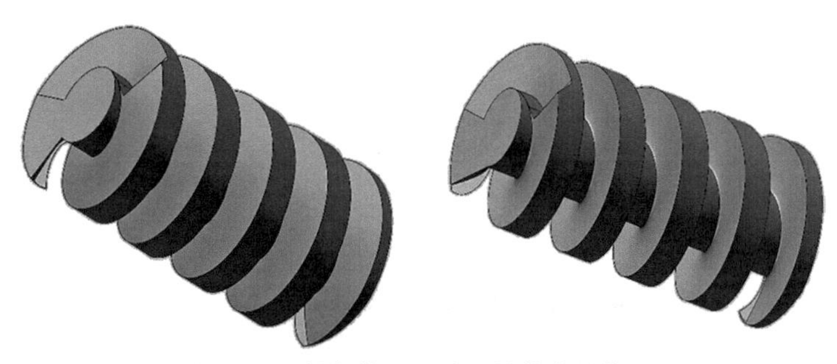

图 3-12　螺杆转子两端面处的齿形修正

其次，也有从便于加工制造的角度出发对转子型线做局部修改的。例如梯形齿螺杆转子中渐开线与齿根圆的交点（图 3-2 中的 b 点），在螺旋展开后成为齿槽底部的一个内凹尖角。如果要求采用如上所述的微小圆弧过渡，那么在铣削加工齿槽底部时，就需要使用尽可能细小的球面铣刀做最后的清根作业，例如使用 $\phi 3$ 的球头铣刀，可以加工出过渡圆弧半径 1.5mm 的圆弧过渡曲面。很明显，这种铣削加工方法无法加工出更小尺度的过渡圆弧；同时，清根作业需要耗费大量工时导致制造成本的增加。如果改用车削加工方式完成此处尖角的清根作业，则要求加工机床具备随意更换铣刀和成型车刀的功能，并且常常在接刀处留下刀痕，做不到斜齿面与齿根面的平滑过渡。为解决这一问题，有一种设计方案是对其端面型线做了修改，如图 3-13 所示，在渐开线与齿根圆之间，增设一段单摆线 gh，两端点 h 和 g 分别与渐开线 bcd 和齿根圆 ab 相切，从而消除了端面型线上的非平滑连接点 b，在螺旋展开后也不会产生内凹尖角。所增设的单摆线 gh 可以采用与作为骨架主曲线的单摆线 afe 相同的参数，仅仅是将其镜像复制后旋转合适角度即可。这一方案的优点在于，螺旋展开后的齿槽根部两侧是由同种端面型线生成的螺旋曲面，可以使用同一把铣刀采用相同的走刀方式完成加工，给生产制造带来方便并降低生产成本。但是，为了保证转子型线的自啮合属性，需要精心调整渐开线的基圆半径，使渐开线与齿顶圆的交点 d 恰好处于单摆线 gh 的共轭啮合点位置处。

此外，还可以通过对齿形曲线的局部修正，达到改善螺杆转子抽气性能的目的。如前所述，梯形齿转子型线中由单摆线段生成的左、右旋转子凹齿面，能够

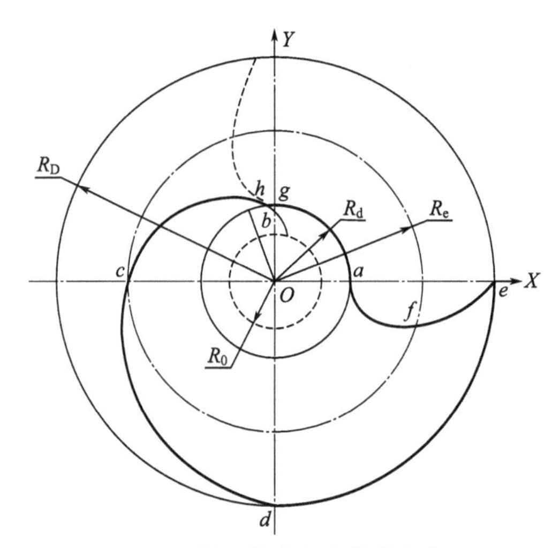

图 3-13　渐开线齿根处的局部修正

在一个方向上完全贴合，构成两个转子前、后级抽气空间的级间密封线，将转子的抽气空间沿轴向隔离成一个个相对独立的抽气室，从而大大降低了被抽气体的级间返流，因此单摆线段是十分常用的基础型线。

但是，单摆线的自啮合属性是点啮合形式，螺旋展开后生成的级间密封是一个零宽度的密封线；通过轴向或法向剖面观察带有运动间隙的此处密封，也可以发现，这个级间密封泄漏通道的截面形状是由一个楔形尖劈与一个凹齿面构成的尖口狭缝通道。狭缝的宽度等于两个转子凹齿面间共轭啮合线处的预留运动间隙，而沿径向的泄漏流动方向，泄漏通道的深度近乎为零，因此对返流气体的流动阻力很小，所产生的返流泄漏总量所占比例较大。

为克服上述缺点，有专利提出了一种针对单摆线型线的修正方案[7]。具体做法如图 3-14 所示，将处于 X 轴原始位置的单摆线 f 绕转子轴线 O 旋转角度 α 成为新单摆线 g，g 线与坐标轴 X 的交点 B 的径向深度为 b，即 B 点的半径为 $R_B=R_D-b$；从 B 点出发，作与 X 轴成夹角 β 的斜线与齿顶圆交于 C 点，线段 BC 就是对单摆线的修正部分。线段 BC 与新单摆线 g 的剩余部分构成修正后的摆线型线，用于替代原始单摆线 f。另一个与之配对啮合的转子，其单摆线型线部分也需做同样的修正。

依据转子几何尺寸的不同，修正径向深度 b 与节圆直径 e 之比的取值范围为 0.005～0.1。单摆线的旋转角度 α 和修正线段的倾斜角度 β 可由下式计算：

$$\alpha=\arccos\left[\frac{(e^2-b^2)(b-2R_D)^2}{2e^2R_D(R_D-b)}-1\right] \tag{3-62}$$

$$\beta=\arccos\frac{e}{2R_D} \tag{3-63}$$

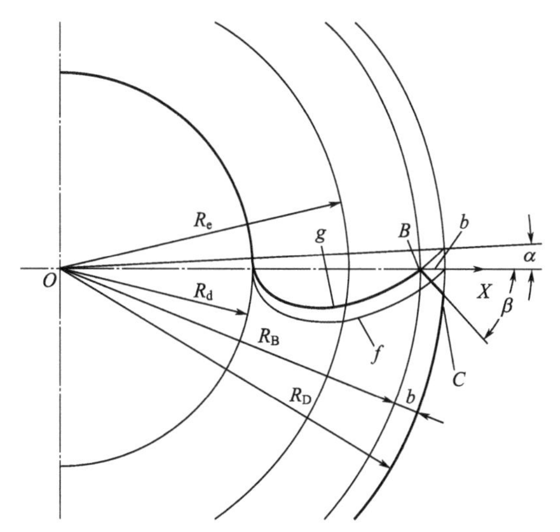

图 3-14　单摆线齿顶处的局部修正

修正后摆线在不同啮合位置处的剖面如图 3-15 所示，可以看出，啮合部位已经由原先的线啮合变成了近似面啮合，泄漏通道的深度也相当于线段 BC 的长度。因此，对返流气体的流动阻力大大增加，转子的级间密封效果得到明显改善。

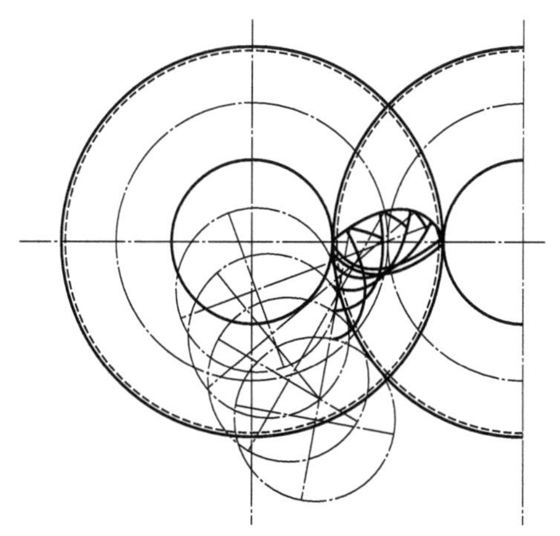

图 3-15　修正后摆线在不同啮合位置处的剖面图

参考文献

［1］ Zhang S W，Zhang Z J，Xu C H. Virtual design and structural optimization of dry twin screw vacuum pump with a new rotor profile ［J］. Applied Mechanics and Materials，2009，16-19：1392-1396.

［2］ 赵晶亮 . 无油螺杆真空泵变螺距螺杆转子型线的研究 ［D］. 沈阳：东北大学，2013.

[3] 张世伟，张英锋，张志军，等．一种等齿顶宽的螺杆真空泵单头变螺距转子型线［J］．真空科学与技术学报．2014，34（7）：676-681.
[4] 爱德华兹有限公司．螺杆泵：CN101351646A［P］．2013-11-06.
[5] Edwards. Product Catalogue［Z］．2012.
[6] 蔡旭．立式螺杆真空泵结构设计中关键问题的研究［D］．沈阳：东北大学，2018.
[7] 阿特里尔斯布希股份有限公司．具有非对称轮廓转子的容积转动机器：CN101142410A［P］．2008-03-12.

第4章

螺杆真空泵转子的螺旋展开与动平衡

4.1 螺杆转子螺旋展开方式概述

在干式螺杆真空泵中广泛使用的等截面螺杆转子对，是以满足自啮合条件的端面型线为基本图形，分别沿轴向做左、右旋螺旋展开而构成的实体模型；而少数变截面螺杆转子对，包括截面直径突变式和渐变式，也都是螺杆转子以端面型线为基础做螺旋展开所构成的。

螺杆转子齿形的螺旋展开形式，直接确定了螺杆转子齿间抽气容积的沿程变化规律，从而决定了被抽气体在泵内所经历的输运热力过程，并最终影响着螺杆泵的极限压力、抽速、功耗和排气温度等各方面工作性能指标。因此，针对螺杆泵的具体应用场合和工艺要求设计螺杆转子，选择合适的螺旋展开形式是十分重要的。

从螺杆转子的螺旋展开方式上划分，总体上有等螺距转子和变螺距转子两大类，其中变螺距转子又可分为一段式、二段式、三段式和特殊方式等多种形式[1-3]。这里等螺距转子和变螺距转子的真实含义，是指螺杆转子的齿间抽气容积沿轴向是否发生变化，被抽气体在泵内是否存在内压缩过程。最为通俗的理解就是，等螺距转子的吸、排气容积相同，泵内吸排气几何压缩比 $\varepsilon=1$；而变螺距转子的排气容积小于其吸气容积，泵内吸排气几何压缩比 $\varepsilon>1$。鉴于大多数螺杆转子为常规等截面螺旋体，齿间抽气容积正比于其螺旋导程，因此习惯上以等螺距转子和变螺距转子命名。

采用等螺距转子的螺杆泵，由于被抽气体在泵内没有压缩过程，所以在抽除含有固体杂质颗粒或黏性介质液滴等不纯净气体时，会表现出更强的耐受性。因为等螺距转子对气体的等容输运方式，保证气体中携带的固体颗粒不宜发生中途沉降；工艺气体在泵腔内不被压缩，所以不会发生压缩凝结。因此，在许多被抽气体不纯净的工艺场合，等螺距转子螺杆泵深受欢迎。等螺距转子螺杆泵的不足之处是排气功耗大，因此排气温度较高；总体耗能多，运行成本高于有内压缩的变螺距转子螺杆泵；而且在相同转子长度情况下，等螺距转子的螺旋级数偏少导致泵的极限真空度稍低于变螺距螺杆泵。

对比等螺距转子螺杆泵的不足之处，变螺距螺杆转子的优点恰恰是极限真空度高；排气功耗小，因此排气温度较低；总体电能消耗较少，在长期运行于较高真空度时，节能效果十分明显。但变螺距转子螺杆泵抽除含有颗粒杂质和可凝性蒸气的不纯净气体时不耐用，气体中杂质容易在泵内发生堆积，难以排净，并有因黏附物过多而失去动平衡的风险。

对螺杆泵内气体输运热力过程的研究表明，螺杆转子采用不同的螺旋展开方式，通过调节螺杆转子储气容积的不同变化，可以改变被抽气体在泵内输运期间的热力过程，并最终影响着螺杆泵的极限压力、抽速、功耗和排气温度等性能指标。其中最被广泛接受的认知，就是变螺距螺杆泵比等螺距螺杆泵更为节能。变螺距转子螺杆泵节能的原因是：螺杆泵排送气体的有用功耗（做功功耗）包括内压缩功耗（压缩功耗）和外压缩功耗（排气功耗）。通过对泵内气体输运过程的热力学分析可知，在排气压力一定的情况下，排气功耗占总功耗的比例很大，且正比于转子的排气容积。在相同抽速，即吸气容积相同情况下，等螺距转子的排气容积大，因此排气功耗大；而变螺距转子的排气容积小，所以其排气功耗就小。这一效果在长期工作于进气压力很低的工况且吸排气压缩比大时，显得尤为突出，这就是众所周知的变螺距转子泵比等螺距转子泵更节能的根本原因。

螺杆转子的螺旋展开方式，不仅要从节能降耗的角度去实现期望的压缩比，更重要的是通过调节螺杆转子储气容积的变化规律，改善被抽气体在泵内输运期间的热力过程，从而适应所服务的真空应用对象的实际要求。由此诞生出许多种不同的螺旋展开方式，本章主要从几何学角度介绍如何实现这些螺旋展开方式。

4.2 等螺距螺杆转子

早期开发螺杆真空泵产品的生产厂家，大多是首先从等螺距螺杆转子做起。这一方面是因为等螺距螺杆易于加工，与螺杆气体压缩机和螺杆液体输送泵的转子更为相似；另一方面也是因为等螺距转子螺杆真空泵的无内压缩排气方式，利于抽除含有固体颗粒杂质或可凝性蒸气等不纯净气体；如果在排气口附近再辅助以气镇方式控制其外压缩（排气）过程，那么对于安全输运含有可凝性蒸气成分的气体、避免在泵内发生相变凝结/沉积就是十分有利的，更适合干式螺杆真空泵的许多应用场合。例如，IT 行业是最早提出无油直排大气真空泵迫切需求的应用领域之一，其中一些工艺作业需要经常抽除携带有固体颗粒的气体，或者为了避免被抽气体中某些可分解成分在泵腔内碳化焦化结成固体（或液体）微粒，这些设备一直在使用等螺距转子螺杆泵。

等螺距螺杆转子的构造方式是将端面型线沿一条螺旋导程恒定不变的圆柱螺旋线做旋转展开所形成的。以转子的排气端面与转子轴线的交点作为坐标系的原点，以转子的排气端面作为极坐标平面，以转子的轴线作为 z 轴，且从排气端面指向吸气端面的方向作为 z 轴的正方向，从而建立一个描述螺旋展开引导线的圆柱坐标系。为了便于讨论，规定后面几种类型的变螺距螺杆转子也采用相同的方法建立坐标系。

在该坐标系中建立生成等螺距转子的螺旋引导线，可以随意指定某一半径值（如齿顶圆半径 R_D）作为螺旋线的半径，设螺杆转子的总螺旋转角 $\theta_T=2n\pi$，则螺旋引导线的方程为

$$\begin{cases} r=R_D \\ z=\dfrac{\lambda_0}{2\pi}\theta \end{cases} \quad \theta\in(0,2n\pi) \tag{4-1}$$

式中 λ_0——等螺距螺旋线的导程，m；

θ——圆柱坐标系下的转子螺旋线的螺旋转角，rad(1rad≈57.3°)。

实际上，引导螺旋线的半径 r 并不影响端面型线螺旋展开后的效果，所以后续不再给出半径方程式，仅给出轴向展开方程。总螺旋转角 θ_T 之所以采用 $2n\pi$ rad 形式给出，是因为转角 θ 每旋转 2πrad，端面型线旋转一周，相互啮合的两个螺杆转子的齿形就构成一个抽气容积，习惯上称为一级，总螺旋转角 $2n\pi$ rad 的螺杆转子，称为 n 级转子，如图 4-1 中所示的即为 4.5 级转子，总螺旋角等于 9π rad。

等螺距螺旋线的导程 λ 也称为螺距，不随螺旋角变化，因此等螺距螺杆转子的吸气导程和排气导程相同，$\lambda_{in}=\lambda_{out}=\lambda_0$，代入前面式(1-2)、式(1-4) 即可计算螺杆转子的吸气容积和排气容积；等螺距螺杆转子的吸排气容积压缩比 $\varepsilon=1$。

图 4-1(a) 给出了以转子节圆半径为螺旋半径、以转子轴线坐标为中心轴的螺旋展开引导线投影图；图 4-1(b) 为做等螺距螺旋展开所对应得到的渐开线转子实体模型示意图。出于对螺杆转子的绘图习惯，图中将坐标原点设置在图的右侧，转子轴线 z 轴的正向指向左侧。后面各图与此相同。

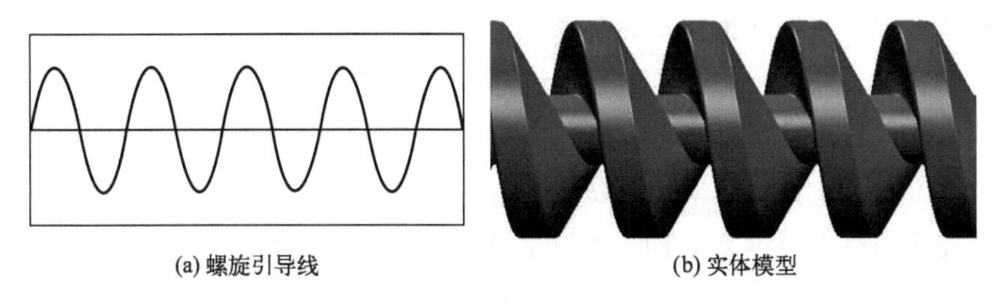

(a) 螺旋引导线　　(b) 实体模型

图 4-1　等螺距螺杆转子示意图

4.3 一段渐变式变螺距螺杆转子

所谓一段渐变式变螺距螺杆转子，就是指转子的引导螺旋线是由一段变螺距螺旋线组成的，其线上的螺旋导程每一点都不相同，而是逐渐变化的。一段式变螺距螺杆转子的螺旋线可以有多种变化规律，其中最简单的是导程随螺旋展开转角线性变化。这种变化规律在 SolidWorks 等建模软件中被内嵌为变螺距螺旋线的默认算法，并且符合基本数控编程指令中的变导程螺纹加工 G34 指令，因此大多数数控机床都能够实现，故而在设计与制造中被广为应用。在本书中采用这种螺旋线作为螺杆转子变螺距部分的变化方式。

依旧采用前述的螺旋展开引导线圆柱坐标系，设总螺旋转角 $\theta_T = n\pi$，注意此处定义的螺杆转子螺旋级数为 0.5n 圈。一段渐变式变螺距螺旋展开引导线的轴向展开方程为

$$z(\theta) = \frac{\lambda_0}{2\pi}(\theta + \alpha\theta^2) \quad \theta \in (0, n\pi) \tag{4-2}$$

式中 λ_0——一段渐变式变螺距转子螺旋线的初始导程，即排气端面处的螺旋导程，m；

α——一段式变螺距螺旋线的变螺距系数，rad^{-1}；

θ——圆柱坐标系下的转子螺旋引导线的螺旋转角，rad。

为便于设计计算中应用，下面给出一段渐变式螺旋引导线的其他相关参数计算式。

螺杆转子的总长度 L_T：

$$L_T = z(\theta_T) = \frac{\lambda_0}{2\pi}(\theta_T + \alpha\theta_T^2) = \frac{\lambda_0}{2}(n + \alpha\pi n^2) \tag{4-3}$$

螺旋转角 θ 与轴向坐标 z 的关系：

$$\theta = \frac{1}{2\alpha}\left[\sqrt{1 + 8\pi\alpha z/\lambda_0} - 1\right] \tag{4-4}$$

螺旋导程 λ 与轴向坐标 z 的关系：

$$\lambda(z) = \lambda_0\sqrt{1 + 8\pi\alpha z/\lambda_0} \tag{4-5}$$

螺旋导程 λ 与螺旋转角 θ 的关系：

$$\lambda(\theta) = \lambda_0(1 + 2\alpha\theta) \tag{4-6}$$

螺旋线的终止导程 λ_e，即一段渐变式螺杆转子吸气端面处的螺旋导程为：

$$\lambda_e = \lambda(z = L_T) = \lambda_0\sqrt{1 + 8\pi\alpha L_T/\lambda_0} \tag{4-7a}$$

或

$$\lambda_e=\lambda(\theta=\theta_T)=\lambda_0(1+2n\pi\alpha) \tag{4-7b}$$

以螺杆转子总长度 L_T、螺杆转子排气端面初始导程 λ_0 和吸气端面终止导程 λ_e 为已知变量，则一段渐变式螺旋引导线的变螺距系数 α 可以表示为：

$$\alpha=\frac{\lambda_e^2-\lambda_0^2}{8\pi\lambda_0 L_T} \tag{4-8}$$

总螺旋转角为：

$$\theta_T=\frac{4\pi L_T}{\lambda_0+\lambda_e} \tag{4-9}$$

图 4-2(a)、(b) 分别给出了一段渐变式变螺距螺杆转子的螺旋展开引导线（以节圆半径为螺旋线半径）和实体造型示意图，为一个螺旋转角 10π rad 的 5 级转子。

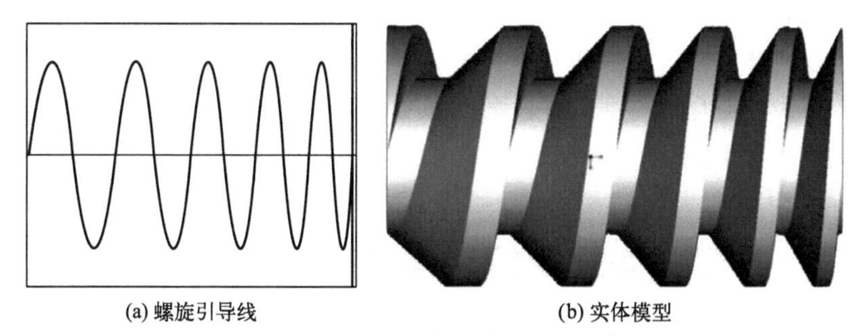

(a) 螺旋引导线　　(b) 实体模型

图 4-2　一段渐变式变螺距螺杆转子示意图

为计算螺杆泵的几何抽速与压缩比，需要掌握吸气导程和排气导程；若要对泵内的气体输运全过程开展研究，则需要了解转子不同位置抽气空间的变化规律。对于一段渐变式螺杆转子，无法像等螺距转子那样直接获得在转子某一段的螺旋导程和抽气容积，但可知，任意 2π rad 转角之间都会形成一个完整封闭的储气腔。

基于轴向展开方程式(4-2)，在螺旋转角 θ_C 和 $\theta_C+2\pi$ rad 之间的螺距宽度为

$$h(\theta_C)=z(\theta_C+2\pi)-z(\theta_C)=\lambda_0(1+2\pi\alpha+2\alpha\theta_C) \tag{4-10}$$

其中最靠近泵体排气口的 2π rad 转角，即为 $\theta_C=0$ rad 的排气端面，为转子的终止排气腔。因此一段渐变式螺杆转子的排气导程为：

$$\lambda_{out}=h(0)=\lambda_0(1+2\pi\alpha) \tag{4-11}$$

同理，在螺旋转角 θ_d 和 $\theta_d-2\pi$ rad 之间的螺距宽度为：

$$H(\theta_d)=z(\theta_d)-z(\theta_d-2\pi)=\lambda_0(1-2\pi\alpha+2\alpha\theta_d) \tag{4-12}$$

若螺杆主泵体吸气口的结束位置对应螺杆转子的螺旋转角 θ_D，则一段渐变式螺杆转子的吸气导程为：

$$\lambda_{in}=H(\theta_D)=\lambda_0(1-2\pi\alpha+2\alpha\theta_D) \tag{4-13}$$

一段渐变式螺杆转子的内压缩比为：

$$\varepsilon=\frac{\lambda_{in}}{\lambda_{out}}=\frac{1-2\pi\alpha+2\alpha\theta_D}{1+2\pi\alpha} \tag{4-14}$$

一段渐变式变螺距螺杆转子的特点是：被抽气体在泵内的整个输运历程，一直处于缓慢均匀的压缩过程，气体热力学参数变化平缓，即使在吸气阶段和排气阶段，储气腔的容积也是周期性变化的。由于存在内压缩作用，相比等螺距螺杆泵可以降低排气温度、排气功耗及振动噪声。一段渐变式转子的另一个优点是利用较廉价的机械加工设备即可完成变螺距螺杆转子的加工制造，因此在早期螺杆泵研发过程中被较多采用。这种转子的不足之处也正是“渐变”问题，在吸气和排气阶段被抽气体一直处于边压缩边吸气和排气的状态，吸气和排气速率、压力不稳定，因此后来逐渐被工作性能更佳的二段式和三段式变螺距转子所取代。但是，在二段式和三段式变螺距螺杆转子的变螺距段设计中，仍然保留了螺旋导程随螺旋转角线性变化的特征，一段渐变式变螺距螺杆转子的轴向展开方程和参数关系公式仍然可用。

4.4 二段突变式变螺距螺杆转子

热力学分析和实际运行的结果均表明，相比于一段渐变式螺杆转子“边压缩边排气”的非稳恒排气模式，螺杆泵以储气腔容积保持不变的均衡排气模式更有利于降低排气温度、排气功耗和排气噪声，因此期望螺杆转子在输运阶段实现较大压缩比的同时，在排气段保留足够级数的等螺距段。为了实现这一目标，出现了以下两种螺旋展开方式，分别为二段突变式变螺距转子和二段渐变式变螺距转子。

所谓二段突变式变螺距转子，就是将两段端面型线相同但导程不同的等螺距转子直接同轴连接成一体，因其导程在二者中间相接处不是平滑连续过渡而是导程突变而得名。二段突变式变螺距转子的螺旋引导线是由两段等螺距螺旋线组成的，以转子的排气端面建立圆柱坐标系，若排气段等螺距部分螺旋转角为 $m\pi$ rad，吸气段等螺距部分螺旋转角为 $n\pi$ rad，则总螺旋转角 $\theta_T=(m+n)\pi$ rad，以排气端面为极坐标原点平面，可建立方程如下：

$$z(\theta)=\begin{cases}\dfrac{\lambda_1}{2\pi}\theta & \theta\in(0,m\pi)\\[2ex] \dfrac{m\lambda_1}{2}+\dfrac{\lambda_2}{2\pi}(\theta-m\pi) & \theta\in[m\pi,(m+n)\pi]\end{cases} \tag{4-15}$$

式中　λ_1——二段突变式变螺距转子排气段螺旋线的导程，m；

λ_2——二段突变式变螺距转子吸气段螺旋线的导程，m；

θ——圆柱坐标系下的转子螺旋线的螺旋转角，rad。

图 4-3 显示的是以齿顶圆半径为螺旋线半径、吸气段宽螺距和排气段窄螺距各有 2.5 级的二段突变式变螺距螺杆转子示意图。

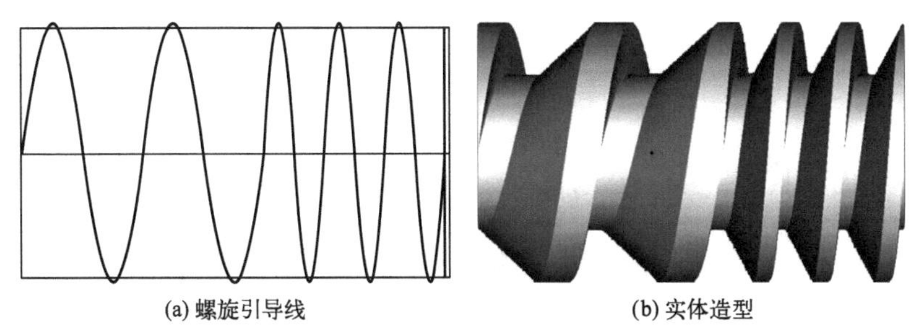

(a) 螺旋引导线　　(b) 实体造型

图 4-3　二段突变式变螺距螺杆转子示意图

二段突变式变螺距转子的几何参数计算与等螺距转子相似，转子的吸气导程 $\lambda_{in}=\lambda_2$，排气导程 $\lambda_{out}=\lambda_1$，压缩比 $\varepsilon=\lambda_2/\lambda_1$。

二段突变式变螺距转子的特点是：既保留了等螺距转子均衡吸气、均衡排气的固有优势，又实现了变螺距转子具有设定的压缩比。结构制造工艺是分别加工两段带有中心轴孔的等螺距转子，然后热胀装配串接在同一根转子轴上，鉴于等螺距转子的加工要比变螺距更为简单，一定程度上降低了制造成本。两段螺距不等的螺杆转子在相接处导程不连续，转子齿面上有一个印痕，被抽气体流过这里时有较大的摩擦；并且气体是在两段等螺距转子体的连接处仅一个导程内完成了内压缩过程，热力状态变化更剧烈，比如发热量更接近绝热过程。通过调节两段等螺距转子的级数，可以改变内压缩在泵内的发生位置，从而将气体内压缩与反冲排气的外压缩过程分开进行，利于螺杆真空泵的散热。

与此相似，对于截面突变式的内压缩螺杆转子，在两个截面尺寸不同的转子段相接区域，被抽气体所经历的内压缩过程与二段突变式螺杆转子相同。

4.5　二段渐变式变螺距螺杆转子

为了解决一段渐变式螺杆转子边压缩边排气的非稳恒排气模式和二段突变式变螺距转子内压缩过程过于激烈的问题，出现了二段渐变式螺杆转子设计方案，即在一段渐变式螺杆转子的排气端之后，再增设一段等螺距螺杆转子。这样，既保留了前面吸气段渐变式螺杆转子沿程平稳均匀内压缩的特征，避免了二段突变式转子内压缩过程剧烈的问题，实现了预期的内压缩比，又具备了排气段储气腔容积保持不变的均衡排气模式。在变螺距段与等螺距段相接处，两侧螺旋导程相同，实现了连续平滑过渡。

二段渐变式变螺距螺杆转子的螺旋引导线是由排气端的一段等螺距螺旋线和吸气端的一段变螺距螺旋线组成，并且变螺距螺旋线的初始导程与等螺距螺旋线的导程相等。以转子的排气端面建立圆柱坐标系，设转子排气段等螺距部分螺旋转角为 $m\pi$ rad，吸气段变螺距部分螺旋转角为 $n\pi$ rad，则总螺旋转角 $\theta_T=(m+n)\pi$ rad，可建立方程

$$z(\theta)=\begin{cases}\dfrac{\lambda_1}{2\pi}\theta & \theta\in(0,m\pi)\\ \dfrac{m\lambda_1}{2}+\dfrac{\lambda_1}{2\pi}[(\theta-m\pi)+\alpha(\theta-m\pi)^2] & \theta\in[m\pi,(m+n)\pi]\end{cases}\tag{4-16}$$

式中　λ_1——等螺距螺旋线导程和变螺距螺旋线的初始导程，m；

α——变螺距螺旋线的变螺距系数，rad^{-1}；

θ——圆柱坐标系下的转子螺旋线的螺旋转角，rad。

图 4-4 给出了一个 3 级渐变式吸气段和 2 级等螺距排气段串接的二段渐变式变螺距螺杆转子的示意图。

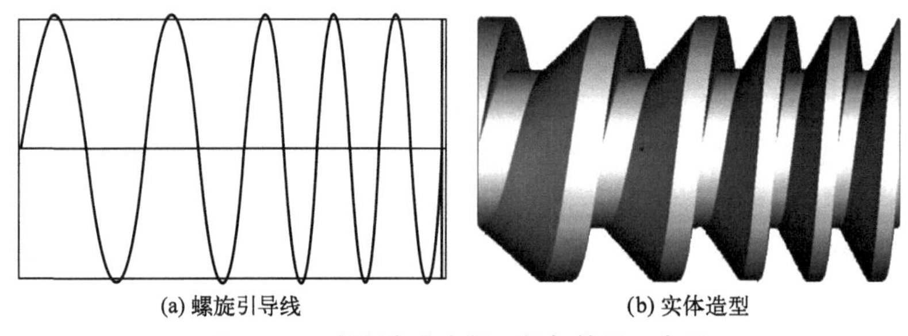

(a) 螺旋引导线　　(b) 实体造型

图 4-4　二段渐变式变螺距螺杆转子示意图

二段渐变式螺杆转子中渐变吸气段的几何计算可以参照一段渐变式螺杆转子的相关公式。例如二段渐变式螺杆转子的吸气导程的计算，假设主泵体吸气口的结束位置距离转子排气端面的总长度为 L_D，扣除等螺距的转子长度 $0.5m\lambda_1$ 后，对应占据变螺距段的长度为 $L_D-0.5m\lambda_1$；代入式(4-4)，得到吸气口结束点对应的转子变螺距段的螺旋转角：

$$\theta_D=\frac{1}{2\alpha}\left[\sqrt{1+8\pi\alpha(L_D-0.5m\lambda_1)/\lambda_1}-1\right]\tag{4-17}$$

再将计算得到的 θ_D 代入式(4-13)，即可计算出该二段渐变式螺杆转子的吸气导程：

$$\lambda_{in}=\lambda_1(\sqrt{1+8\pi\alpha(L_D-0.5m\lambda_1)/\lambda_1}-2\pi\alpha)\tag{4-18}$$

二段渐变式螺杆转子的排气导程即为其等螺距段的导程 $\lambda_{out}=\lambda_1$，压缩比为 $\varepsilon=\lambda_{in}/\lambda_1$。

4.6 三段式变螺距螺杆转子

二段渐变式变螺距螺杆转子虽然解决了一段渐变式螺杆转子的非稳恒排气和二段突变式变螺距螺杆转子内压缩过程过于激烈两方面问题，但仍然存在一段渐变式螺杆转子吸气速率不均衡的问题。为此，“三段式”螺杆转子应运而生，其结构是在上述二段渐变式变螺距螺杆转子的吸气侧再增加一段等螺距转子，形成“等螺距—变螺距—等螺距”这样变化趋势的三段式变螺距螺杆转子，从而克服了变螺距转子的吸气容积非均匀膨胀的问题，改善了泵的抽气性能。

三段式变螺距螺杆转子的螺旋引导线是由一段变螺距螺旋线和两段等螺距螺旋线组成，并且位于中间的变螺距螺旋线的初始导程与排气段等螺距螺旋线的导程相等，变螺距螺旋线的终止导程与吸气段等螺距螺旋线的导程相等。在三段式变螺距螺杆转子设计中，以转子的排气端面为圆柱坐标系的原点平面，设排气段等螺距部分螺旋转角为 $m\pi$ rad，中间段变螺距部分螺旋转角为 $n\pi$ rad，吸气段等螺距部分螺旋转角为 $q\pi$ rad，则总螺旋转角 $\theta_T=(m+n+q)\pi$ rad，可建立方程：

$$z(\theta)=\begin{cases}\dfrac{\lambda_1}{2\pi}\theta & \theta\in(0,m\pi)\\ \dfrac{m\lambda_1}{2}+\dfrac{\lambda_1}{2\pi}[(\theta-m\pi)+\alpha(\theta-m\pi)^2] & \theta\in[m\pi,(m+n)\pi]\\ \dfrac{m\lambda_1}{2}+\dfrac{\lambda_1}{2}(n+\alpha n^2\pi)+\dfrac{\lambda_2}{2\pi}[(\theta-(m+n)\pi] & \theta\in[(m+n)\pi,(m+n+q)\pi]\end{cases} \tag{4-19}$$

式中 λ_1——排气段等螺距螺旋线导程即中间段变螺距螺旋线的初始导程，m；

λ_2——吸气段等螺距螺旋线导程即中间段变螺距螺旋线的终止导程，m；

α——中间段变螺距螺旋线的变螺距系数，rad^{-1}；

θ——圆柱坐标系下的转子螺旋线的螺旋转角，rad。

在指定吸气导程 λ_2 和排气导程 λ_1 的情况下，即限定了中间段变螺距螺旋线的初始导程和终止导程，中间段变螺距螺旋线的其他结构参数，如变螺距系数 α、螺旋转角 $n\pi$ rad 和总长度等，相互间就存在有制约关系，必须满足 4.3 部分中的相关参数计算式。为保证实现均衡吸气，通常要求在主泵体吸气口结束点之后，三段式转子吸气段的等螺距螺旋线转角不小于 2π rad，即构成一级初始吸气腔。图 4-5 给出了一个具有 1.5 级等螺距吸气段＋1.5 级变螺距压缩段＋2 级等螺距排气段的三段式变螺距螺杆转子示意图。

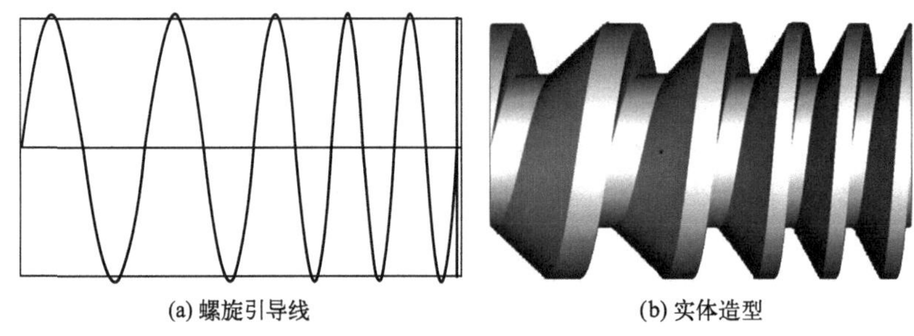

(a) 螺旋引导线　　(b) 实体造型

图 4-5　三段式变螺距螺杆转子示意图

三段式变螺距螺杆转子实现了恒速率吸气和恒速率排气，具有确定的压缩比（等于吸气段导程与排气段导程之比）。其均匀大导程的吸气段能够保证泵的抽速平稳无波动；均匀小导程的排气段能够有效限制排气反冲的影响区域，降低排气动力学噪声；而介于二者之间实现平滑过渡的变螺距段，通过调节变螺距的总转角或总长度，可以改变其气体内压缩过程的进度快慢，形成差异很大的气体热力过程，使其适应具体工艺的实际需求，因而三段式螺杆转子被越来越多地采用。由于三段式螺杆转子螺旋展开变化规律更复杂，增加了转子的加工难度，通常需借助高级数控机床的配合才能大批量生产。

4.7　变截面螺杆转子

前述的各种变螺距螺杆转子，都是单纯通过改变转子的螺旋导程来实现泵内各级储气腔容积的变化，当设计吸排气容积压缩比过大时，会给转子带来一定的加工困难和性能下降。当排气段的螺旋导程变得很小时，螺杆的齿槽变得又深又窄，使机械加工难度变大。随着转子的螺旋导程变小，转子齿型的齿顶宽也会变小，气体通过齿顶面与泵腔内壁间的 8 字形泄漏通道的级间返流会更容易；同时发现，转子的有效储气容积变小，转子级间返流泄漏通道的结构和面积却没有变化，返流泄漏通道的深度则变小，因此单位储气容积中气体所对应的级间返流泄漏量变得更大了，从而会使泵的极限真空度和抽气效率下降。

为解决上述矛盾，出现了变截面螺杆转子，即螺杆转子沿轴向的横截面形状不再保持不变。为便于制造，通常是在保持相互啮合的主从螺杆转子中心轴线平行且距离不变前提下，转子的端面型线尺寸沿程变化，从而通过改变其有效抽气面积来实现转子储气腔容积的变化。变截面螺杆转子包括锥形转子和阶梯转子两种形式。

4.7.1 锥形转子

锥形转子[4] 设计是上述问题极好的解决方案，其结构如第 3.5 节中的图 3-7 所示。锥形转子各截面的齿顶圆和齿根圆直径沿轴向线性变化，相互关系由式(3-47)～式(3-49) 限定。介于齿顶圆和齿根圆之间环形空间内的有效储气面积，沿轴向由吸气端向排气端迅速减小，可参照式(3-50)～式(3-54) 计算。锥形转子某一级内的抽气容积，可参照式(3-55)～式(3-58) 计算，与转子齿形的螺旋展开方式直接相关。

锥形转子的螺旋展开方式通常比较复杂，导程沿轴向的变化规律通常如下考虑：在靠近吸气口处的吸气段，希望获得足够大的初始吸气容积和均匀的抽气速率，所以螺旋导程需要由吸气端向排气端逐渐增大的变化方式，从而弥补端面型线有效吸气面积变小的缺陷，其导程沿轴向的增长变化速率近似等于有效吸气面积减小的变化速率，从而使整个吸气段的各级吸气容积基本保持不变。在接下来的中间输运段，螺旋导程沿轴向向排气端的变化趋势应根据所期望的压缩进程来设计，既可以采用等螺距方式，即单纯依赖吸气面积的变小实现气体压缩；也可以采用导程逐渐变小的变螺距方式，从而强化气体压缩效果。在靠近排气端面阶段，为了实现等容输送和均衡排气，其螺旋导程又重新采取由吸气端向排气端逐渐增大的变化方式，导程增长变化速率与吸气段相同。

锥形转子的这种导程变化规律，能够在较短轴向距离内实现很大的内压缩比，且不必将螺旋导程设计得很小，因此使该螺杆转子靠近排气口处的齿顶宽度相对较宽，转子级间返流泄漏通道的结构和面积沿轴向也随之减小，而齿顶宽却不再变小。有利于转子型线的加工和降低气体的级间返流。这是其他变螺距方式无法做到的。

4.7.2 阶梯转子

阶梯转子与锥形转子有异曲同工之妙，也同样可以实现大的几何压缩比而在排气端无需很小的螺旋导程。阶梯转子借鉴了二段突变式变螺距螺杆转子的设计思路，采用储气腔容积突变的形式，不同的是二段突变式变螺距螺杆转子采用的是转子螺旋导程突变，而阶梯转子采用的是转子端面型线直径突变。最简单的阶梯转子就是两段节圆直径相同而齿顶圆直径不同的等螺距转子直接相连，二者之间可以留出退刀空当作为储气腔容积变化的过渡段。阶梯转子的进气段齿顶圆直径大，齿根圆直径小，端面型线的有效抽气面积大；排气段齿顶圆直径小，齿根圆直径大，有效抽气面积小；两段转子的节圆直径保持一致。阶梯螺杆转子的结构如图 4-6所示。

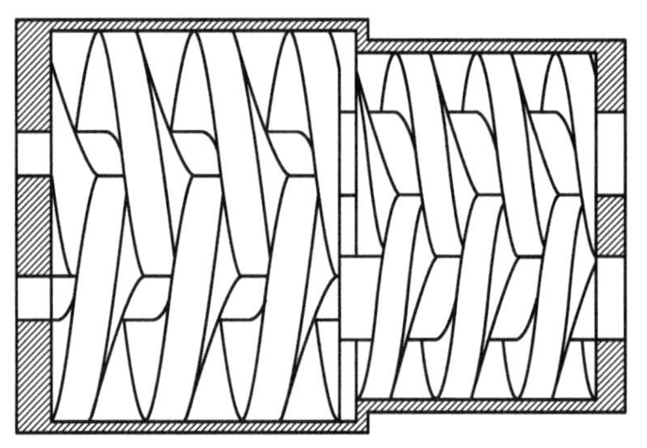

图 4-6 阶梯螺杆转子的结构示意图

阶梯螺杆转子中气体所经历的热力过程与二段突变式变螺距螺杆转子相似。在二段转子的连接处，有效抽气面积的突然变化会对被抽气体形成快速的压缩，从而形成气体的急速发热区。阶梯转子在二段接合面处的气体压缩过程的可变性较弱，针对不同实际工艺要求的灵活适应性不强，是其主要缺点之一。不过，通过调节两段螺杆的导程变化规律，将其中一段（或两段）的一部分做成变螺距转子，是可以控制和改善气体压缩速率的，例如适当减小进气段后端的螺旋导程同时增大排气段前端的螺旋导程，就可以减缓过渡区的气体压缩速率。实际上，阶梯转子截面尺寸的突变若再配合两段转子的螺旋导程变化，被抽气体在泵内的热力输送过程形式会非常丰富。

阶梯转子主要是通过抽气面积变小实现大压缩比的，因此克服了单纯通过螺旋导程变化的变螺距螺杆转子排气段的螺旋导程过小、不易加工的问题。与锥形转子相比，阶梯转子由于泵腔内表面和转子外圆是两段直圆柱面，加工难度比圆锥形面低得多，两个螺杆转子的装配可调节性也更好。阶梯转子排气段的齿顶圆直径小于吸气段，排气段齿顶圆与泵腔之间的间隙通道受到吸气段转子后端面的阻挡，所以阶梯转子的气体返流泄漏较小些。阶梯转子的不足之处是阶梯转子的气体流动顺畅性不好，在二段转子的过渡处，泵腔内径突然变小，极易积存气体中携带的粉尘、液滴等固液杂质成分，推荐用立式螺杆泵或预留清理口；同时，在该过渡处还建议设置中间排气阀通道，以便在启动初期进气压力高于临界压力时排放气体，避免出现气体过压缩和电机过载。

4.8 螺杆转子动平衡概述

旋转机械的转子构件若其质量分布不对称、不均匀，在旋转工作时会因离心作用力产生不平衡量，即额外的横向离心惯性力和惯性力偶。这种随构件转速成正比周期性变化的附加动载荷，会引起机构振动，产生噪声，在旋转构件内产生交变应力引起疲劳损伤，造成支撑部件的快速磨损和寿命缩短，影响机构的正常工作。转子动平衡，即是以减少直至消除转子不平衡量为目的，通过调整转子的质量分布，提高转子的平衡性能的一项重要技术。

目前的干式螺杆真空泵，大多数为单头螺杆转子。这种转子无论采用何种端面型线，其共同特征是端面型线的形心远离其回转轴线，在转子任意横截面上质量分布是偏心的；随着螺旋展开线盘旋延伸，螺杆沿轴线长度方向的质量分布也是不对称的，转动时必然会产生质量不平衡量。因此，在转子的设计、制造过程中，就必须对转子进行专门的动平衡设计与修正，以尽可能减少直至消除其不平衡量。

转子不平衡的危害十分严重，螺杆转子作为高速转动的回转体部件，如果剩余不平衡量较大，在旋转工作过程中就会在转子两端的支撑轴承处产生较大的周期性附加惯性载荷，引起剧烈的机械振动，轻者消耗更多的能量，产生更大的噪声，引起紧固件松动，使机械部件产生疲劳损伤；重则导致轴承、密封件等轴系部件的非正常快速磨损，缩短其可靠运行寿命，直至发生破损等机械故障。对于轴向长度偏长或转轴较细的转子体，剩余不平衡量还会引起转子挠度变形或偏心位移，使转子体与泵腔或两个转子体之间相互发生摩擦接触和碰撞，影响转子的正常旋转。近年来，螺杆真空泵转子转速有不断提高的发展趋势，因此对转子动平衡性能的要求也必然随之更加严苛。

分析螺杆转子不平衡量的特征会发现：由转子端面型线螺旋展开所构造的螺旋转子体，只有当等螺距螺杆转子的螺旋圈数为整数时，其质心坐标才可以归于回转轴从而消除离心惯性力，但一定还存在惯性力偶；而对于螺旋圈数不是整数的等螺距螺杆转子，以及所有变螺距螺杆转子，则转子的整体质心会偏离轴线，同时存在离心惯性力和惯性力偶；并且转子长度越长（即螺旋导程数越多），惯性力偶就会越大。对于变螺距螺杆转子，由于螺旋展开的升角随处变化，旋转相同角度时轴向延伸量不同，即使螺杆长度等于节距的整数倍时也无法保证质心处于回转轴上。因此，任何一种螺杆转子的设计与制造过程中，都需要做动平衡处理。也就是说，原始形态的螺杆转子存在着极大的原始不平衡量，必须通过动平衡设计改造，改变螺杆转子的质量分布，将其不平衡量尽可能减少乃至消除在设计阶段。

实际生产中广泛采用质量补偿法来实现转子的动平衡，即在转子适当的位置处去除或添加一部分材料，来调节转子质量的空间分布，从而满足惯性力和惯性力偶同时为零的条件。依据补偿质量的位置是否在转子体本体之上，可分为转子体上补偿和转子体外补偿；根据补偿质量的方式是增加质量还是减少质量，可分为添加法和去除法。鉴于主、从螺杆转子的近乎所有齿形表面都参与精准的相互啮合运动，因此做转子体上质量补偿时，转子体的所有齿形啮合表面之上都不能采用添加法，避免转子相互间发生干涉，而只适合采用质量去除法。采用转子体外质量补偿时，则主要采用质量添加法。根据螺杆真空泵中螺杆转子制造材料和加工工艺的不同，去除质量的方法目前有铸造法和机加法两种方式，常用的机加法又分为齿顶面打孔法和端面切削法。

实际上，即使在转子造型设计阶段从理论上做到了惯性力和惯性力偶归零，但由于材料密度不均匀和机械加工的形位公差与尺寸误差，所加工制造出的螺杆转子实体样品依然大概率存在残余不平衡量。因此，在螺杆真空泵制造的装配调试之前，螺杆转子的动平衡检测与修正是必备工序，且常常是耗时最多、要求最精细的工序。

因此，螺杆转子的动平衡实现分为两个阶段：一是在螺杆转子的设计阶段，必须同步完成转子的动平衡设计，即消除转子造型存在的原始不平衡量，使所设计出的用于加工的螺杆转子实体造型所存在的不平衡量尽可能小；二是在螺杆转子完成加工之后参与装配调试之前，对螺杆转子实物部件做动平衡检测和修正。

由于螺杆转子的理论型线与实际型线存在较大的尺寸偏差，二者的质量分布差异较大，所以旨在消除螺杆原始不平衡量的动平衡设计工作，应该是在已经完成转子间隙设计的转子实际型线的实体造型上开展完成。下面所介绍的转子动平衡计算理论和各种动平衡实现方法，即是面向动平衡设计阶段的应用。

值得注意的是，螺杆转子的动平衡设计是服务于螺杆泵抽气性能设计的，无论采用何种方法实现转子轴系的动平衡，首先都需要满足螺杆转子的端面型线设计和螺旋展开方式的设计，其实质是优先满足被抽气体在泵内的热力过程需求，然后结合具体加工工艺手段与方法，选择合适的动平衡方法，完成转子初始动平衡设计。

4.9 转子动平衡的基本计算

依据转子动力学原理，转子可分为刚性转子和柔性转子[1,5]。螺杆真空泵所使用的螺杆转子，通常因其转轴较粗、刚性好、转子体径向尺寸小、转子的弹性变形小、转速低，工作转速远低于其一阶弯曲临界转速，因此可以看作是刚性转子。

刚性转子的动平衡设计以消除支承动反力为目的，平衡条件包括静力平衡（惯性力为零）和旋转动力平衡（惯性力偶为零）两个方面。静力平衡要求回转体的整体质心处于回转轴之上，从而保证转动过程中的附加离心惯性力为零；动力平衡则要求回转体对垂直于回转轴的两个坐标轴的惯性积为零，从而保证转动过程中产生的旋转惯性力偶为零，这意味着转子的一个主惯性轴与旋转轴相重合。实际上，当刚性转子能够满足动力平衡条件时，自然地就同时满足了静力平衡条件。二者的数学表达形式分别为

$$\begin{cases} e_x = \dfrac{1}{m_0}\displaystyle\int x\,\mathrm{d}m = 0 \\ e_y = \dfrac{1}{m_0}\displaystyle\int y\,\mathrm{d}m = 0 \end{cases} \tag{4-20}$$

$$\begin{cases} I_{yz} = \displaystyle\int yz\,\mathrm{d}m = 0 \\ I_{zx} = \displaystyle\int zx\,\mathrm{d}m = 0 \end{cases} \tag{4-21}$$

式中　e_x, e_y——转子在 x 轴和 y 轴方向的质心坐标，m；

m_0——转子体的总质量，kg；

I_{yz}, I_{zx}——转子对 y-z 轴和 z-x 轴的惯性积，kg·m^2。

坐标系的 z 轴沿转子的回转轴线，所有积分都是对转子体的全部质量 m 进行。

螺杆转子的动平衡设计，首先需要了解做动平衡前螺杆转子原始状态下所存在的不平衡量，即初始质心位置和惯性积的量值。对于质量密度均匀、端面型线形状不变的均质等截面螺杆转子（后面计算均基于该假设条件），无论其螺旋展开方式如何，对转子体全部质量的积分，可以更简单地归结为对所有截面形心（质心）的积分运算，从而将转子动平衡设计简化为针对螺杆几何形体形心的计算问题。

设某一螺杆转子端面型线的任一截面面积均为 A_0，截面形心坐标 $[x_C, y_C]$ 沿 z 轴呈螺旋线展开，形心位置随螺旋展开角 θ 的变化规律由前述螺旋展开方式决定。例如，一段等螺距螺杆转子的形心位置可以记为

$$\begin{cases} x_C = r_C\cos(\theta_0 \pm \theta) = r_C\cos(\theta_0 \pm 2\pi z/\lambda_0) \\ y_C = r_C\sin(\theta_0 \pm \theta) = r_C\sin(\theta_0 \pm 2\pi z/\lambda_0) \end{cases} \tag{4-22}$$

式中　r_C——端面型线的偏心距，即截面形心距离回转轴心的距离，m；

θ_0——螺杆转子初始截面（如前为转子排气端端面）的形心偏转角，rad。

螺旋展开转角 θ、轴向坐标 z 和等螺距螺旋导程 λ_0 的关系由式(4-1) 确定。

一段轴向坐标介于(L_a, L_b)之间的螺杆转子，其质心坐标 e_x 的计算即可做如下简化：

$$e_x = \frac{1}{m_0}\int x\rho\,\mathrm{d}x\,\mathrm{d}y\,\mathrm{d}z = \frac{\rho}{m_0}\int_{L_a}^{L_b}\mathrm{d}z\int_{A_0} x\,\mathrm{d}x\,\mathrm{d}y$$

$$= \frac{\rho A_0}{\rho A_0(L_b - L_a)}\int_{L_a}^{L_b} x_C(z)\,\mathrm{d}z = \frac{1}{L_b - L_a}\int_{L_a}^{L_b} x_C(z)\,\mathrm{d}z$$

因此，一段轴向坐标介于（L_a, L_b）之间的螺杆转子的形心位置为：

$$\begin{cases} e_x = \dfrac{1}{L_b - L_a}\displaystyle\int_{L_a}^{L_b} x_C(z)\mathrm{d}z \\ e_y = \dfrac{1}{L_b - L_a}\displaystyle\int_{L_a}^{L_b} y_C(z)\mathrm{d}z \end{cases} \tag{4-23}$$

式中　ρ——螺杆转子体材料密度，kg/m^3；

A_0——转子体实体横截面积，m^2；

$x_C(z)$，$y_C(z)$——轴向坐标 z 截面处的转子实体横截面质心（形心）的 x_C 坐标值和 y_C 坐标值，m。

关于转子惯性积的计算方法，可以简化为转子质径积的计算，并将垂直于转子轴线的两个坐标方向上的质径积分解到垂直于转子轴线的任意两个平面内。对于螺杆真空泵转子的动平衡设计，通常取螺杆轴向坐标 $z=0$ 和 $z=L_T$ 的两个端面作为动平衡校正的参考平面。转子的动平衡条件是两个平面上的 4 个质径积分量均等于零，即所谓双面平衡。

与前面质心计算的方法相同，对于质量密度均匀、端面型线形状不变的均质等截面螺杆转子，转子质径积的计算，也可以归结为对所有截面形心（质心）的积分运算。例如，在转子轴向坐标 z～（$z+\mathrm{d}z$）微元内的转子体，其质径积沿 x 轴方向的分量为

$$\mathrm{d}mr_X = A_0\rho x_C(z)\mathrm{d}z$$

将其分解至 $z=0$ 和 $z=L_T$ 的两个端面上，有

$$\mathrm{d}mr_{X0} = A_0\rho x_C(z)\frac{L_T - z}{L_T}\mathrm{d}z$$

$$\mathrm{d}mr_{XL} = A_0\rho x_C(z)\frac{z}{L_T}\mathrm{d}z$$

因此，一段轴向坐标介于（L_a，L_b）之间的螺杆转子，在两端参考平面上的质径积分量分别为

$$G_{x0} = \int_{L_a}^{L_b}\mathrm{d}mr_{X0} = \frac{\rho A_0}{L_T}\int_{L_a}^{L_b}(L_T - z)x_C(z)\mathrm{d}z \tag{4-24}$$

$$G_{xL} = \int_{L_a}^{L_b}\mathrm{d}mr_{XL} = \frac{\rho A_0}{L_T}\int_{L_a}^{L_b} z x_C(z)\mathrm{d}z \tag{4-25}$$

$$G_{y0} = \int_{L_a}^{L_b}\mathrm{d}mr_{Y0} = \frac{\rho A_0}{L_T}\int_{L_a}^{L_b}(L_T - z)y_C(z)\mathrm{d}z \tag{4-26}$$

$$G_{yL} = \int_{L_a}^{L_b}\mathrm{d}mr_{XL} = \frac{\rho A_0}{L_T}\int_{L_a}^{L_b} z y_C(z)\mathrm{d}z \tag{4-27}$$

式中　G_{x0} 和 G_{y0}——转子质径积分解在 $z=0$ 平面的 x 轴方向分量和 y 轴方向

分量，kg·m；

G_{xL} 和 G_{yL}——转子质径积分解在 $z=L_T$ 平面的 x 轴方向分量和 y 轴方向分量，kg·m。

后续以消除螺杆转子原始不平衡量为目的的转子动平衡设计，均是以上述各式为基础开展计算，转子系统达到动平衡的条件是在两端参考平面上的 4 个质径积分量均等于零。

4.10 等螺距螺杆转子的铸造法动平衡

分析等螺距螺杆转子的不平衡量会发现，不论转子采用何种端面型线，当螺杆长度等于节距的整数倍时，都能自动保证质心处于转动轴线上，从而满足静平衡要求；但由于其偏心质量分布在不同的回转平面上，所产生的离心惯性力不能完全相互抵消，因而无法保证惯性力偶为零，且转子越长，惯性力偶的扭矩越大，因此需要对其惯性力偶做消除处理。而当转子长度不等于螺旋导程的整数倍时，则转子的整体质心也会偏离轴线，无法满足静平衡条件了，其惯性力偶自然也存在，所以需要同时考虑惯性力和惯性力偶的消除处理。

此外，分析一个端面型线保持不变的单头等螺距螺杆转子的结构特征，无论转子的螺旋展开角度是多少，即转子总长度是其螺旋导程的多少倍，也无论螺旋展开方向是左旋还是右旋，都可以发现，转子的两端总具有结构互换性，即分别从两端观察转子，其结构形状是相同的。利用式(4-24)～式(4-27) 计算也可以发现，分解在两端面上的质径积分量相同。因此可以得知，在对一个等螺距转子做动平衡时，在转子两端添加或去除的质量补偿体应该是相同且对称的，无论是采用体外补偿法添加的质量平衡块，还是采用铸造法在转子两侧端面制成的动平衡孔，或者是采用机加法在转子两端去除的质量体或齿顶面上加工的动平衡孔，均可以在对称的角度和位置上采用完全相同的几何形状。

对于转子毛坯采用铸造成型的螺杆转子，可以采用质量去除法达到动平衡，在铸造转子毛坯时直接预留出质量补偿孔，即采用转子动平衡的铸造法实现[5]。铸造法加工动平衡孔在早期曾被广泛采用，一方面是因为该方法比较适合于早期的等螺距转子，同时也是对早期转子机械加工手段和能力不足的迁就措施。具体做法是，通常将等螺距铸造转子的质量补偿孔穴开设在转子两端的侧面，并随转子的螺旋展开方向向转子体内自然延伸，如图 4-7 所示。

铸造法动平衡的优点是，保留了螺杆转子所有外齿面的完整性，从而保证了两个转子啮合面的连续顺滑，气体返流泄漏量少；转子体使用材料少，重量轻，运转轻快；转子实现动平衡所需的机械加工量少，制造成本低。铸造法动平衡的不足之处是铸造孔穴的尺寸与位置误差通常较大，并且与转子机械精加工时的轴

(a) 转子体的动平衡造型

(b) 转子体的实物照片

图 4-7　等螺距螺杆转子的铸造法动平衡

向和角度定位基准直接有关，从而在精加工后常常遗留较大的不平衡量需要后续检测修正。此外，对于被抽气体含有液、固体杂质的情况，有可能在转子体两端面（尤其是排气端面）的动平衡孔中形成沉积，影响杂质成分顺利排出泵外；对于工作在具有腐蚀性气体成分的场合、螺杆转子和泵腔内部需要做防腐涂层的情况，转子体两端的动平衡铸造孔通常是防腐涂层的不均匀薄弱区域，因此也是转子发生腐蚀破坏的首发区域，因而限制了铸造动平衡转子在耐腐干式泵领域的应用。

通过前述分析已知，采用铸造法实现螺杆转子的动平衡，就是在转子体两侧端面上直接铸造出动平衡孔穴，并且对于等螺距螺杆转子，其两侧端面的动平衡孔结构对称相同。铸造法转子动平衡设计的主要任务，就是确定两侧端面质量补偿孔的形状、位置和延伸深度等结构参数。

下面介绍一种适用于等螺距铸造转子的动平衡设计理论计算方法，对于任意长度的螺杆转子，都可以通过在转子两端侧面开设几何结构完全相同的质量补偿孔来实现转子的完全动平衡。该计算方法依然基于均质等截面螺杆转子的基本假设，以螺杆转子体和动平衡孔穴的截面面积和形心位置为基本参数，给出两端质量补偿孔的形状、位置和延伸深度的简化计算公式。

质量补偿孔穴的具体生成方法是：在转子一侧端面的端面型线所包围的区域内，划定一个具有合适面积和形心位置的几何图形作为动平衡孔的端面形状，注意保证动平衡孔的边界与型线边界保持必要的距离以满足铸造要求。以此动平衡孔图形为基础，沿转子轴线做等螺距螺旋展开，其螺旋导程与转子型线的螺旋导程相同，展开至合适的螺旋角度（或达到合适的挖空深度）时，即形成转子动平衡孔的几何体形状。由于动平衡孔的螺旋导程与转子型线的螺旋导程相同，因此在转子轴向挖孔深度范围内的任一横截剖面上，动平衡孔图形与转子型线之间的相对位置始终不变。同样，在转子的另一侧端面上，在转子型线的同样相对位置处，开设同样形状的动平衡孔。

以图 4-8(a) 所示的非对称矩形齿螺杆转子的端面型线为例，图 4-8(b) 则是由该型线生成的螺杆转子实体造型。图 4-8(a) 中的阴影部分设定为满足动平衡条件而需要去除的动平衡孔的端面图形。选择转子一侧端面——如图 4-8(b) 中的 0 端面的转轴中心为坐标原点，建立直角系（或圆柱系）坐标，坐标 Z 轴指向转子的另一侧端面，而 X、Y 轴（或 θ 转角起始位置）设定在转子端面的合适角度。在此坐标系内分别描述没有动平衡孔的完整转子、位于 $Z=0$ 端面的动平衡孔和位于 $Z=L$ 端面的动平衡孔的形状、位置参数，定义完整转子和两端动平衡孔的形状、位置参数的相关符号意义如表 4-1 所列。

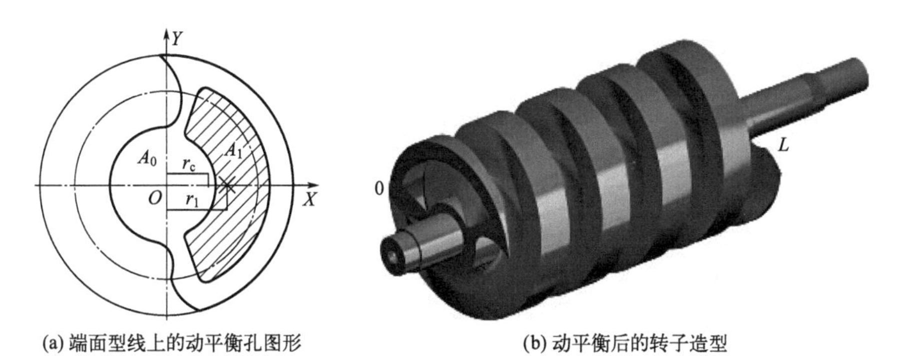

(a) 端面型线上的动平衡孔图形　　(b) 动平衡后的转子造型

图 4-8　等螺距螺杆转子的铸造法动平衡示例

表 4-1　计算参数的定义

项目	完整螺杆	$Z=0$ 端动平衡孔	$Z=L$ 端动平衡孔
端面形心位置	(r_0,θ_0)	(r_1,θ_1)	(r_2,θ_2)
长度	L_T	L_1	L_2
截面面积	A_0	A_1	A_2
导程(螺距)	λ	λ	λ

如前所述，考虑到螺杆转子两端面的对称性，转子两端面挖除的动平衡孔应具有相同的几何结构参数。如果进一步设定动平衡孔图形的几何形心与转子型线的几何形心在端面坐标上处于相同的角度，那么两端动平衡孔的结构参数就具有如下关系：

$$L_1=L_2,\quad r_1=r_2,\quad A_1=A_2,\quad \theta_0=\theta_1=\theta_2=0 \tag{4-28}$$

经推导计算可以证明，对于带有两端动平衡孔的转子体，其质心半径归零的静平衡条件应满足下式：

$$\frac{r_0A_0}{r_1A_1}\sin\left(\frac{2\pi L_T}{\lambda}\right)=\sin\left(\frac{2\pi L_1}{\lambda}\right)+\sin\left(\frac{2\pi L_T}{\lambda}\right)-\sin\left(2\pi\,\frac{L_T-L_1}{\lambda}\right) \tag{4-29}$$

其 4 个质径积分量等于零的动平衡条件为：

$$\frac{(L_T-L_1)}{\lambda}\sin\left(\frac{2\pi L_1}{\lambda}\right)-\frac{L_1}{\lambda}\sin\left(2\pi\,\frac{L_T-L_1}{\lambda}\right)=0 \tag{4-30}$$

于是，在设计铸造单头等螺距螺杆转子时，只要转子体和两端动平衡孔的结构参数满足式(4-28)～式(4-30) 的条件，即可自动实现动平衡。具体设计步骤为，当整个转子体的结构参数（即 L_T、λ、A_0、r_0）已知时，由式(4-30) 即可确定 L_1/λ 的值，由式(4-29) 就可以确定 $(A_0r_0)/(A_1r_1)$ 的值，然后再结合式(4-28) 就可以完全确定动平衡孔的结构参数。显然，这种计算方法，不仅能够实现转子的动平衡，而且还能得到动平衡孔的精确结构参数。而且，由于计算中没有涉及转子端面型线的形状和尺寸，因此适合于任意形状端面型线的转子。

为使设计计算更为简单方便，图 4-9 给出了 L_1/λ 与 L_T/λ 的关系曲线，图 4-10 给出了 $(A_0r_0)/(A_1r_1)$ 与 L_T/λ 的关系曲线，表 4-2 直接给出了与之对应的数表，可供设计者直接对照查找。

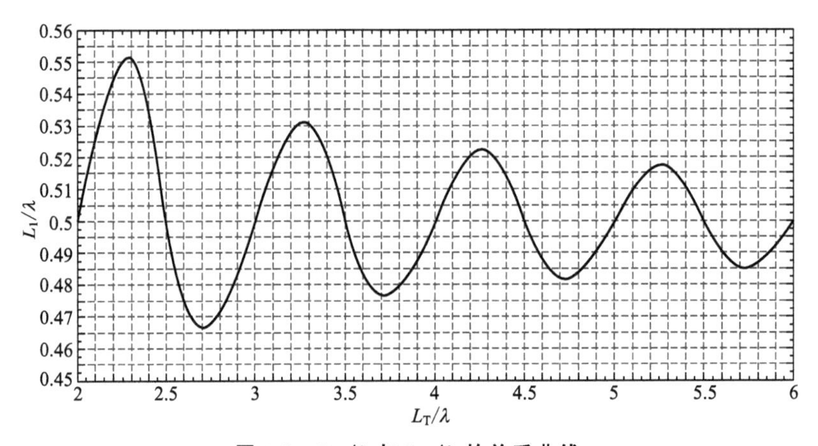

图 4-9　L_1/λ 与 L_T/λ 的关系曲线

表 4-2　L_1/λ 和 $(A_0r_0)/(A_1r_1)$ 随 L_T/λ 变化的值

L_T/λ	L_1/λ	$(A_0r_0)/(A_1r_1)$	L_T/λ	L_1/λ	$(A_0r_0)/(A_1r_1)$	L_T/λ	L_1/λ	$(A_0r_0)/(A_1r_1)$
2	0.5	1.5	3.4	0.5196	1.9524	4.8	0.4837	1.8538
2.1	0.5243	1.5196	3.5	0.5	2	4.9	0.4905	1.8140
2.2	0.5439	1.5867	3.6	0.4835	1.9610	5	0.5	1.8
2.3	0.5509	1.7205	3.7	0.4767	1.8834	5.1	0.5095	1.8143
2.4	0.5343	1.9073	3.8	0.4792	1.8122	5.2	0.5161	1.8561
2.5	0.5	2	3.9	0.4880	1.7659	5.3	0.5168	1.9177
2.6	0.4747	1.936	4	0.5	1.75	5.4	0.5106	1.9761
2.7	0.4667	1.8272	4.1	0.5119	1.7665	5.5	0.5	2

续表

L_T/λ	L_1/λ	$(A_0r_0)/(A_1r_1)$	L_T/λ	L_1/λ	$(A_0r_0)/(A_1r_1)$	L_T/λ	L_1/λ	$(A_0r_0)/(A_1r_1)$
2.8	0.4715	1.7386	4.2	0.5204	1.8159	5.6	0.4903	1.9783
2.9	0.4839	1.6847	4.3	0.5217	1.8920	5.7	0.4855	1.9299
3	0.5	1.6667	4.4	0.5138	1.9681	5.8	0.4866	1.8803
3.1	0.5160	1.6855	4.5	0.5	2	5.9	0.4921	1.8456
3.2	0.5279	1.7447	4.6	0.4878	1.9721	6	0.5	1.8333
3.3	0.5304	1.8437	4.7	0.4821	1.9123			

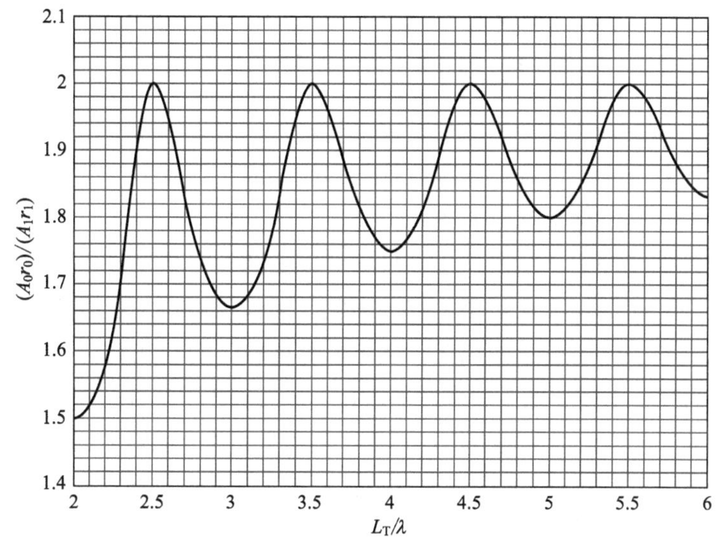

图 4-10 $(A_0r_0)/(A_1r_1)$ 与 L_T/λ 的关系曲线

4.11 螺杆转子的机加法动平衡

随着螺杆转子机械加工技术与设备能力的提升，螺杆转子的机加法动平衡得以快速发展，已成为当前的主流方法。基于实体造型设计和数控自动加工技术的普及，机加法动平衡具有质量去除精准、残余不平衡量小的特点，并为螺杆转子的初始动平衡设计提供了更多种可行方式。

齿顶面打孔法是最早被采用、对加工设备要求最低的动平衡设计方法。对于没有采用铸造成型工艺的纯机械加工转子，可以通过在转子体上直接加工质量补偿孔来实现动平衡。出于加工的方便，以及减少对转子抽气过程的影响，机加转子的质量补偿孔大多设置在转子的齿顶面上，且尽可能向转子轴向两端排布，以便去除最小的质量来获得更大的惯性积；少数情况下，还可以像铸造法动平衡那样在转子两端面的合适位置处适量去除转子体质量，只是需要考虑机加工刀具与两端转轴的干涉问题。等螺距螺杆转子的动平衡孔，在两端的位置分布还常常呈现出对称性趋势，如图 4-11 所示。

(a) 转子体动平衡造型图　　(b) 转子体动平衡后的实物图

图 4-11　螺杆转子的齿顶面打孔法动平衡

转子体齿顶面打孔法动平衡的最突出优点是加工方式简单，对加工设备要求低，只需要配有分度头的普通钻床或铣床即能完成，因此加工成本相对较低。齿顶打孔法一般对转子两端面没有破坏，这适合于要求排气端面间隙控制严格、希望排气口处气体反冲力小的所谓压缩机排气模式的螺杆泵设计。齿顶面打孔法动平衡的不足之处包括，要求转子具有足够宽度的齿顶面，以便能够加工出足够粗大的动平衡孔来去除足够量的质量，从而给螺杆转子的型线设计带来局限性；在转子两端的齿顶面上需要加工很多动平衡孔，从而破坏了这部分齿顶啮合面，因此会导致转子的级间返流泄漏略有增加；更严重的是固体杂质颗粒进入动平衡孔并易于导致转子的齿顶面剐蹭；此外，与铸造法动平衡孔相似，齿顶面孔也是转子体腐蚀破坏的重灾区，限制了齿顶面打孔动平衡转子在耐腐蚀干式真空泵领域的应用。

相对而言，端面切削法动平衡能够适应更多结构形式和应用场合的螺杆转子，通常设计方法是分别在转子体吸、排气两端面附近，各自切削去除一整块质量补偿体，用于调节转子体的质心位置和惯性积分量，使其尽可能减小直至归零。根据加工螺杆转子所采用的机床种类和工艺方法，在转子体两端去除的质量补偿体形状，可以是螺旋式或平台式。其中螺旋式切削的质量补偿体底面是沿转子螺旋展开线变化的螺旋曲面；平台式切削的质量补偿体底面是平行于转子端面的平面。平台式又可分为单层平台和多层平台，如图 4-12 所示。

对于常规大压缩比变螺距螺杆转子，由于排气端的齿形通常偏于薄小，已经不适合在其端面向内部挖空或在齿顶面上打孔来去除质量了，所以其动平衡设计习惯于主要在吸气端去除补偿质量。变螺距螺杆转子的吸气端不但齿形通常十分厚重，而且两个螺杆转子在与泵吸气口相重合的区域不需要双向全封闭啮合，因此可以在此处直接切削偏向吸气侧的齿形面以实现转子动平衡，仅保留偏向排气

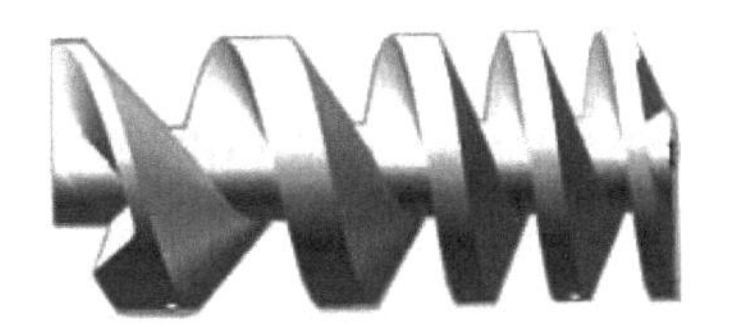

(a) 双侧螺旋式切削

(b) 单侧螺旋式切削

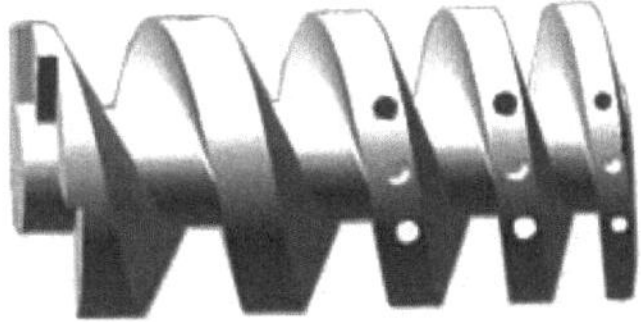

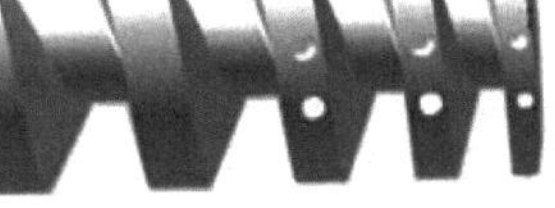

(c) 单侧多层平台式切削

(d) 单侧单层平台式切削

图 4-12　变螺距螺杆转子的端面切削法动平衡

侧的齿形面用于引导被吸入气体。但是，由螺杆转子的动平衡计算可知，实现螺杆转子的双面完全动平衡，通常也需要在两个平面上进行质量补偿，所以在转子排气端面处，也需要去除质量补偿体，如图 4-12(a) 所示。只有在极少数的转子设计中才会做到仅从转子吸气端一侧去除质量补偿体即能实现转子的完全动平衡，如图 4-12(b) 所示。

在转子体排气端处切削质量补偿体时，既破坏了转子体端面的平整性，又部分地破坏了齿顶面的完整性，这对于要求排气端面间隙控制严格、希望排气口处气体反冲力小的所谓压缩机排气模式的螺杆泵，是不希望出现的。为此，一些采用机加法实现动平衡的转子，在吸气端采用端面切削法去除质量补偿体，在排气端采用齿顶面打孔法做质量补偿，如图 4-12(c)、(d) 所示，这样就保持了排气端面的完整性。当然，这样做同时也展现了齿顶面打孔法的不足之处。

螺杆转子双侧端面切削法动平衡的最大优点是，转子体外表面呈连续平整光滑过渡状态，没有局部孔洞和尖锐边角。这样在转子体表面涂镀防腐涂层时，就消除了易于发生局部破坏的薄弱点，从而大大延长了转子表面防腐涂层的可靠工作寿命。图 4-13 给出了一对等螺距螺杆转子做双侧端面螺旋式切削动平衡的实体造型图，变螺距螺杆转子的双侧端面螺旋式切削动平衡实体造型如图 4-12(a) 所示。

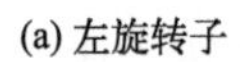

(a) 左旋转子

(b) 右旋转子

图 4-13　等螺距螺杆转子的双侧端面螺旋式切削法动平衡

4.12 螺杆转子的自适应动平衡与体外动平衡

螺杆转子不平衡量的大小，与其螺旋展开方式有很大关系，调整螺杆转子的螺旋展开方式，也有助于改善转子的动平衡属性。基于变螺距螺杆转子的质径积计算，可以发现，当变螺距系数 α 取负值时（即螺杆转子的螺旋导程在向吸气端延伸时逐渐变小），这段螺旋体所产生的质径积分量也是负值，从而可以部分抵消变螺距系数 α 取正值（即螺杆转子的螺旋导程在向吸气端延伸时逐渐变大）那部分螺旋体产生的质径积分量。这一计算结论为螺杆转子实现自适应动平衡提供了理论依据。

(1) 双头转子

一个自动满足动平衡条件的典型案例就是由中间进气、向两端排气的双向抽气螺杆转子（亦称双头转子），即转子两侧结构相对于中央平面是镜像对称的，如图 4-14 所示。当螺杆转子两侧螺旋体的螺旋展开方式相对中间截面完全对称相同仅展开方向相反时，一侧转子体所产生的惯性积（或表述为质径积分量）会被与之镜像的另一侧转子体的惯性积完全抵消，从而自然满足了惯性力偶为零的动平衡条件。此时该双头转子的质心尚不一定处于回转轴之上，还需尝试调整转子体的质心回归在回转轴上，从而使其满足静平衡条件。由于在双向抽气转子两侧的镜像对称位置处同时去除相同质量时，不会改变已经归零的惯性积，仅改变其质心位置，所以有利于实现质心坐标归零的静平衡条件。因此，这种双向抽气螺杆转子极容易完成初始动平衡设计，只需在加工完成后做动平衡检验，修正因尺寸、形位偏差所产生的残余不平衡量。双向抽气螺杆转子设计时需要考虑的主要因素是，选择较为粗大的转子轴以便具有足够的刚度，避免因转子两端支撑轴承距离过远而导致转子轴挠曲变形，发生剐蹭故障。

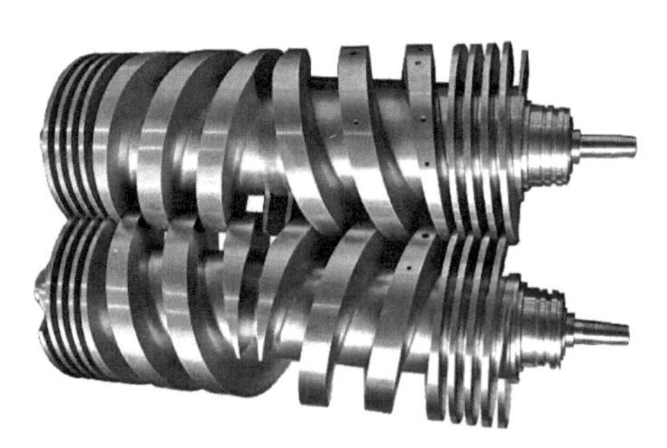

图 4-14 自动满足动平衡条件的双向抽气螺杆转子

(2) 自平衡转子

借鉴双向抽气螺杆转子自动满足动平衡条件的思路，有国内学者提出一种“自平衡”式螺杆转子的设计方案[6]，在变螺距螺杆转子的吸气段，增设一段变螺距系数 α 取负值即螺旋导程向吸气端逐渐变小的转子体，该段转子体的螺旋导程与转子压缩段螺旋导程的变化趋势相反，所产生的惯性力偶也与之相反，从而可以形成惯性力矩相互抵消的效果，使转子趋于动平衡。例如，以螺杆转子体吸气端面为坐标原点，图 4-15(a) 给出螺旋展开线轴向坐标 z 随螺旋展开角 θ 的变化规律，图 4-15(b) 给出螺旋导程 λ 随螺旋展开角 θ 的变化规律。作为简化条件，可以取 $\theta_1=2\pi$，$\theta_2=4\pi$，$\theta_3-\theta_2=2n\pi$，即吸气段和中间过渡段的螺旋展开圈数均为一圈，而排气段的螺旋展开圈数 n 取整数。若使图 4-15(b) 中螺旋导程 $\lambda_1(\theta)$ 的变化规律与 $\lambda_2(\theta)$ 的变化规律相对于 θ_2 处完全对称，则吸气段与中间过渡段所产生的惯性积矢量会完全相互抵消，整个转子的不平衡量只剩下 $\theta_3-\theta_2$ 排气段部分所产生的惯性积分量，可以通过在转子两端去除少许质量即能实现转子的动平衡。若进一步改进吸气段 $\lambda_1(\theta)$ 的变化规律，则在一些特定参数设置下能够自然实现整个螺杆转子的完全动平衡，不再需要转子体去除质量，成为自平衡螺杆转子。

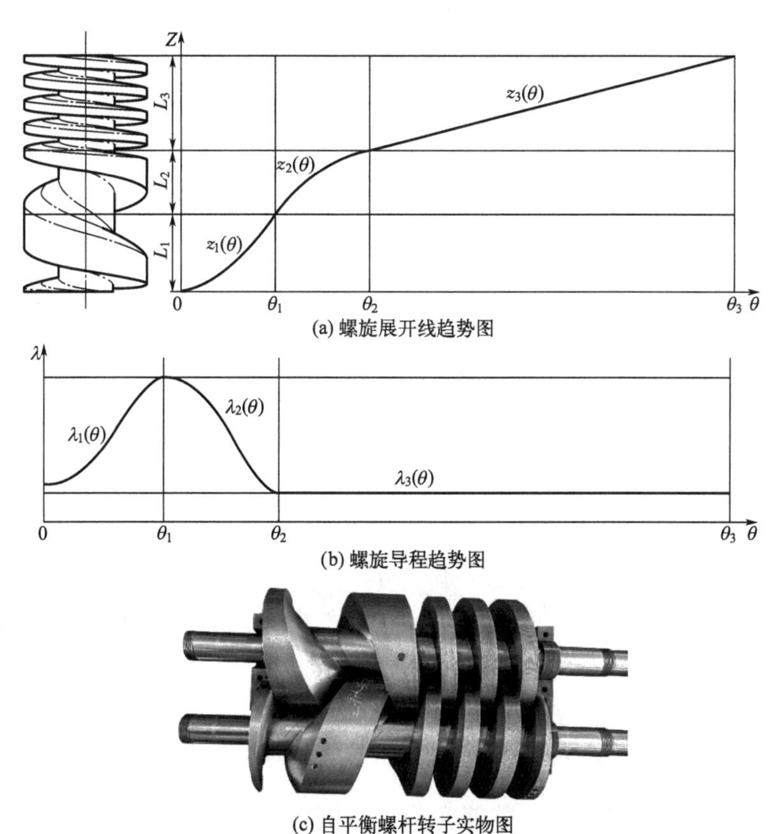

(a) 螺旋展开线趋势图

(b) 螺旋导程趋势图

(c) 自平衡螺杆转子实物图

图 4-15　一种自平衡螺杆转子

自平衡螺杆转子的优点是不再需要对转子做质量去除，因此转子体外表面呈原始造型的连续平整光滑状态，其表面涂镀防腐涂层无局部薄弱点，从而大大延长了转子表面防腐涂层的可靠工作寿命。但是，自平衡螺杆转子的参数选择具有一些强制规范，在螺杆泵几何抽速和压缩比等参数的设计方面存在一定局限性，尤其是对被抽气体在泵内的热力过程，缺少自主控制。因此，只有在螺杆泵要求涂镀防腐涂层且当转子自平衡设计方案恰好满足螺杆泵的抽气参数设计时，才优先选择自平衡转子结构。

(3) 体外补偿法

另外一种不需要对螺杆转子体做任何质量去除的转子动平衡方法是体外补偿法。采用体外质量添加补偿法实现螺杆转子动平衡，就是对螺杆转子体不做任何修改，而是在转子体两端的转子轴延长段上，在合适位置和合适角度处添加合适重量的质量补偿体，从而使包括转子体和体外质量补偿体在内的整个转子轴系达到完全动平衡。具体设计方法是将包括转子体、两端转子轴、轴上同步齿轮等同步回转构件在内的整个转子系作为完整回转部件，统一考虑其动平衡问题，可以在超出泵体抽气腔的转子轴外端，加设独立的偏心质量动平衡块，配合套装在转子外伸轴上。在动平衡设计阶段，通过调整偏心质量块在转子外伸轴的轴向位置、周向角度位置和自身重量，来实现整个转子系的初始动平衡。在转子加工后的动平衡检测与修正阶段，也根据检测结果在两端的动平衡补偿体上钻孔修正。图 4-16 即是一款采用体外补偿动平衡的等螺距转子结构示意图，转子轴两端的动平衡块可以同时满足转子的静平衡和动平衡条件[7]。

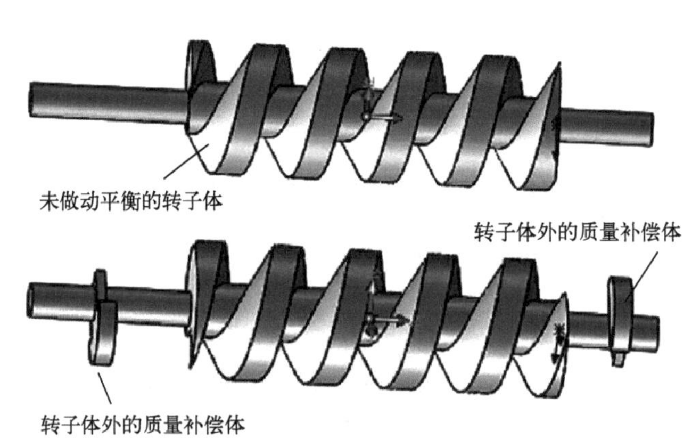

图 4-16 螺杆转子体外动平衡结构示意图

体外补偿方法的优点是：能够确保泵腔内转子体的表面形状完整，转子体表面涂层不会被破坏，更适合对腐蚀性气体成分的抽除；由于附加的动平衡质量块距离转子体较远，因此能够依靠较少的质量产生更大的惯性力偶；动平衡块处于泵腔外，现场做动平衡调整更便捷；后期动平衡修正也是在体外质量补偿体上打孔去除质量，不会对转子体造成后期破坏。

4.13 螺杆转子动平衡的计算机辅助设计方法

如前所述，螺杆真空泵转子的动平衡实现分为动平衡设计和动平衡检修两个阶段。动平衡设计是在每一种型号螺杆转子造型设计阶段后期、实际投入加工前完成，以消除转子造型存在的原始不平衡量为目标；动平衡检修则是在每一个螺杆转子完成实体加工之后、参与装配调试之前，对螺杆转子实物部件做最终动平衡检测和修正。

前几节所介绍的转子动平衡理论和各种动平衡方法，均是面向动平衡设计阶段所应用的。理论上讲，以任何种类端面型线为基础，做任何方式螺旋展开所构造的螺杆转子，都能够通过不同的质量补偿方法的动平衡优化设计，最终满足惯性力和惯性力偶同时为零的动平衡条件。但是，目前还没有转子动平衡优化设计的统一规律可循，也缺少关于去除质量补偿体形状和位置的直接计算方法。在实际操作中，最为设计人员熟悉和乐于采纳的实用动平衡设计方法，还是计算机辅助设计（CAD）方法，即借助诸如 Pro/Engineer、SolidWorks、UG、AutoCAD 等 3D 实体绘图设计软件，利用这些工具软件中的分析功能来分析转子模型的质量属性，可以直观地检测转子模型的质心位置及惯性张量；借助软件的自动搜索优化功能开展动平衡优化，反复调整后可以得到满足转子动平衡条件的设计方案；甚至通过软件的二次开发，实现螺杆转子动平衡的自动计算设计。

下面以 Pro/E 软件为例，介绍如何利用该软件的“行为建模”功能，完成螺杆转子的动平衡设计[5]。“行为建模”（behavioral modeling extension）功能，是 Pro/E 的一个功能延伸模块，其目的是使 CAD 软件不但能用于造型，还能在设计产品时可以综合考虑产品所要求的功能行为、设计背景和几何模型。

行为建模作为参数优化设计中的一种分析工具，在螺杆转子动平衡设计过程中，其主要作用是使用参数约束对模型中的参数进行分析和选取，从中找出合适的模型参数，并通过改变参数来改变模型的结构外形。具体步骤包括，首先根据已知螺杆转子的端面型线建立实体造型；其次，进行敏感度分析来确定参数对转子动平衡的影响；最后，利用可行性/优化分析来对转子进行优化，使其满足动平衡要求。行为建模的具体流程如图 4-17 所示。

下面以一个等螺距螺杆转子的铸造法动平衡结构设计为例，介绍其操作步骤。

(1) 创建实体模型

首先根据已知螺杆转子的端面型线方程进行参数化建模做出端面型线和扫描螺旋线。然后利用可变截面扫描功能使端面型线始终在垂直轴线的方向上沿着螺旋母线进行扫描，从而实现实体建模，做出螺杆转子的基本造型。

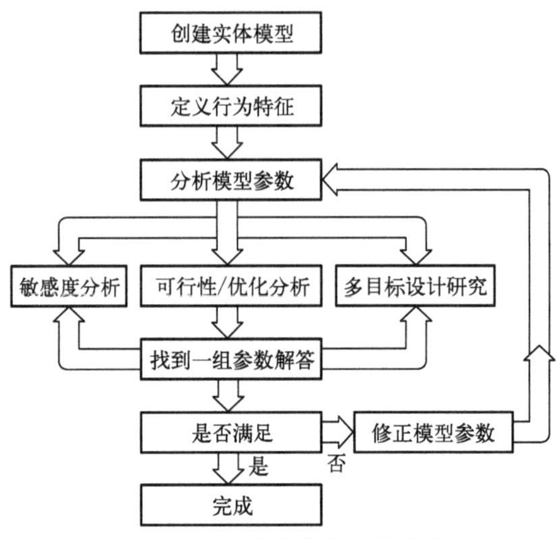

图 4-17　行为建模的具体流程

(2) 定义行为特征

此处需要定义行为特征用于推动动平衡设计的进展。如前分析，等螺距螺杆转子可在其两端面合适的位置去除适当的质量实现转子动平衡，故需要定义两个去除质量体的特征，且去除质量体也采用螺旋去除的形式，此处同样采用可变截面扫描的方法来去除质量。去除质量体的端面型线的获得方法，可以用转子的端面型线向内偏移的形式来产生封闭形状，此处选择转子端面型线的等距线和圆弧构成，如图 4-18(a) 所示。在此阶段，需要对可能使用的参数进行标注，此处选择等距线的偏移距离 D、圆弧半径 R 和挖孔深度 L 三个参数。

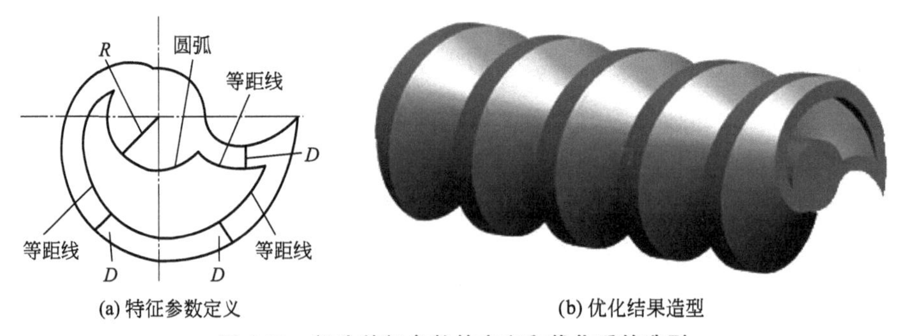

(a) 特征参数定义　　(b) 优化结果造型

图 4-18　行为特征参数的定义和优化后的造型

(3) 分析模型参数

在定义行为特征后，就需要对模型进行分析了，以便于设计优化和参数分析。设计模型一旦创建，行为建模技术就可以根据模型的特定目标和标准来改进设计。对于动平衡设计而言，设计研究目标是需要使模型的惯性积 I_{yz}、I_{zx} 和质心坐标 e_x、e_y 尽量小，以满足动平衡的要求。故此处选用 Pro/E 分析功能中模型质量属性分析。

（4）敏感度分析

敏感度分析（sensitivity analysis）主要用来分析模型尺寸，在指定范围内，当独立模型参数改变时，多种度量数量（参数）的变化方式。因此，可以利用敏感度分析来分析转子模型的参数对动平衡性能的影响，从而找到合适的变量取值。本例分析去除质量体型线的等距线偏移距离 D、圆弧线的半径 R 和挖孔深度 L 三个参数的取值对模型惯性积和质心坐标的影响，同时根据转子的端面形状及考虑到保证转子的强度等因素，设定 D 和 R 的取值范围。

（5）可行性/优化分析

可行性/优化（feasibility/optimization）分析可以使用系统计算尺寸值，这些尺寸值使得模型能够满足用户指定的某些约束。相比于敏感度分析只能分析一个尺寸变量或参数变化时的模型变化情况，而可行性/优化分析则在存在多个变量时通过综合权衡各个参数的影响，来实现智能优化研究。因而，本例接下来采用可行性/优化分析功能来综合 R、D、L 三个参数对设计目标 I_{xz}、I_{yz}、e_x、e_y 进行研究。故此问题为 R、D、L 三个变量在给定范围约束的条件下对 I_{xz}、I_{yz}、e_x、e_y 的极小化问题。首先利用可行性分析来验证问题是否可行，通过不断缩小 I_{xz}、I_{yz}、e_x、e_y 的范围来逐步地进行可行性研究，而不要直接把它们的范围给定得很小，否则容易找不到解决方案。此处三个目标参数的范围均取为关于零点对称的，因为，该问题的理想目标是使 4 个目标均为零。在 I_{xz}、I_{yz}、e_x、e_y 4 个参数范围已经很小的情况下，开始利用优化分析来逐个对 4 个目标进行绝对值极小化优化。此处的运算需要耗费较多的时间，同时，也需要设计人员能很好地在恰当时候分别利用可行性和优化分析，以达到理想的目标。

（6）动平衡结果校验

通过上述运算，最终可得到理想的优化目标，本例螺杆泵转子的动平衡问题得以解决。动平衡结果的最终校验，要利用 Pro/E 软件中的分析功能来分析模型的质量属性，可以直观地得到模型的质心位置及惯性张量。本例动平衡前后转子的质量属性对比如图 4-19 所示，可以看出经动平衡优化计算后的转子模型，其质心已完全在轴线上，即 $e_x=0$、$e_y=0$，并相对于坐标系的惯性惯量 $I_{xz}=I_{yz}=0$，转子已经完全实现了动平衡，平衡后的转子造型如图 4-18(b) 所示。

信息窗口 (modmass.dat)
文件 编辑 视图
体积 = 6.3111400e+06 MM^3
曲面面积 = 3.8128280e+05 MM^2
密度 = 7.8500000e-09 公吨 / MM^3
质量 = 4.9542449e-02 公吨

根据_MINGANDU坐标边框确定重心:
X Y Z -2.1789864e+00 -2.5943645e-01 2.3999476e+02 MM

相对于_MINGANDU坐标系边框之惯性. (公吨 * MM^2)

惯性张量:
Ixx Ixy Ixz 3.8866294e+03 0.0000000e+00 2.6130597e+01
Iyx Iyy Iyz 0.0000000e+00 3.8866308e+03 1.2507141e+00
Izx Izy Izz 2.6130597e+01 1.2507141e+00 1.6375946e+02

(a) 动平衡优化前

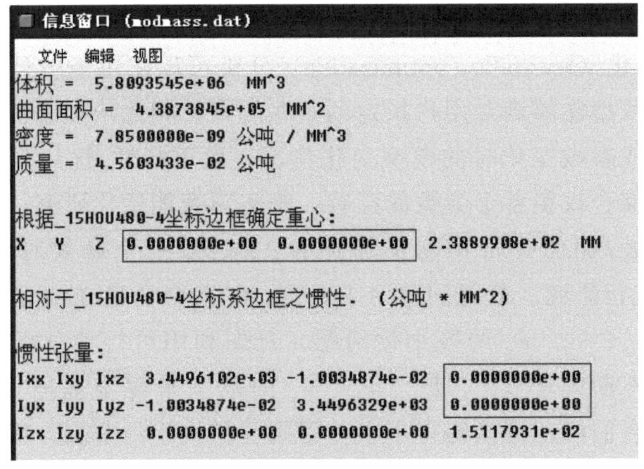

(b) 动平衡优化后

图 4-19 动平衡优化设计前后转子的质量属性对比

4.14 螺杆转子动平衡的检测与修正

尽管螺杆转子在完成动平衡设计后，其理论模型已经消除了原始不平衡量，但依照动平衡优化后的转子模型去加工螺杆转子，所制造出的螺杆转子实体样品依然大概率存在有残余不平衡量，不能直接用于螺杆泵的装配调试。在此阶段，转子实体的残余不平衡量，主要来自转子体材料的密度不均匀，以及加工过程中存在的尺寸误差和形位误差。因此，在进行螺杆真空泵制造的装配调试之前，每一个螺杆转子都必须经历其动平衡作业的第二阶段，即转子的动平衡实际检测与修正。这是螺杆转子制造的必备工序，且常常是要求最精细的工序，通常需要经历在动平衡机上检测和在机床上修正两个步骤的多次反复才能达到最终要求。

螺杆转子实体的动平衡检测在动平衡机上完成。离心式动平衡机是用于测量旋转物体（转子）不平衡量大小和位置的专业设备，选用动平衡机的规格时主要考虑动平衡机的最大承重量、最大转子旋径、最大与最小转子可支撑距离、平衡转速范围、系统最大感度或最小可达剩余不平衡量等性能参数，以确保满足所要检测螺杆转子的要求。

螺杆真空泵转子通常作为刚性转子处理，因此检测时采用刚性转子动平衡（或称作低速动平衡）方法。低速动平衡测试时只需在一种转速下检测，且平衡转速常常远低于转子的实际工作转速，例如取工作转速的20%即可。刚性转子动平衡采用双面平衡法，动平衡机会给出在左右两侧指定平面上的不平衡量值和不平衡相位角，应现场做好标记。

依据动平衡机测量给出的不平衡量标记，需要将被测转子送至加工机床（如钻床或铣床）做动平衡修正，即在设定的平面内、指定的相位处去除合适的质量。尽管转子动平衡修正阶段的去除质量不多，但为保护螺杆转子啮合工作齿面的完整性，在转子造型设计阶段，就要事先规划预留出做动平衡修正的位置，尽量避开螺杆转子的关键表面。例如采用体外补偿动平衡的螺杆转子，就是在两侧体外质量补偿块上做质量修正；而采用体上补偿动平衡的螺杆转子，习惯在转子体两侧端面上或靠近两侧的齿顶面上去除质量。经过一次动平衡修正的转子，还需要送至动平衡机再次做动平衡检测，以确认是否满足转子预期的动平衡精度指标。如果没有达到预期精度，还需再次检测出剩余不平衡量的量值和相位，然后再次做动平衡修正。如此反复多次，直至达到设定的动平衡精度等级。

转子的平衡精度等级由下式定义：

$$G=\frac{e\omega}{1000} \tag{4-31}$$

式中 G——转子的平衡精度等级，mm/s；

e——转子的平衡度，g·mm/kg；

ω——转子的旋转角速度，rad/s。

从物理概念解释，G 就是转子静不平衡状态时转子重心的线速度。我国国家标准《机械振动　恒态（刚性）转子平衡品质要求　第1部分：规范与平衡允差的检验》（GB/T 9239.1—2006，ISO 1940-1：2003），等效了国际标准化组织（ISO）制定的ISO 1940平衡等级，将转子平衡等级分为11个级别，每两个相邻级别间以2.5倍为增量，从要求最高的G0.4级到要求最低的G4000。单位为g·mm/kg，代表不平衡量相对于转子轴心的偏心距离。对于普通螺杆真空泵的螺杆转子，可以按照 G2.5 或 G6.3 等级进行动平衡检修。

只有经过严格动平衡检测与修正的螺杆转子，才可以参与螺杆真空泵的装配调试，最终用于生产工作。但在实际应用过程中，螺杆真空泵偶尔还会发生动平衡相关故障，如振动、噪声突然过大、转子与泵体发生摩擦剐蹭、真空性能下降而功耗增加等现象。这种螺杆转子在安装使用过程中产生的继发质量不平衡，常见原因除了转子在动平衡检测与修正过程中残余不平衡量过大之外，还包括装配精度偏差，螺杆受热或力作用产生不均匀变形，因腐蚀、摩擦、磨损导致的质量局部缺失和外来物不均匀黏附等。这些在螺杆泵后续工作过程中形成的不平衡因素，只能在螺杆泵运行和停机检修期间，对其进行监控、检测和处理。因此，对螺杆转子动平衡问题的关注，应该是贯穿于螺杆泵整个生命周期的。

参考文献

[1] 张世伟，赵凡，张杰，等．无油螺杆真空泵螺杆转子设计理念的回顾与展望［J］．真空，2015（5）：1-12.

[2] 赵晶亮．无油螺杆真空泵变螺距螺杆转子型线的研究［D］．沈阳：东北大学，2013.

[3] 赵凡．无油螺杆真空泵四种变螺距转子的性能研究［D］．沈阳：东北大学，2016.

[4] 爱德华兹有限公司．螺杆泵：CN101351646A［P］．2013-11-06.

[5] 顾中华．无油螺杆真空泵转子的动平衡问题研究［D］．沈阳：东北大学，2012.

[6] 巫修海，陈文华，张宝夫．螺杆真空泵自平衡螺杆转子优化设计［J］．振动与冲击，2015，34（19）：144-149.

[7] 王永庆，汪亮，刘明昆，等．基于 MATLAB/GUI 的等螺距螺杆转子动平衡分析与计算［J］．真空科学与技术学报，2018，38（12）：1039-1043.

第 5 章
螺杆真空泵的结构设计

本章重点关注螺杆真空泵中除螺杆转子之外的主体结构，介绍其结构布局与支撑方式、驱动与传动方式、进排气通道结构、密封与润滑系统、冷却与充气系统等各个主要部分的结构设计思路[1]。

5.1 螺杆泵的结构布局与转子支撑方式

根据螺杆真空泵的整体外观形态和两个螺杆转子的布局，可以将其分为卧式泵和立式泵。两个转子轴竖直安放的为立式泵，两个转子轴水平安放的为卧式泵，目前的螺杆泵产品多采用平卧式布局。螺杆泵中的转子依靠轴承支撑固定，依据螺杆转子轴的支撑方式，主要分为两端支撑式转子和悬臂式转子两种结构。其中两端支撑式为主流产品，而悬臂式在某些领域则备受青睐。

5.1.1 卧式泵

普通卧式螺杆真空泵的主体结构如图 5-1 所示，主要部件包括：在主泵体的 8 字形内腔中无接触地布置有一对旋向相反的螺杆转子体，转子体两端（或一端）伸出的转子轴通过轴承内圈支撑，轴承外圈分别安装于前泵体和后泵体的轴承座之中；在轴承与转子体之间的转子轴上设置有密封结构，用于隔离轴承、齿轮润滑剂和泵腔内的被抽气体；螺杆转子后端（或前端）伸出轴上固定安装有相互啮合的同步齿轮，保证两个转子同步反向旋转，其中一个伸出轴与电动机相连，驱动两个转子转动完成抽气；在前泵体或主泵体前端上方开有进气口，在后泵体下部开有排气口，均与主泵体内腔连通，形成抽气通道；主泵体和后泵体通常设有冷却液通道来控制泵体和排出气体的温度；前、后端盖分别与前、后泵体连接形成密封腔和齿轮润滑油箱。此外，螺杆泵还可以根据实际工艺需要配有充气和温度监测等附属系统。

大多数卧式螺杆泵采用两端支撑式转子，两端支撑式转子的结构形式是在转子体两端均有伸出转子轴并安装轴承固定。其中排气侧的后端轴承处于转子体和同步齿轮之间，受力更大并且具有限定两个转子体轴向啮合位置的作用，因此通常采用两只单列向心推力球轴承或一只双列轴承，以轴向固定形式安装。轴承内

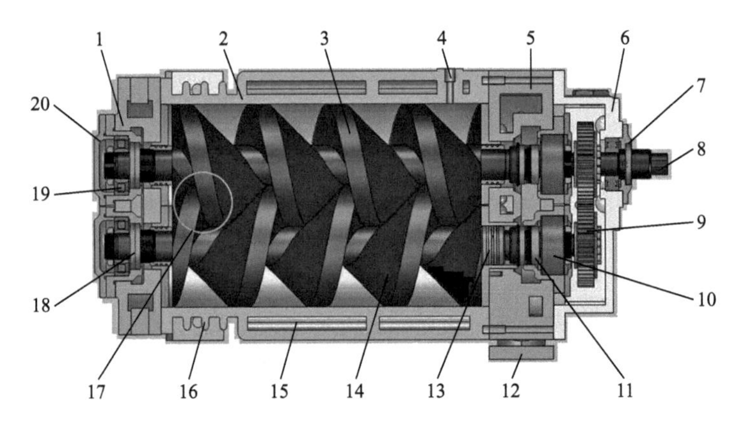

图 5-1　普通卧式螺杆真空泵主体结构示意图

1—前泵体；2—中泵体；3—右旋转子；4—充气口；5—后泵体；6—齿轮箱；7—外密封；
8—外伸轴；9—同步齿轮；10—后轴承；11—机械密封；12—排气口；13—迷宫密封；
14—左旋转子；15—水冷通道；16—风冷散热片；17—进气口；
18—前密封；19—前轴承；20—前端盖

圈与转子轴通过轴肩（或轴套）和压紧螺母实现轴向定位，还可以通过不同厚度的调整垫片调节两个转子的相对轴向位置，从而调节两转子齿面的轴向间隙和转子体排气端面与后泵体排气口端面间的间隙。转子吸气侧的前端轴承受力较小，通常仅需一只单列向心球轴承或滚柱轴承。考虑转子体受热膨胀产生轴向伸长，前端轴承的外圈通常采用间隙配合，使之轴向浮动定位，并预留出轴向窜动空间。由于螺杆转子体排气端面承受着略高于大气压力的排气压力，而吸气端面为真空状态，所有转子体总体承受的轴向力是指向吸气侧的，轴承系统的受力设计也是依此进行的。

两端轴承的外圈可以直接配合装入前后泵体开设的轴承孔中，也可以通过轴承座套安装在轴承孔中。后者的优点是整个轴系装配、拆卸方便，并便于其内侧的密封件的安装定位和更换维修；其不足之处是多了轴承座套的一次动配合，使转子轴的径向累积定位误差有增大的趋势，从而增大了两个转子轴的平行度、与中泵体内表面的同轴度等位置公差，可能带来转子体相互间以及与泵体内壁间的剐蹭故障。

卧式螺杆真空泵在工作场地都是采用平卧式摆放，即两个转子轴高度相同的水平放置；极少采用立卧式摆放，即两个转子轴一上一下水平放置，因为泵内有积液、杂物颗粒时会全部沉积在下方转子的壁面上难以排出，两只转子的受力和位置差异也会导致泵的抽气性能变差。大型卧式螺杆泵通常通过地脚螺钉固定在场地的地面或工作台面上，以便减小振动和噪声；小型卧式螺杆泵通常安装在专门的箱体内，地脚固定于箱体底板或底面框架之上，箱体外壳也具有隔离振动、噪声的效果。在医药化工领域的某些脱液干燥工艺中，螺杆真空泵内可能有较多的液体介质凝聚和流过，这种情况下，可以将卧式螺杆泵倾斜安放，使泵头略高于泵尾，即转子吸气侧的水平高度略高于排气侧，这样便于液体介质向泵的排气口流出，避免在泵腔内积存和被转子反复搅动。有时还会将螺杆泵排气口外的消声器筒也倾斜安放，以利于积液从消声器筒自动流入后面的积液收集罐内以便定期清理排放。

两端支撑式结构的卧式螺杆泵技术成熟，具有轴承受力合理、振动小等动力学优点。不足之处是在吸气口附近有前端轴承，尽管有前端密封隔离，仍然存在前端轴承润滑油（脂）通过进气管道返流污染被抽空间的危险。彻底解决这一问题的方法是取消吸气口处的前端轴承，具体结构包括悬臂式螺杆泵和双向抽气螺杆泵。

一种双向抽气的两端支撑卧式螺杆泵（亦称双头转子螺杆泵）如图 5-2 所示[2]，其特点是每一个转子都从中央向两侧对称加工出旋向相反的螺旋齿，转子体中央为吸气区，而转子体两端均为排气侧；泵的吸气口开设在主泵体的中间位置，而排气口开设在两端；转子对旋转时从中间吸气，分别向两端排出气体。这种双头转子的实物照片可参见图 4-14。这种结构的螺杆泵，两端伸出轴的支撑轴承均位于泵的排气侧，因此不会存在轴承润滑油（脂）对进气侧造成污染的危险。相比于单向抽气的同尺寸普通螺杆泵，这种双向抽气螺杆泵在零部件数量没有增多的情况下，仅仅依靠转子体和主泵体长度增加，就使其抽速增大了近 1 倍。此外，由于两端排气压力对转子体产生的轴向推力方向相反互相抵消，所以双向抽气螺杆转子的两端支撑轴承不承受气体压力产生的轴向力，但需要考虑更大的轴向热膨胀伸缩量。

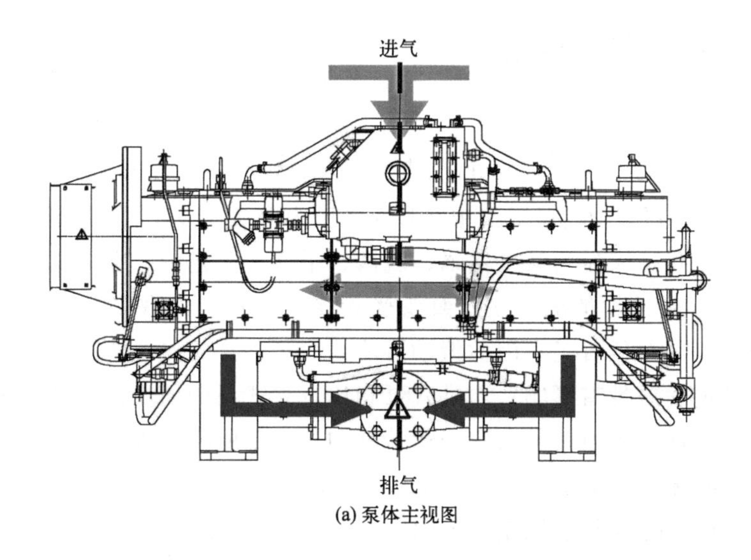

(a) 泵体主视图

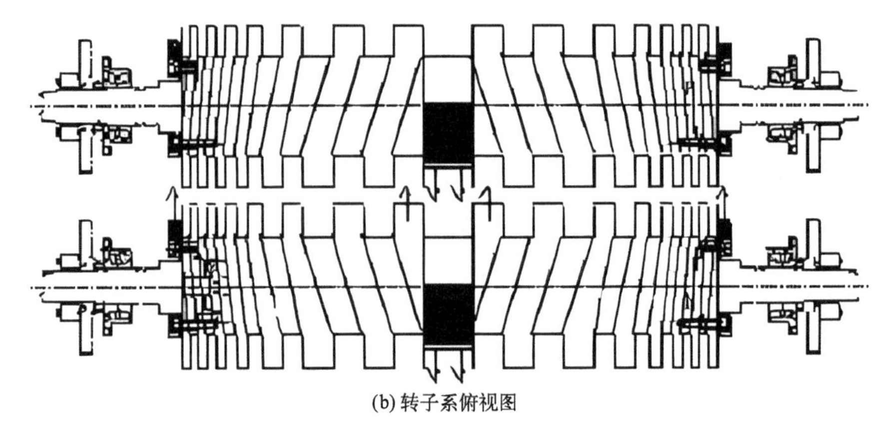

(b) 转子系俯视图

图 5-2 双向抽气的螺杆真空泵

5.1.2 立式泵

两个转子轴竖直安放的螺杆真空泵称为立式泵，习惯上螺杆转子朝上安置，即泵的吸气口在转子体上方，排气口在转子体下方；转子轴系的密封件、定位轴承、同步齿轮及驱动电机等，在转子体泵腔的更下方，如图 5-3 所示[3]。虽然也有倒置式立式泵的发明专利，即将轴系支撑件放置在转子体上方、转子悬吊在下方的设计方案，但未见实际产品。

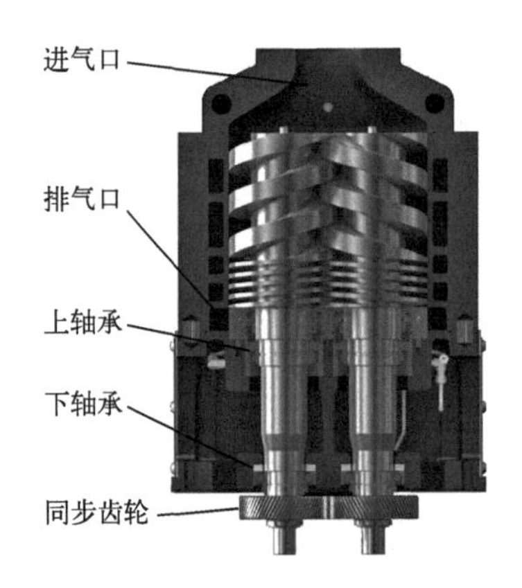

图 5-3 立式螺杆真空泵

立式泵通常采用悬臂式结构，即螺杆转子吸气端没有转子轴和定位轴承，因此避免了轴承润滑油（脂）可能带来的对进气侧造成污染的危险。悬臂泵的其他优点详见 5.1.3 部分。

立式螺杆真空泵最明显的优点是气体流动方向与重力方向一致，有利于气流携带的杂质成分的排出，主要是可以避免卧式泵中常常在泵腔内壁底面发生沉积、黏附的现象。因此，在医药化工领域的某些蒸馏、脱液、干燥等工艺中，螺杆真空泵内有较多的液体介质流过的情况，立式泵备受青睐。立式泵的缺点包括：泵体重心高，距离地面固定位置远，因此振动可能偏大；进排气口位置高，对组成机组和现场安装的适应性有影响；与卧式泵相比，立式泵的同步齿轮处于水平摆放状态，其油润滑系统更为复杂；排气端轴和外伸轴的密封难度变大。

立式泵的转子支撑方式有多种形式。图 5-3 所示的结构中，上、下支撑轴承设置在转子体和同步齿轮中间，转子体与下部转子轴可以是一体化加工，也可以是同轴套装在转子轴上。驱动齿轮和同步齿轮与转子体分设在转子轴的两端，使上下支撑轴承的受力状态很好，因此运行平稳。这一结构的不足是上下轴承之间的跨距需要足够大，中间占据的无用空间使泵体整体尺寸变大；上部转子体如果尺寸过长，容易发生“摆头”等振动问题。图 5-4 所示结构[4] 对图 5-3 的结构做了改进，将同步齿轮和主动轴驱动齿轮布置在上下两个轴承中间，合理利用了这一空间，减小了泵体的整体尺寸。图 5-5 所示的结构做了进一步的改进，在上轴承的上方，将转子体中央部分挖空，布置了上举式密封结构。在图 5-3 和图 5-4 的结构中，上轴承上方的密封件都是直接面对着螺杆转子的排气端面，由泵腔侧壁流下的液体，会直接淹没密封件的上表面，极易造成密封失效，液体污染下方的上轴承等轴系部件。而采用上举式密封，可以利用屏蔽罩将液体隔离在高位密封件之外，彻底避免了轴系被污染的可能。图 5-6 所示结构[5]，更进一步地在上转子体内空间安放轴承座套，轴承座套上下两端固定轴承用于支撑中心的转子轴；转子体制作成中空的倒 U 形，仅依靠进气口附近一段与转子轴通过锥形表面紧固连接，空心的转子体下部无接触地套装在轴承座套之外；在下轴承下方的转子轴延长段上，安装驱动齿轮和同步齿轮。由于转子体与转子轴的连接点距离上轴承很近，转子体的重心高度介于上下轴承之间，因此转动时不会引起普通悬臂泵常常发生的“摆头”振动，运行更加平稳。

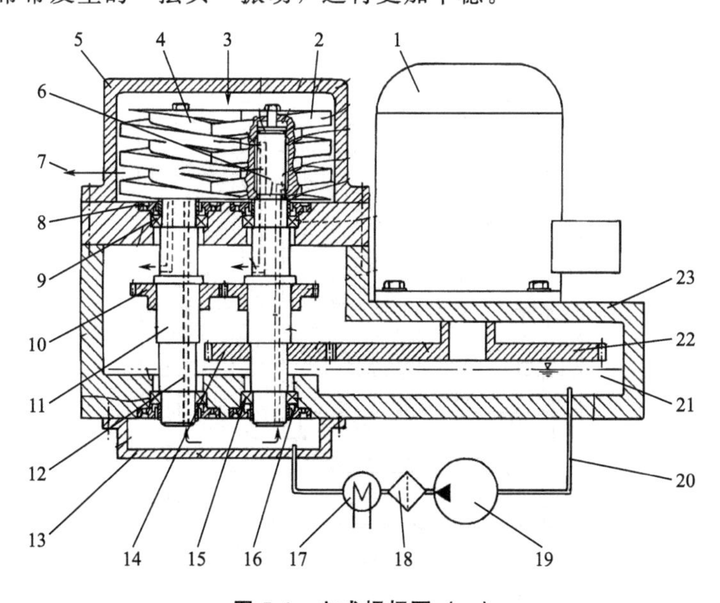

图 5-4　立式螺杆泵（一）

1—电动机；2—右旋转子；3—进气口；4—左旋转子；5—上泵体；6—右旋转子轴；7—排气口；8—上密封；9—上轴承；10—同步齿轮；11—左旋转子轴；12—轴内油路；13—密封油槽；14—传动齿轮；15—下轴承；16—下密封；17—冷却器；18—过滤器；19—油泵；20—油路；21—油池；22—电动机齿轮；23—下泵体

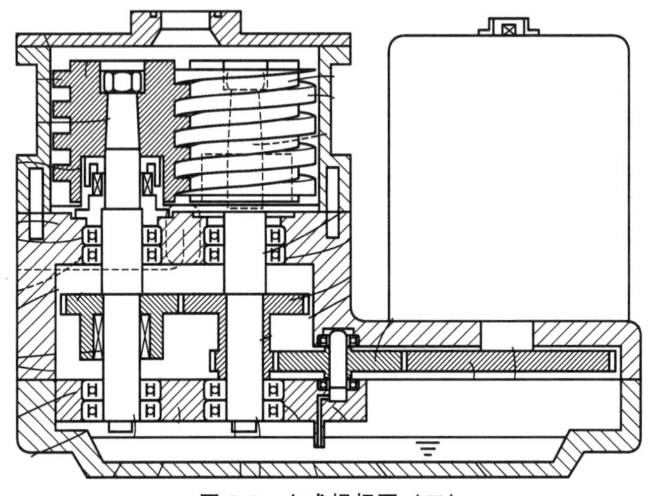

图 5-5　立式螺杆泵（二）

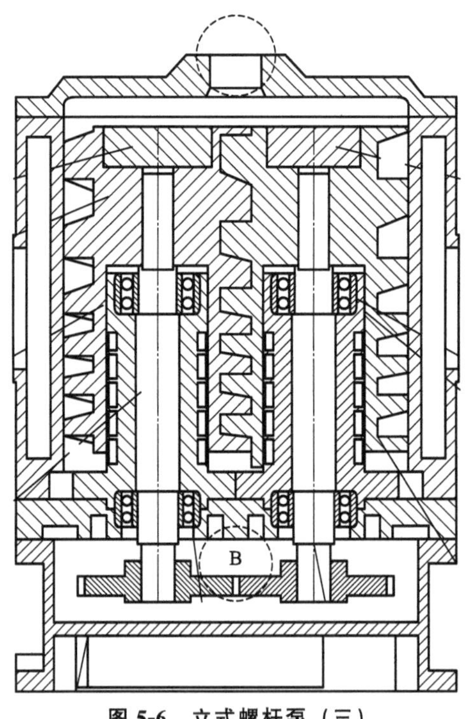

图 5-6　立式螺杆泵（三）

5.1.3　悬臂泵

悬臂式转子的结构形式是取消转子体吸气端的前伸出轴和支撑轴承，转子体仅靠后端伸出轴的轴承来支撑。由于悬臂式转子结构没有吸气端的支撑轴承和密封件，因此彻底避免了前端轴承润滑油（脂）可能带来的污染风险。同时，该结构的最大优点是主泵体可以做成钟罩式结构，从而可以在完全不拆卸螺杆转子轴系部件的方式下将主泵体拆卸下来，对泵体内腔和在位的螺杆转子对进行彻底清洗，这种在工作现场原位清洗的用户自维护作业方式，作业难度低且几乎不影响泵的工作性能，非常适合于被抽气体中可凝结黏附成分或固体杂质多、泵内污染严重需要及时清理的场合。图 5-3～图 5-6 所给出的各款立式泵，均采用了悬臂式结构，因此其上泵体都可以设计为易拆卸形式。

实际上，卧式泵的螺杆转子同样也可以采用悬臂式支撑结构。图 5-7 所示的就是一款悬臂式螺杆转子的卧式真空泵结构示意图[6]。该泵两个平行转子轴水平等高布置，由固定在后泵体内的前轴承和后轴承支撑，转轴前端悬臂支撑变螺距的螺杆转子体。在转子体外面套装了前泵体和吸气口端盖。该泵最突出优点就是，可以在不动轴承、转轴和转子体的情况下方便地拆卸前泵体，对抽气腔内部做及时的检查和清洗，因此适合于被抽气体中含有可凝性蒸气、液滴或固体颗粒物的工况。

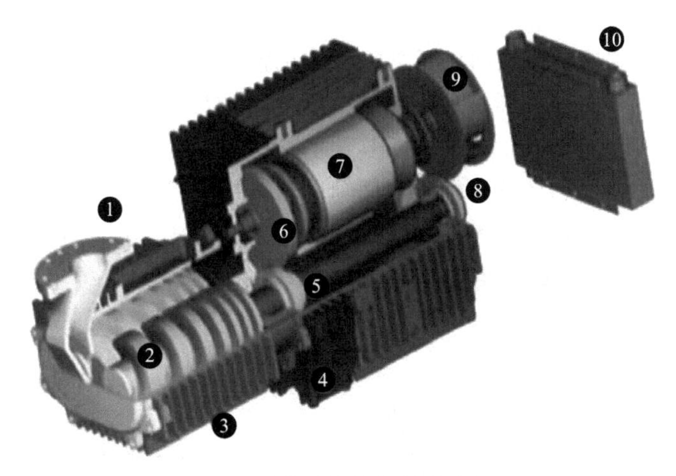

图 5-7　卧式悬臂转子螺杆真空泵

1—进气口；2—悬臂式螺杆转子；3—可拆卸前泵体；4—排气口；5—密封件与前轴承；6—传动齿轮；7—电动机；8—后轴承；9—电风扇；10—换热器

此外，悬臂式转子结构的螺杆泵采用端面进气方式，其吸气口开设在螺杆转子吸气端的端面之外，不占用螺杆转子的啮合段（两端支撑式转子被吸气口占用的那一段转子啮合段对气体压缩无贡献），因此转子的总长度可以短一些。

悬臂式转子结构的主要缺点是动力学性能差，靠近转子的前端支撑轴承受力大，尤其是卧式悬臂泵，因重力作用方向垂直于转子轴，受力不合理，转子体更容易发生“摆头”等振动问题。所以悬臂式转子通常也有意地比两端支撑式转子设计得短而粗一些。为保证悬臂转子体不发生“摆头”等振动问题，要求转子的后端伸出轴具有足够大的刚度，通常需要使用高强度材料制作，转子轴直径足够粗大（为减轻重量可采用空心轴），轴上安装的两组轴承距离要足够远，其中一组近端轴承要尽量靠近转子体并且具有足够的承载力。

5.2 螺杆泵的驱动与传动方式

干式螺杆真空泵的螺杆转子，依靠电动机驱动产生旋转运动实现抽气功能，所使用的电动机有普通三相异步电动机和近年来迅速普及的直流永磁电动机。电动机在螺杆泵整机中的相对位置有外置式和内置式两种结构。电动机转轴与主动转子轴的连接方式有直联式、同轴式和传动式等多种形式。单台螺杆泵使用电动机的数量也有单电机和双电机两种方式。两个螺杆同步转动的传动方式，也分为依靠同步齿轮的传统有油传动和近年来备受关注的无油传动。

5.2.1 外置电机

普通工业用卧式螺杆真空泵通常采用外置式结构，以常规三相异步电动机作为动力源，摆放在螺杆泵主机的后部；电动机转子轴与螺杆泵主动转子的外伸轴相对，通过联轴器直连。如果是体积大、质量重的大功率电动机，采用机座带有底脚的 B3 机座，电动机和螺杆泵主机都通过底脚固定在同一个整机底板上，以保证电动机轴与主动转子伸出轴同心同轴；如果是体积小、质量轻的小型号电动机，则采用前端盖上带凸缘的 B5 机座，通过一个电机支架将电动机直接水平悬挂在螺杆泵主机后部，电动机轴依然是通过联轴器与主动转子外伸轴相连，如图 5-8 所示。

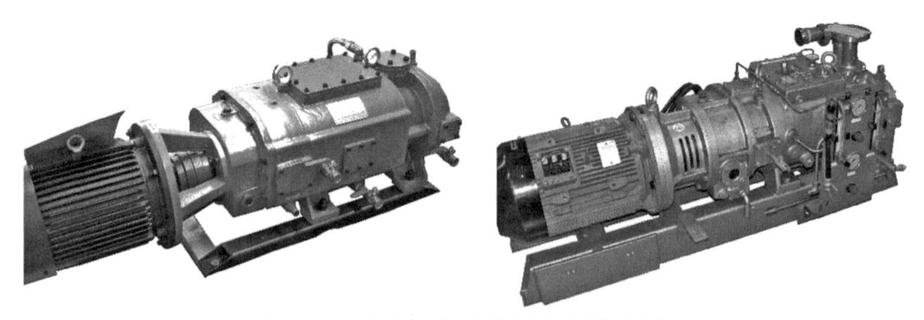

图 5-8 两台悬挂式外置电机卧式泵

外置式结构的螺杆泵整机长度大，其中主动转子的后端外伸轴由内向外依次套装排气端密封件、后轴承和同步齿轮后，再穿过齿轮油箱的后端盖伸出到泵体外面安装联轴器，因长度大而给主动转子体加工带来较大难度。主动转子外伸轴与油箱后端盖之间需要有双向动密封，既要防止油箱里面的润滑油和工艺气体向外部环境泄漏，又要避免外部大气向油箱内的泄漏。

由单一电动机驱动的螺杆泵，需要利用同步齿轮将旋转运动和扭矩从主动转子轴传递给从动转子轴。从运行平稳、传递扭矩大的角度考虑，同步齿轮习惯采用斜齿轮，两个齿轮旋向相反。但斜齿轮传动在两个齿轮之间存在轴向相互作用力，且两个齿轮受力方向相反，这不利于两个螺杆转子的轴向定位和啮合间隙的保持，同步齿轮采用直齿轮或人字形齿轮则可避免这一问题。由于螺杆真空泵的转子均采用自啮合型线，主从两个转子工作时转速相同旋向相反，因此主从两个转子的同步齿轮也是结构参数完全相同，齿轮的节圆直径等于螺杆转子的节圆直径，亦即等于两个转子轴的中心距。

同步齿轮与转子轴的连接定位方式，在保证二者间轴向、周向可靠定位连接并能传递足够扭矩的前提下，至少需要有一个齿轮在装配时是可以做周向调节的，以便能够保证主从螺杆转子体齿形啮合处于合适的角度位置。例如，小功率螺杆泵可以在同步齿轮内孔与转子轴外表面间采用锥面配合，同时端面用螺母压紧的方法；大功率螺杆泵则通常采用胀紧联结套将一个同步齿轮与对应转子轴做配合定位（通常选择从动转子轴，这样便于操作）。具体装配过程是：在螺杆转子及其支撑轴承等内部构件装配完成、两个转子体轴向完全定位之后，首先将主动转子轴的同步齿轮装配固定（如采用平键连接和螺母锁紧）；其次将从动轴的同步齿轮及其胀紧联结套松动套装在从动轴上；然后利用测尺、塞规测量主从螺杆转子的齿面啮合间隙，固定主动转子旋转从动转子，将间隙调整至合适量值，从而确定从动转子轴的角度定位；最后调整两同步齿轮的齿侧啮合间隙，固定从动同步齿轮的角度位置，拧紧胀紧联结套，使从动齿轮和同步齿轮完成装配，如图 5-9 左侧所示。

图 5-9　胀紧联结套和梅花联轴器

立式螺杆真空泵的驱动电机，通常是竖直倒立在泵体一侧，通过齿轮传动或带传动方式带动平行排布的主动转子轴。由于电动机轴距离转子轴较远，齿轮传动常常需要借助中间惰轮。带传动可采用各种同步齿形带，通过电机轴和主动转子轴上的齿形带轮传动转动和扭矩，如图 5-10 所示[3]，一种小型立式悬臂式螺杆泵，主泵体垂直安装在下部宽体油箱一侧，外置式电动机轴头朝下扣装在宽体油箱的另一侧；电动机轴与主动转子轴通过同步齿形带传动，图 5-10(b) 即是该立式螺杆泵齿轮箱的底部仰视图，为了便于安装和防止齿形带打滑，还设置了自动张紧轮将齿形带张紧。

另一种带传动驱动方式的螺杆泵如图 5-11 所示[7]，该泵采用扁平化设计，将电动机并排摆放在螺杆泵体的侧面，使泵体外壳呈矮、短、宽的形状，如

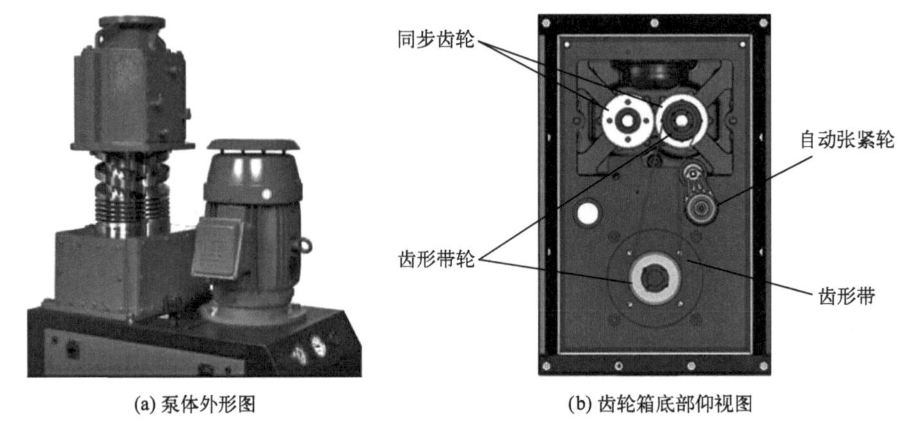

(a) 泵体外形图　(b) 齿轮箱底部仰视图

图 5-10　采用同步齿形带传动的立式螺杆泵

图 5-11(a) 所示。电动机轴与两个螺杆转子轴成平行排布，在泵后端各自固定有一个同步齿形带轮；两个螺杆转子轴上的带轮并不相互接触。一种带有双面齿牙的特制齿形带，由电动机轴的齿形带轮驱动，依次绕过两个螺杆转子轴上的齿形带轮，如图 5-11(b) 所示，图中右侧螺杆转子轴带轮和电动机轴带轮与同步齿形带内侧齿牙啮合，左侧螺杆转子轴带轮与同步齿形带外侧齿牙啮合，从而保证左、右螺杆转子轴同步反向旋转。另外利用一对具有自润滑属性的轻薄同步齿轮保证两个螺杆转子相位准确互不干涉。由于同步齿形带轮和同步齿轮都不需要油润滑，所以这种传动方式实现了螺杆泵的“真正无油”。此外，这种泵采用了风扇冷却方式，摆脱了对工作现场冷却水的依赖，是一款很有特点的小型螺杆真空泵。

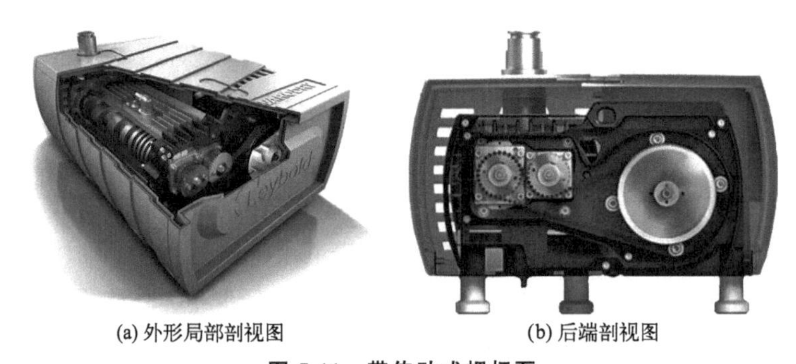
(a) 外形局部剖视图　(b) 后端剖视图

图 5-11　带传动式螺杆泵

5. 2. 2　内置电机

外置电机结构的螺杆泵，主动转子轴伸出齿轮箱处，存在气体和润滑油的泄漏危险。随着电动机定制化供应的实现，对于稍小型号的螺杆真空泵，开始流行内置式电动机结构。采用专门定制的小尺寸交流电动机或直流永磁电动机，将其直接安放在同步齿轮油箱后部之内，与主动转子轴同轴对正，从而消除了主动转子外伸轴所需要的动密封，彻底解决了螺杆泵的外泄漏问题，这对于抽除有毒有害腐蚀性气体和满足特定行业防爆要求十分有利。

内置式电动机可以是电机转子自带定位轴承的独立电动机，电机转子轴与主动螺杆转子轴依旧是采用联轴器连接，其中联轴器从动侧构件可以直接固定在同步齿轮上，从而节省了轴向长度空间，如图 5-9 右侧所示。更为简洁的电动机内置式结构采用电机转子与定子分离的同轴式安装结构，电动机定子安装在齿轮油箱后部的电机罩内，电动机的转子则不设置独立的定位轴承，而是直接套装在主动螺杆转子轴的后端，同轴驱动主动转子。装配时首先将主动转子轴上的密封组件、轴承和同步齿轮固定，然后在轴后端套装上电机转子，最后在后泵体上安装电机定子罩，使电机定子与转子配合成一体。电机定子罩与齿轮箱后端面采用静密封连接，整个泵体完全密闭，如图 5-12 所示。内置式电动机需要考虑散热问题，对于小功率电机，可以借助齿轮箱中的润滑油直接散热；对于稍大功率的电动机，则需在定子罩上加设水冷回路对电机定子进行冷却。

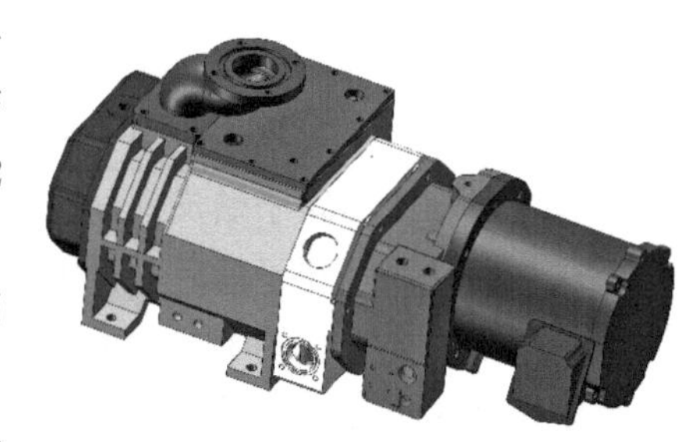

图 5-12　内置电机卧式泵

螺杆泵的内置电机也可以布置在泵内的其他位置处。采用直联式和同轴式内置电机的螺杆泵大多长度偏大，要求应用现场留有必要的空间尺寸。因此，传动式电机布置方式应运而生。传动式结构螺杆泵的电动机与主动转子轴不是直联，而是通过其他传动机构传递转动和力矩，电动机的摆放位置也改为放置在泵体的一侧。例如，如图 5-7 所示的一种卧式悬臂转子螺杆真空泵，将内置式电动机安置在主从两个转子后伸出轴的中央正上方；内置电机定子固定在上方机壳内，电机转子两端由自身独立的轴承支撑，图中电机轴朝前（实际也可以朝向后方），通过大齿轮驱动主动转子轴上介于两端支撑轴承之间的小齿轮，还具有机械增速的效果，以获得更高的转子转速。

图 5-13 给出的是一款反向内置电机螺杆泵的轴系结构示意图[8]，它将内置封闭电动机与同步齿轮分别安置在了螺杆转子体的两端，电动机放置在螺杆转子的吸气侧，同步齿轮和齿轮箱依旧设置在排气侧，电动机输出的扭矩，需要通过主动转子体的全长到达后端的同步齿轮，再传递给从动转子。工作过程中主动转子体始终处于承受扭矩的受力状态。这种结构的一个优点是电动机转子套装在螺杆转子的前伸轴上，同步齿轮固定在螺杆转子的后伸轴上，主动螺杆转子的两端伸出轴长度较接近，为主动转子的机械加工带来一定方便。相比较而言，将电动机安置在同步齿轮后侧的结构方案，主动螺杆转子的前伸轴很短，而后伸轴很

长。在加工转子体齿形过程中，过度细长的后伸轴易于发生挠曲变形，导致转子体和转子轴出现过大的尺寸偏差。

图 5-13 反向内置电机螺杆泵轴系结构示意图

5.2.3 双电机

大多数螺杆真空泵都采用单电机驱动方式，电机带动主动转子旋转，同时通过同步齿轮带动从动转子做反向同步旋转。但也有少数螺杆泵采用内置式双电机驱动模式，即在两个转子的后端轴上均同轴套装电动机转子，外部配置两个电动机定子，形成两个螺杆转子均由电动机分别直接带动旋转的驱动模式。近年来，这一技术得到越来越多的关注，并且在与之类似的罗茨真空泵中也得到应用。

在双电机驱动模式下，为保持两个转子无干涉同步反向旋转，已经有多种控制技术得以实际应用。最简单的方法依旧是利用同步齿轮保持两个转子的同步啮合。由于两个转子都由电动机驱动，同步齿轮不再需要传递大的扭矩，仅仅起到限制两个转子角相位偏差的作用，所以这时的同步齿轮可以做得十分轻薄，工作中相互啮合受力也很小。但出于可靠性要求，这种同步齿轮仍然保留了润滑油箱。这种设计发挥了小直径转子直流永磁电动机的高效率优势，在小负载工况下功耗很小，同时在抽气载荷变大时能够提供更大的功率输出。

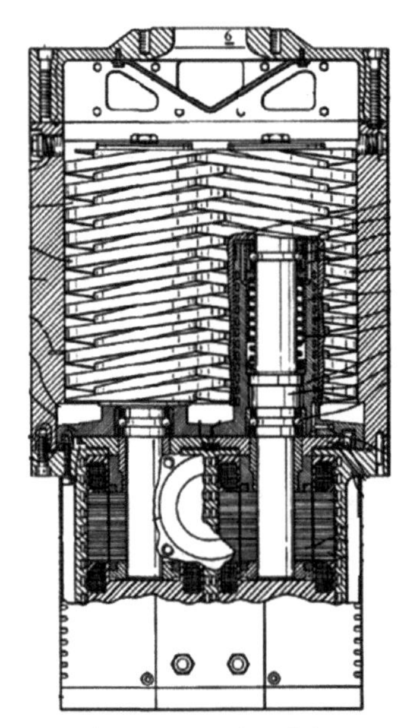

图 5-14 立式双电机“无油”螺杆真空泵

另外有一种采用双电机驱动的立式螺杆泵，是靠电气控制技术保证两部电机做精准的同步反向旋转，从而摆脱对同步齿轮的依赖。如图 5-14 所示[9]，该泵为一种立式悬臂泵，只设置了一对十分轻薄的备用同步齿轮作为安全保护部件，安装于转子轴的下定位轴承的下方，仅仅用于防止因电动机故障或泵内机械故障而可能导致的转子干涉碰撞，而在平时正常抽气过程中，两个同步齿轮相互间并不啮合受力。由于不依赖同步齿轮的驱动，所以同步齿轮不需要油润滑和散热，因此该泵取消了润滑油箱，成为厂家宣称的“真正无油”的螺杆真空泵。也正是由于摆脱了同步齿轮的机械啮合，这种泵的转子工作转速可以明显高于其他类型的螺杆泵，正常在 8000～12000r/min 范围内。为了适应高转速的需要，该泵转子体采用了双头对称型线，这样使转子体在任意轴截面上的质心均处于转子回转轴线上，从而自然满足动平衡要求，而不会在转子体内产生偏心惯性力和惯性力偶。

该泵的轴承支撑方式采用在上转子体内部空间中设置高举式轴承座，座内两端分别安放上、下轴承用以支撑中间的转子轴；转子轴上端安装倒 U 形转子体，使转子重心落于上下两个轴承中间；在下轴承下方，转子轴上套装了电动机转子，下泵体对应位置处固定了电动机定子线圈，两个螺杆转子的驱动电动机均呈倒置悬挂状态。该泵得以控制两个转子实现相位精准同步的逆向旋转，其关键技术是在转子轴下部末端加装数字编码盘，通过实时读取脉冲信号，反馈控制两个电动机保持相位转角同步。

这种泵型作为立式泵具有排除积液和粉尘能力强的特点；作为悬臂泵具有便于原位清洗维修的特点；作为内部没有润滑油的“无油泵”，具有不惧怕受到被抽气体污染的特点；作为双内置电机驱动无外伸轴的全密封结构，具有无泄漏风险的特点。因此，在医药化工行业的多种要求苛刻的工艺设备中，这种泵可以承担包含有毒有害、易燃易爆以及大部分腐蚀性污染性介质成分的气体无泄漏抽除与输送。

另一种设计新颖的小型双电机驱动螺杆真空泵（图 5-15），采用对驱直流永磁电动机和无接触磁齿轮传动技术实现螺杆转子的驱动与精准同步转动[10]。如图 5-15(c) 所示，该泵采用卧式悬臂结构，由特种高强度塑料制成的螺杆转子体，套装在两个悬臂转子轴前端上；转子轴后部由前后两个轴承支撑；在转子轴上介于前后轴承中间处，顺序套装了直流永磁电动机的永磁转子和磁齿轮；在与永磁转子对应的轴向位置处，永磁电动机的定子线圈固定在后泵体内。与其他双电机的定子结构不同，这种对驱双电机的单一定子线圈绕组没有完整包裹整个转子圆周，各自留出一部分空余相位，与另一电机定子相互嵌合，如图 5-15(d) 所示。两个电机的永磁转子体外径近似等于两个转子中心距，因此两个电机永磁转子体在中央平面处仅留有很小运动间隙；工作时，电动机永磁转子不仅受到自身定子线圈绕组电流磁场的驱动，还同时受到另一永磁转子体磁场的牵制作用，因此利于两个转子转动的同步性。为更精确控制两个转子的转动相位，该泵还在电动机永磁转子后方，在转子轴上成对套装了磁齿轮。磁齿轮与永磁转子直径相同，但其内部相邻磁极相位角更小，随轴转动时，两个磁齿轮在中央平面处彼此吸引，使两个转子轴的转角相位差得以控制。

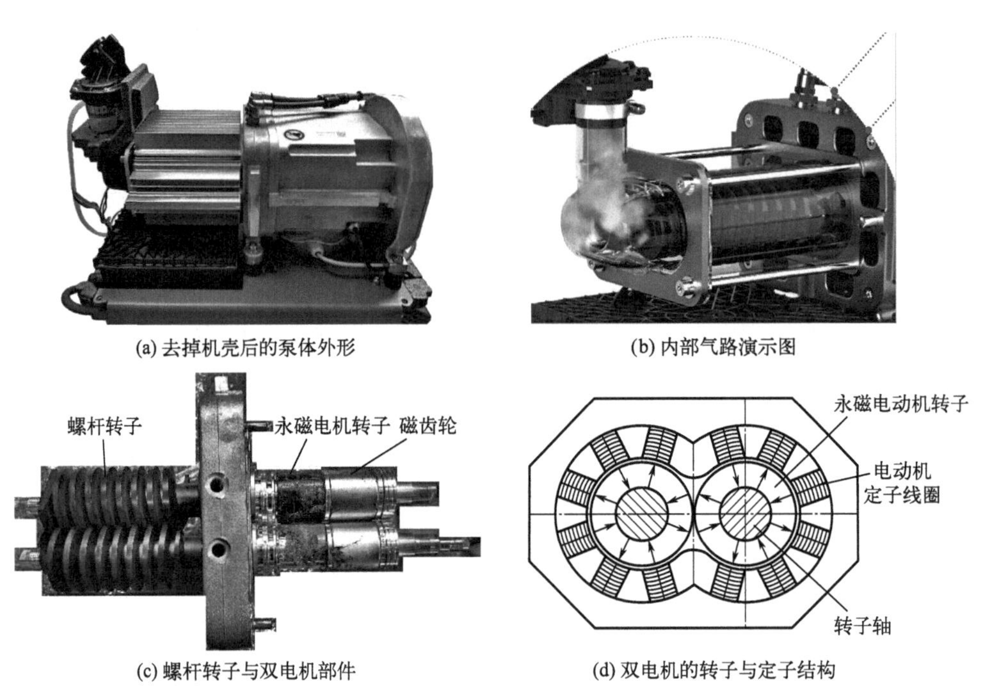

(a) 去掉机壳后的泵体外形

(b) 内部气路演示图

(c) 螺杆转子与双电机部件

(d) 双电机的转子与定子结构

图 5-15　一种对驱双电机驱动螺杆泵

这种泵借助永磁传动技术实现了两个螺杆转子的同步运行，因此取消了机械同步齿轮和润滑剂，成为“真正无油”的螺杆泵，彻底避免了泵油被污染的危险。此外，该泵不仅螺杆转子体采用塑料材料制成，其泵体内腔和吸排气口构件也由同种塑料材料制作，整个泵的气体流道均被塑料材料覆盖，没有金属材料暴露，因此该泵的耐腐蚀性极强，可以抽除强酸、强碱等对金属有腐蚀破坏作用的介质。

5.3　螺杆泵的动密封与润滑系统

虽然螺杆真空泵被定义为无油干式真空泵，但那仅仅是指泵的抽气腔是无油的，没有使用任何润滑和密封液体介质；而泵的机械传动部分，通常还是需要油类润滑的，最主要的是同步齿轮和轴承的润滑。同时，又要防止润滑油和油蒸气进入抽气腔通道，所以需要设置密封部件将其隔离。因此，螺杆泵中通常具有密封与润滑系统。

5.3.1　动密封

由于螺杆泵内的旋转抽气部件相互无固体接触摩擦，所以螺杆转子轴的接触式动密封通常是螺杆泵中最容易损坏或失效的元件，因此决定着泵的维修周期和实际有效寿命。

普通外置电机式螺杆泵的动密封安装位置有 3 处，包括转子轴进气端的前密封、排气端的后密封以及主动转子伸出轴的外密封。前密封面对的是螺杆泵中真空度最高的进气口，作用主要是防止前端轴承的润滑油（脂）对泵内甚至被抽真空容器的泄漏污染，同时也有防止被抽气体中的有害成分对前端轴承的污染损害。后密封两侧分别是泵内气体压力最高的排气口和相当于环境大气压力的齿轮油箱，其作用既要防止被抽气体中的有害成分进入油箱侧对轴承、齿轮、润滑油造成破坏，又要避免油箱中的润滑油混入被抽气体（尤其是在被抽气体要求纯净无掺杂的应用场合）。不过与前密封不同的是，后密封通常不会出现齿轮油箱润滑油蒸气对被抽真空容器的污染。外密封的两侧分别是齿轮油箱和泵外环境大气，通常没有明显的压力差，其作用主要是单向地阻止油箱中的润滑油和气体向外部大气侧泄漏。但有些泵型和特殊工艺采用低压力油箱技术方案，则后密封还要阻止环境大气向油箱内部的泄漏。正是由于 3 处密封的功能作用、密封对象与性能要求各不相同，所以同一台螺杆泵上的 3 处密封也常常是种类不同的。螺杆泵常用的动密封种类有迷宫密封、活塞环密封、气体密封、骨架唇式密封、机械密封以及它们的组合形式。

由于转子轴动密封的安装位置（特别是后密封）通常是在轴系支撑结构的最里侧，在维修更换时几乎要将螺杆泵的整套转子系拆卸下来，所以在螺杆泵设计制造过程中，除首先保证满足其密封功能之外，也应十分注重动密封件的可靠工作寿命，以求尽可能地延长使用时间，减少维修更换频次。

实际有效寿命最长的动密封应属无机械接触的迷宫式密封，包括简单的直通型或螺旋密封，但由于不能独立地实现零泄漏，所以多用在后密封位置处与其他密封形式组合，作为其前置密封使用。例如，配合保护气体充气密封。只要保护气体的充气压力高于排气压力，保护气体就通过迷宫密封流向泵内排气口，从而阻止被抽气体中的有害成分进入油箱一侧。干气密封与带保护气体的迷宫密封具有相似的密封原理和效果，耗气量更少，但结构更复杂，加工和装配精度也更高。无接触密封虽然有无机械磨损的优点，但由于要持续消耗保护气体，运行保障作业繁琐，所以并不十分受用户欢迎；另外，这一类充气密封不能用于纯粹作为输运泵的螺杆泵中，因为这类泵所排出的被抽气体通常不允许混入其他气体成分。

在接触式密封中，唇形密封即骨架油封较为常用，成对（背靠背或面对面）使用时采用单唇式，单只使用时采用双唇式。确定密封圈的材质时需要考虑被抽气体中是否含有与之相克的化学成分。唇形密封件的密封可靠性和磨损量均与其箍紧弹簧的抱紧力成正比，因此唇形密封件的可靠有效寿命不长，属于易损件。另外，唇形密封件对所接触金属轴的磨损也很明显，为保护转子轴不受磨损，通常在轴外设置具有高硬度外圆表面的密封套筒。

比骨架油封性能更佳的接触式密封是机械密封，在石油化工行业很受欢迎，对于正确安装、合理使用的机械密封，其可靠有效寿命是各种接触式密封中最长的。但机械密封在实际应用中故障率较高，动、静摩擦环不均匀磨损乃至破碎的现象时有发生，主要是由装配时尺寸精度不准发生摩擦环倾斜或偏心、弹簧压紧力调节不合适（过大或过小）或沿周向分布不均匀、冷却润滑油流量不足散热不够导致发热烧蚀等使用方法不合理造成的，较少是由机械密封元件材料性能差、尺寸误差大等因素造成的。

主动转子伸出轴的外密封，因为不与泵内真空通道直接连通，所以看似密封性能要求可以不严格。但对于被抽气体中含有有毒有害成分的输送用螺杆真空泵，存在着有毒有害成分首先穿过后密封进入齿轮油箱，然后穿过外密封泄漏到环境大气中的风险，因此不应小觑。近年来，螺杆泵设计有逐渐采用内置电机取缔外密封的趋势，彻底避免了泵内物质对周围环境的泄漏污染风险。

5.3.2 润滑系统

油润滑系统的基本功能是为机械同步齿轮的稳定运转提供润滑和散热保障，同时也兼顾支撑轴承以及机械密封的润滑和散热。

润滑油箱容积的大小和润滑油积蓄量的多少，视齿轮、轴承、密封件的机械摩擦发热量和油箱散热速率的大小而定，需保证长期运行中散热与发热达到平衡，油温在许用温度范围内。卧式泵中润滑油的静态上液面高度，通常以淹没同步齿轮一个齿牙为上限。在运转时部分润滑油被飞溅起来参与轴承等处润滑回路的循环，油箱中油液面下降，同步齿轮基本不搅动油液，主要依靠甩油盘扬起润滑油。因为油量过多运转中长期被同步齿轮搅动，会导致不必要的发热和功率消耗。

对于常规中小型卧式螺杆泵，通常只需要在螺杆泵排气端一侧设置油箱，为同步齿轮和轴承（多为双列轴承或两个单列轴承）提供润滑散热，而螺杆泵吸气端的轴承（多为一个单列轴承）则采用自带密封盖的脂润滑轴承。因为吸气端轴承通常是轻载运行，对润滑和冷却要求不高；而且吸气端轴承更容易拆卸、维护和更换，因此在出厂装配和现场维护时，轴承中也没必要填充过多的润滑脂，以免增大运行阻力和发热，出现适得其反的结果。对于大型卧式螺杆泵，鉴于螺杆转子的自重很大，吸气端轴承也处于重载运行状态；以及螺杆泵前端没有设置水冷通道、散热条件差的情况下，也可以在前端盖设置润滑油箱，在其中一个螺杆转子的轴端专门加装一个甩油盘，扬起的润滑油通过专门的润滑油路，供给轴承润滑与散热。

普通卧式螺杆泵通常采用非强制润滑的轴承供油回路，如图 5-16 所示，包括在一个同步齿轮上固定一个甩油盘，在轴承座上方开设一处平坦的集油槽，在集油槽对应轴承边缘的轴向位置处开两个油孔，分别与两个转子的轴承座孔相通。工作时，随转子轴高速旋转的甩油盘将油箱中的润滑油扬起；甩油盘上的部分油液直接流淌到同步齿轮上为其润滑和散热，然后在离心力作用下甩开；飞溅的油滴由油箱顶面流淌下来，汇聚在集油槽内，并在重力作用下通过油孔自动流进两个轴承座孔内，为轴承润滑和散热，然后从轴承下部轴向横跨轴承流出，重新流回油箱；润滑油通过油箱壁面散热后，重复参与润滑油液的上述循环。

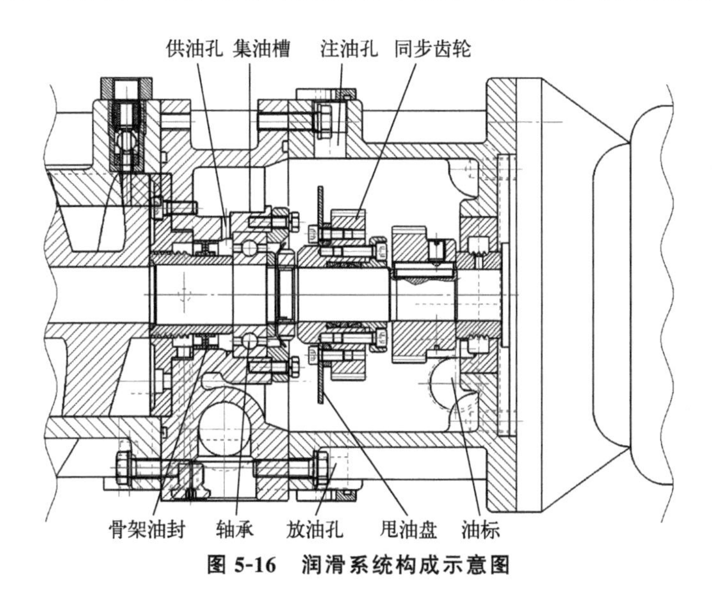

图 5-16　润滑系统构成示意图

立式螺杆泵如果采用机械同步齿轮传动，由于同步齿轮的旋转轴是竖直的，无法利用甩油盘扬起油箱底部的润滑油，所以就需要采用强制供油系统。

最简单的强制供油方法就是利用转子轴的旋转运动作为驱动力，直接在转子轴上加工出供油泵结构[11]。如图 5-17(a) 所示的螺旋槽供油泵，直接在转子轴中心加工出一个圆孔油路通道，深度直达最高位需要润滑的上轴承处；在上轴承上方加工出横穿转轴的出油口，与中心油孔相通；在转轴最下端配装一个带有多头外螺纹槽的螺旋头，与螺旋槽油泵外壳形成小间隙配合，并全部浸没在润滑油中。当转轴高速旋转时，螺旋头的齿牙会从上方油池中吸入润滑油，推动螺旋槽中的油向下流动，因而在螺旋槽油泵下底面处产生较高的油压，继而推动润滑油进入转轴的中心油孔并向上流动，直至到达最高处的出油口流出，为下方的轴承和同步齿轮提供润滑与散热作用，最终润滑油又自然流回油箱。在螺旋头的进油口处加工一个锥形扩口，有利于润滑油更顺畅地进入。结构更为简单的倒锥形供油泵，如图 5-17(b) 所示，取消了螺旋槽供油泵的螺旋头和外壳，仅仅是在带有深孔油通道（要求孔径略大）的转轴最下端，加设一段倒锥形入口通道，并浸没在润滑油池中，静止状态下润滑油进入锥形入口通道中与外面油池高度平齐。当转轴高速旋转时，倒锥形通道内的润滑油被带动旋转，并因离心力作用压向锥形表面；锥形表面的反作用力产生一个竖直向上的分量，会推动油液紧贴油孔通道内壁向上爬行，形成一个中间空洞、高速旋转的贴壁油层向上流动，直到上升至最高处从出油口流出，去润滑轴承和齿轮。倒锥形供油泵要求转子轴高速旋转，转速越快油液的提升高度和供油量越大。

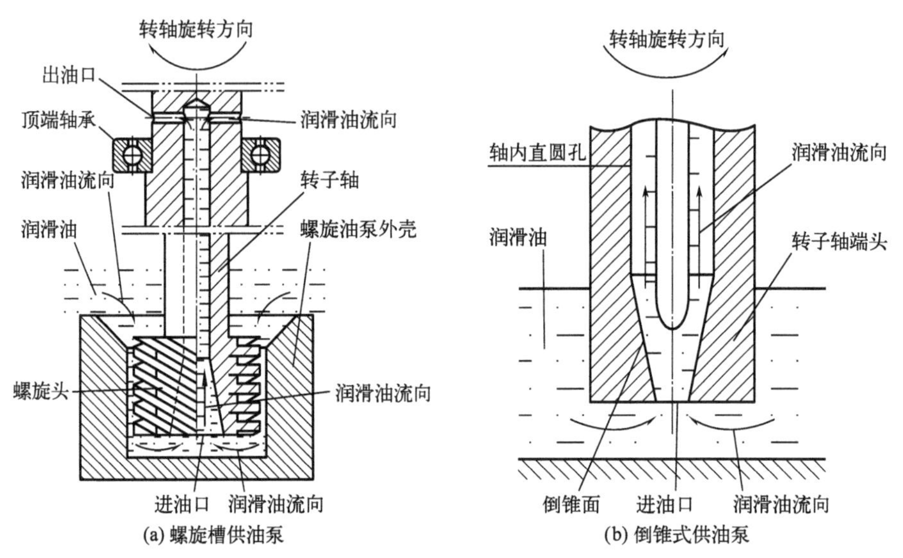

(a) 螺旋槽供油泵 (b) 倒锥式供油泵

图 5-17　立式泵转子轴端供油泵原理示意图

更可靠有效的强制供油方法是使用专门的油泵供油，适用于大型螺杆真空泵。例如用螺杆转子轴经过必要的减速装置驱动齿轮油泵，或者用自带电机的外置式齿轮油泵，通过输油管路将油直接送达需要润滑散热的部位。图 5-4 所示的立式螺杆泵，即是利用油泵将润滑油泵送至齿轮箱下部的封闭油池中，再进入端部伸入油池的转子轴中的油孔通道中，上升至上部轴承处从出油口流出。此外，强制供油润滑系统还可以用于强化冷却功能，如图 5-7 所示的卧式悬臂转子螺杆泵，即是采用外置式油泵，从齿轮箱中吸入润滑油，将油液先送入风冷式换热器进行散热降温。该泵的悬臂式转轴为中空套管结构，润滑冷却油从转轴后端中心孔泵入中心管内，沿中心导管流到转轴前端，直至转轴前端折回进入转轴内壁与中心管外壁之间的环形通道中，与悬臂转轴换热，从而对套装在悬臂转轴上的转子体起到一定降温作用；再经环形流道返回至转轴中部，分别从前端轴承和同步齿轮处的径向出油口喷射流出，对其润滑与冷却，最终流回齿轮油箱。

此外，在齿轮箱底部靠近润滑油循环流动主回路的区域，可以安置一块或多块永磁铁，当齿轮、轴承、密封件等固体接触部件因摩擦磨损产生金属粉末固体颗粒并被润滑油携带流动时，可以依靠磁性吸附力将其截留下来并聚集在磁铁上，避免其对泵造成进一步磨损破坏。

5.4 螺杆泵的冷却系统

螺杆泵抽气过程中，螺杆转子对被抽气体施以压缩功和排气功，这些功耗大部分转化为气体的热量，并传导给泵体、转子和其他所属附件。为保障螺杆泵正常运转，不因受热温升而产生故障，螺杆泵需要完善的冷却系统和温度控制技术。

螺杆泵的热量来源，除了齿轮、轴承和密封件产生的少量机械摩擦发热之外，主要热量来自被抽气体的压缩发热和摩擦发热，其中压缩发热包括产生于转子压缩段的内压缩发热和产生于转子排气腔的外压缩发热，后者为主要部分。螺杆泵冷却系统的热量衡算相对比较简单，全部热量的来源可以都归结为电动机的功率消耗和被抽气体带来的内能，因此可以依据实测电机功率曲线和进排气体温度，确定不同工作时段或不同工艺参数下的总发热量。

螺杆泵所产生热量的去向分配在泵体对环境的散热、冷却系统散热和排出气体的内能三方面。很明显，冷却系统从被抽气体中吸收热量越多，排气温度和泵体温度就越低。从热量产生和温度分布位置来看，绝大部分热量产生于转子排气端和压缩段，因此主泵体和螺杆转子在排气端面附近温度最高，从气体吸收的热量沿轴向朝吸气端方向传递，温度逐渐变低；带有排气通道和齿轮箱的后泵体，接受来自高温排气和齿轮传动产生的热量，温度也很高；与之相连的排气管也被加热。

因此，螺杆真空泵整机的冷却系统，重点设置在主泵体的后半部和后泵体之上。主泵体通常采用水冷套或水冷流道结构，在周向上将 8 字形泵腔全部环绕包围。部分型号的螺杆泵，水冷套可以只覆盖主泵体后端 2/3 部分，对应吸气口附近的主泵体前端 1/3 左右，则是在泵体外表面铸造散热肋板（参见图 5-1）；而另一些螺杆泵，则是主泵体全部轴向长度均被水冷套覆盖，甚至将水冷回路延伸至前泵体，用于冷却前端轴承和密封组件以避免其发热。后泵体的冷却回路往往比较复杂，重点是对排气通道、密封组件、后端轴承和齿轮油箱进行多方位冷却散热。对于使用内置电机的螺杆泵，有时还需要为电机定子罩设置冷却回路。

普通螺杆真空泵中的螺杆转子排气段，由于直接接触高温气体又缺少散热渠道，通常是螺杆泵整机中温度最高的部件，因此存在很多故障风险。如因热膨胀导致的转子与转子、转子与泵腔之间发生剐蹭甚至卡死，因热膨胀量过大和热膨胀系数不一致引起的转子表面涂层撕裂脱落，被抽气体中的有机成分遇高温表面发生碳化、焦化进而黏附于转子之上，等等。为应对这一系列问题，近年来有趋势开始追求对螺杆转子直接进行内冷却方式的温度控制，即在转子轴甚至转子体内部设置冷却剂通道，对其进行直接冷却。较为简单的是转子轴冷却，将螺杆转子轴做成空心轴，并在其中间插入一个空心管形成双层套筒式流道结构；将换热介质从空心管后端注入，从空心管前端流出进入空心管外层环形截面流道，与空心转子轴换热后再返回轴后端排出。如图 5-7 所示的卧式悬臂转子螺杆泵，就是利用风冷式强制润滑系统对其空心悬臂转子轴进行冷却降温的。

一种更为复杂的内冷却空心转子螺杆泵，在转子轴和转子体内部均设置了冷却水通道，并与泵体的冷却水通道串联起来。冷却水从泵体前端进入泵体水路，依次流过并冷却泵体各部分后，再从转子轴后端进入转子体内腔冷却转子体，最后又返回转子轴后端排出，如图 5-18 所示[3]。

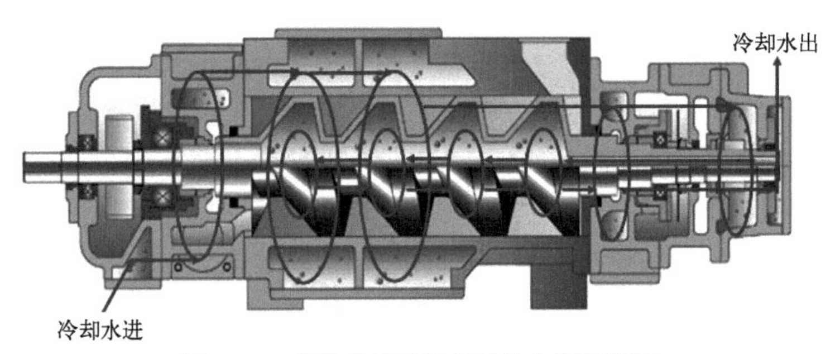

图 5-18　内冷却转子螺杆泵的水路流通图

内冷却转子在技术实现方面有很大难度，但带来的益处也是十分突出的。转子体表面的温度可控，不单单是增大了与气体间的换热面积从而强化了换热效果，最重要的是消除了转子体表面与泵体内腔表面之间的温度差异，使暴露在被抽气体中的所有表面达到了温度的一致性。因为在许多应用场合中，正是由于泵体内腔的冷表面与转子体的热表面之间存在很大的温度偏差，使得针对具体工艺环节的被抽气体，无法实现兼顾两个温度下的温度控制。螺杆转子体温度降低，可直接改善螺杆泵的工作性能，例如转子体表面的防腐涂层不会发生高温烧蚀、热疲劳脱落等常见失效现象，从而延长可靠使用寿命，保障抗腐蚀能力，适用于强腐蚀环境；被抽气体中含有有机物质成分时，不会因转子表面温度过高而发生裂解碳化和在体表沉积结垢；转子体与泵腔内壁间预留的热膨胀间隙可以更小一些，因此螺杆泵启动后达到极限真空度的时间也更短一些。

随着螺杆真空泵应用领域的不断扩展，对螺杆泵抽气过程的温度控制变得越来越重要。例如在医药、化工应用领域，被抽气体成分常常包含各种化学物料蒸气而非单一的普通永久气体，应用于该领域的螺杆泵，在设计、制造与运行过程中，主要关注点应放在气体在泵内的热力过程上而不单纯是常规的抽速和极限真空度指标。螺杆转子的螺旋展开方式，直接控制着被抽气体在泵内的体积和压力；而螺杆泵的冷却方式和能力，则直接影响着被抽气体的温度。因此，螺杆泵冷却系统的设计和温度控制水平十分重要。

对于应用于药化行业的螺杆真空泵，为了具有更宽泛的适应性，螺杆泵冷却系统的设计原则不再是简单的降温，而应是温度的可控性。温度控制对象除了轴承、密封等机械摩擦零部件外，主要是同时作为发热源的被抽气体。对泵内以及排出气体进行温度控制的目的，也不完全局限于通常意义上的降低温度，而是使其适应于工艺要求。例如作为输送泵传送某些可凝性蒸气时，将泵体内表面和转子体温度控制在排气压力所对应的蒸气饱和温度之上，就可有效避免蒸气在泵内发生凝结相变，最为常见的就是在干燥系统中大量抽除水蒸气的应用，俗称高温泵。这种泵的合理运行方式是，在泵启动初期不开通冷却系统，直至泵温升高超过露点温度后才接通冷却系统，维持泵内温度，并根据对泵温的监测随时调节冷却系统的换热强度。反之，如果被抽气体中含有易于发生裂解、碳化、焦化等化学成分的蒸气时，将泵体内腔和转子体的表面温度控制在引发此类化学反应的温度之下，就可以适当避免因黏附、积碳而产生内表面污染和转子卡滞等问题，此时就应该尽可能强化冷却系统的换热。

目前的大多数螺杆泵产品，与被抽气体发生换热的表面局限于带有水冷套的泵体 8 字形内腔表面。这种结构的螺杆泵，抽速越大，其单位质量（或体积）流量被抽气体所能分摊到的换热面积就越小，因此，抽速越大的泵，泵内被抽气体的温度就越难以控制，更需要强化冷却系统。从转子设计方面考虑强化气体换热，可以将螺杆转子的压缩段设计得尽量靠前，使气体温度尽早升高，就可以向前延长高温气体与泵体内壁表面的换热区域，从而获得好一些的换热效果。

强化冷却水与泵体之间换热的具体措施，首先是在冷却水流道上做文章。对于常规 8 字形水冷套结构，首要考虑合理设计每一个水冷区域的水路进出口位置，避免在水冷套中产生空气无法排出的气穴或形成流速缓慢、新水更替量少的死水区，可以通过设置折流板形成往复流道，减小流道横截面积提高冷却水流动速度，从而增大局部换热系数。也有的直接在泵体上铸造或加工出曲折路径的流道沟槽，在上面覆盖密封盖板形成冷却水流道，如图 5-19 所示。这种设计方案的优点包括：不用铸造水冷夹套，铸造成本更低而成品率更高；水流湍流度高，与泵体换热系数大，冷却水流量少换热量大；各路水道互通，设计灵活；便于拆卸清理维护，保持良好的换热效果。不足之处是泵体的 4 个直角区域较厚重，铸造时易产生收缩缺陷，且导热距离较长。

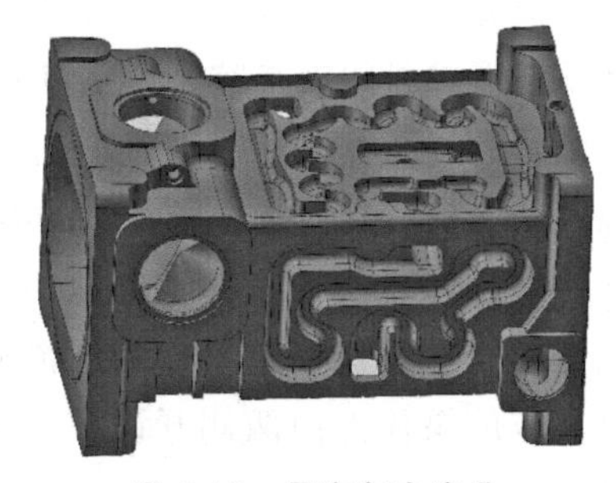

图 5-19　具有复杂弯曲冷却水流道的泵体

为避免螺杆真空泵冷却效果受工作现场冷却水供应条件（包括水压、水流量、入口水温、水质等）的影响，可以为单台螺杆泵设立独立自循环的冷却系统，例如利用风冷换热器对循环导热油散热降温，可以摆脱单纯依赖用户现场冷却水的局面，并具有更好的温度控制能力。对于需要强力冷却降温的工作场合，使用小型制冷系统直接对泵体降温也是可行的。还有些螺杆泵采用间冷式散热，在泵体的冷却通道内注入导热油或添加含防锈剂的纯净水作为一次导热介质，可以长期保持稳定的换热效果，再利用其他换热部件对一次导热介质进行冷却。而一些面向实验室和特殊环境应用的小型干式螺杆真空泵，则可以摆脱对冷却水的依赖，采用全风冷式设计。

5.5 螺杆泵的气路结构

螺杆泵的气路结构是指被抽气体在泵内流动所接触到的系统构件，包括进气口、泵腔流道、排气口、中间泄压阀与泄压通道、排气管与消声器以及与之直接相通的多个充气管路系统。

5.5.1 进气口与排气口

无论是立式泵还是卧式泵，螺杆真空泵泵体上开设的进气口，通常都是朝向正上方的，通过上接进气管路，可以连接其他朝向和位置的抽气管道，或者在机组中直接与上方罗茨泵排气口相连。螺杆泵进气口的通径尺寸，可以按照相同或相近规格的传统湿式真空泵的口径选择确定。

普通卧式真空泵的进气口通常开设在主泵体上，介于两个螺杆转子中间，因此与泵内螺杆转子的吸气段螺旋体直接相交，即从进气口可以直接看到两个螺杆转子体。这一结构形式的优点之一，是可以通过进气口直接观察检测两个转子的啮合间隙和表面污染状态。但两个螺杆转子相互啮合形成封闭吸气腔的条件是与进气口完全隔离，因此进气口最靠近排气侧的轴向位置之前，这一段螺杆转子体都没有形成封闭吸气腔，进气口使螺杆转子的有效压缩长度变短了。为弥补这一缺陷，一些泵体设计在进气口内铸造出一块前伸体，将进气口的结束位置向前推，从而延长后面螺杆转子体的有效工作长度，如图 5-20 所示；同时令前伸体依照螺杆转子螺旋线的走向从中线向两侧倾斜伸展，以便与转子齿顶面配合形成密封线。为保证进气口的气流通道面积不因前伸体的阻挡而变小，还在进气口前方的泵体上向两侧开设扩展进气槽，使气体可以顺利地流向两侧的转子吸气槽。

有些卧式泵的进气口开设在前泵体上（参见图 5-15），以及各种立式螺杆泵的进气口开设在上泵盖上（参见图 5-5 和图 5-6），均属于从螺杆转子体的端面吸入气体，进气口不占据螺杆转子体的轴向位置，转子体的全部长度都是有效压缩区段，因此这种结构的螺杆转子长度可以比被进气口占用的卧式泵转子短一些。

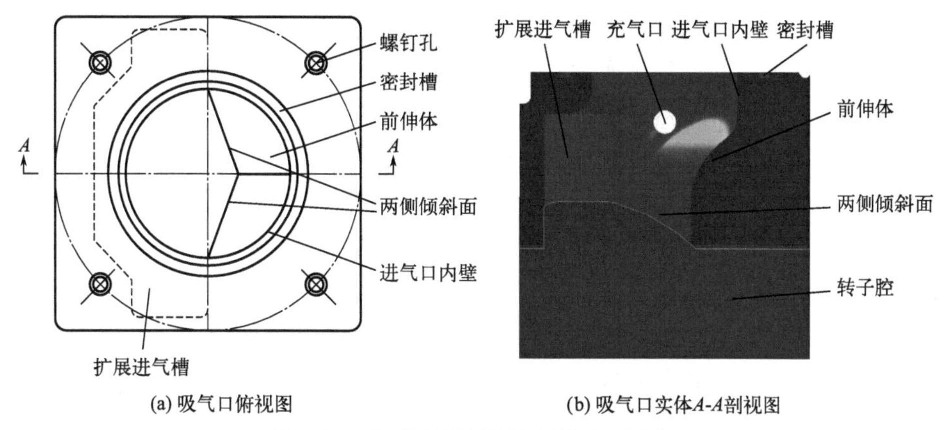

(a) 吸气口俯视图　　(b) 吸气口实体A-A剖视图

图 5-20　卧式泵吸气口改进结构示意图

螺杆泵排气口外接法兰的通径通常比进气口法兰通径小一个规格，排气口法兰位于泵体后部，朝向侧面或下面，其中朝向下面有利于泵内积尘积液的排出。

螺杆泵转子体排气端面正对的泵体内腔排气口，其形状和位置有两种不同设计理念。一种早期较为常见的螺杆泵内腔排气口，开设在后泵体排气端面上，位于从动转子排气端面的外侧下方，呈月牙形状，与采用渐开线端面型线的转子配合工作，其特征是：在螺杆转子每旋转一周的过程中，总有一段时间是转子体实体端面能将月牙形排气口完全盖住，故称为封闭式排气口，如图 5-21 所示。这种内腔排气口的设计理念是，当内腔排气口被转子端面完全遮挡时，既阻止了转子储气槽内气体的向外排出，又阻止了排气口外气体向泵腔内的反冲回流，从而将转子的排气过程分割为每转一转排气一次的间歇式排气，恰好与螺杆转子的分级吸气、输运和排气过程相匹配，可以将其称为压缩机式排气模式。这种希望排气口能够在某一瞬间完全封闭的结构，内腔排气口面积不宜过大，形状要与螺杆转子的端面型线相匹配，而且螺杆转子体排气端面与后泵体排气端面之间的轴向

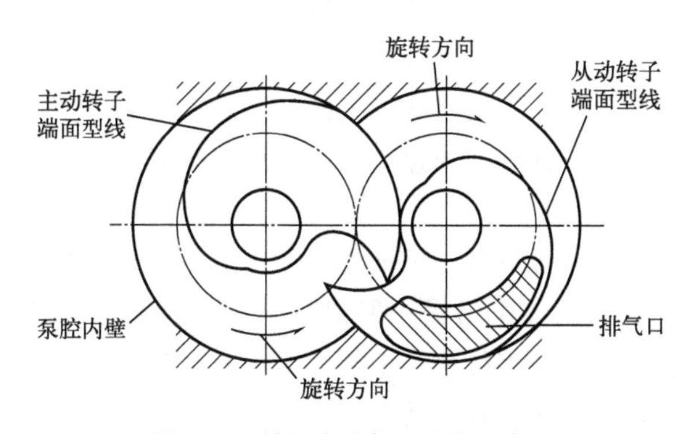

图 5-21　封闭式排气口结构示意图

间隙要求尽可能小，装配中通常严格控制，以减少气体的泄漏。封闭式排气口直接面对的是从动转子的储气腔，所以气体的反冲过程和排气过程以从动侧为主，主动转子储气槽中的气体是通过从动转子槽间接完成排气的。

与封闭式排气口截然相反，另一种排气口称为开放式排气口，其特点是螺杆转子体排气端面与后泵体排气端面之间留有很大空间，空间内充满与泵外排气压力相同的气体，因此主从两个螺杆转子的排气端面均长期面对着排气背压，同时进行气体的反冲过程和排气过程，故而螺杆转子的最后一级储气腔，返流十分严重，对泵的极限真空度和抽气效率有负面影响。螺杆转子体排气端面始终处于排气背压下的排气模式，可以称为通风机排气模式，为抵消气体返流严重的影响，螺杆转子通常以更高转速运行，既可以提高理论抽速弥补气体返流损失，又可以增强运动间隙对返流的阻力。开放式排气口的最大优点是特别有利于泵内固体粉尘颗粒和液体的排出，使螺杆泵对积尘积液的耐受能力大大提高，因此多用于恶劣工况的工作场合，在立式泵中尤其得到普遍采用。开放式排气口在泵内腔中的形状和位置没有限制，通常开设在后泵体排气端面的中央下部，也可以直接开设在中泵体两个转子排气端面后方的泵体下部，开放式排气口的面积可以很大。

5.5.2 中间泄压阀与泄压流道

由泵内气体热力过程的计算可知，通过加大螺杆转子的吸排气压缩比，在恒定抽速下减小转子的排气容积，可以大大降低螺杆泵的排气功耗，从而在长期低进气压力状态下取得明显的节能效果，因而内压缩螺杆泵很受青睐。

但是，对于吸排气压缩比取值很大的螺杆泵，存在有启动困难的问题。因为当进气口吸入的气体压力接近大气压力时，在气体被输送至排气端过程中，随着容积变小，气体压力会迅速升高，甚至达到数个大气压的程度。这时所需要的气体内压缩功耗就非常之大，如同空气压缩机一样，远远超出螺杆真空泵的正常电机功率。而且，泵内的气体压力远高于外界排气压力，气体会从排气口喷射而出，造成喘振。为避免电机过载，常用的技术手段是采用变频降速启动方式，通过降低转子转速、减少单位时间吸入的气体量来降低内压缩功耗，避免电动机过载。但这种做法的最大缺点是大大降低了螺杆泵启动初期的实际抽速，因此延长了工艺设备的预抽时间。此外，降速启动并不能缓解泵内气体的高压状态，仅仅是将喘振频率随转速降低下来。

为了同时达到启动阶段具有正常抽速和低压阶段排气功耗小的双重目标，可以在大压缩比螺杆泵的泵体上增设中间泄压阀和泄压流道，如图 5-22 所示[7]。对于等截面螺杆转子的卧式螺杆泵，中间泄压阀的阀孔位置可以开设在主泵体中轴线的正上方，轴向位置位于螺杆转子变螺距段的中后部，改变其前后轴向位置可以调节泄压阀的开启/关闭时间，从而限定气体在泵内的最高压力。泄压孔下端与泵腔连通的部分建议取为垂直于轴向的横槽形状，因为简单的圆孔有很大一部分时间会被转子的齿顶圆遮蔽挡住，影响泄压流动。泄压孔的上端出口加设单向阀，最简单的结构就是放置一个硬质橡胶球，与泄压孔上出口处的球形表面形成球面密封。泄压孔经过泄压流道与泵的排气通道相连通，由于泄压气流主要处于高气压大气量工作段，因此泄压流道的横截面积不宜过小。泵排气通道中的排气背压与橡胶球的自身重力，决定了泄压阀的开启/关闭压力。

图 5-22 带有中间泄压阀的内压缩螺杆真空泵

对于转子具有大压缩比并设置了中间泄压阀的螺杆泵，其螺杆转子从泄压阀处被分割为前、后两段，工作过程分别如下：在螺杆泵刚刚启动对工艺设备抽预真空阶段，接近大气压力的气体进入泵腔，经过前段转子（变螺距部分）后因齿槽容积变小受到压缩，齿槽内气体压力升高（开始阶段槽内压力可能高于泄压压力）；当齿槽容积与中间泄压孔接通时，高压气体推开泄压阀，大部分气体经泄压流道直接排往泵的排气通道；在泄压阀开启期间，泵腔内泄压阀位置处的气体压力始终保持在泄压阀排气压力状态，即略高于泵的排气背压，此时螺杆转子的后段，即由中间泄压阀至转子排气端面之间，前、后两端的气体压力几乎相同，均接近泵的排气背压；若转子后段仍有压缩效果，即转子齿槽容积进一步变小，转子从泄压阀位置处传输来的气体，会经过进一步压缩，使气体压力高于排气背压，然后在排气端面处释放，进入泵的排气通道。当泵进气压力下降，经过前段转子的压缩后仍低于泄压阀开启压力时，泄压阀自动关闭，不再对抽气过程产生影响，全部被抽气体均进入后段转子，经后段转子压缩后（初期槽内压力仍可能高于排气背压）输运至排气端面，进入排气通道。为了使在气体高压阶段前、后两段转子均不发生严重的过压缩现象，需结合转子的总压缩比，合理调配前后两段转子的压缩比，从而确定中间泄压阀的轴向位置。

5.5.3 充气系统

伴随着螺杆真空泵对工艺设备抽气过程的进行，同时又需要向泵腔内充入其他气体；或者是在结束对工艺设备抽气后，螺杆泵停机前继续向泵内充气，这是螺杆泵在某些工艺设备中十分常见的应用场景。向泵内充气的作用，包括有助于有效抽除特殊轻质气体的助抽功能，对气体中携带进入泵腔的杂质进行清除的清扫功能，阻止被抽气体混入齿轮油箱的密封功能，以及减少反冲气体、降低排气温度的冷却功能，等等。充气口在泵体上的位置包括进气口或进气管道上、转子两端转轴密封处以及距离螺杆转子排气端面 1～2 个导程的泵体侧壁上。

在泵体进气口处设置充气口通常是必备选项，泵体结构允许时，可以在泵体上开设，如图 5-20(b) 所示；泵体上没有合适位置时，就直接在进气口管道上设置充气接咀，充气口外加装真空截止阀。螺杆泵正常抽气工作时，通常截止阀关闭，只是在抽除特殊气体成分时向进气口充入气体，起到助抽作用。例如抽除的气体成分主要是氢气、氩气、氦气等轻质气体时，因其扩散系数大，泵内级间返流十分严重，螺杆泵的有效抽速和极限真空度都大为下降，此时可以在进气口适量充入氮气或干燥空气，混合后降低轻质气体成分的浓度和混合气体的总体扩散系数，从而减少气体返流，以气体携带方式提高对轻质气体的有效抽速，具有较好的助抽作用。再如抽除的气体成分主要是近饱和水蒸气等易凝结成分时，经泵内压缩后会凝结相变成液态水，无法直接排出泵外，此时在进气口充入氮气或干燥空气，可以降低水蒸气的浓度，防止压缩后水蒸气分压力达到饱和压力，以“气镇”的方式达到助抽效果。螺杆泵进气口的充气，最常用的作用是清扫功能，当被抽除的气体中含有固体粉尘颗粒或/和易黏附液体时，会有一些有害成分积存在泵内，如果不能及时清理，在停泵冷却后可能形成转子与泵壁的黏结，致使下一次泵启动时困难。因此，应对此种工艺场景的习惯做法是：在螺杆泵停止对工艺设备抽空后，首先关闭真空管道主阀但继续保持螺杆泵运转，通过进气管道充气口向泵内充入氮气或干燥空气，将泵内积存的有害成分清扫出泵外；泵内污染严重的情况下，还可以适量充入水蒸气甚至清洗剂对泵腔做彻底清洗，清洗泵腔内残留的工艺气体或表面黏附的黏稠物质，然后再用干燥气体将泵内吹扫干净后才停机，确保螺杆泵在下一工作周期能够正常启动。清洗吹扫对于抽除腐蚀、有毒或黏稠物，例如树脂介质时尤其重要。

螺杆泵的密封充气口不是必选项，通常在要求严格控制返油污染的半导体行业和被抽气体中含有腐蚀性成分的药化行业中被选用。密封充气口开设在两端泵体上，气路通向转子轴两端的内密封部位，常常与迷宫密封、螺旋密封或活塞环密封相配合使用。密封充气的作用是隔离泵体抽气腔与油箱，避免二者间有成分互通交换。例如在制备太阳能电池的镀膜设备中，泵腔内有大量粉尘，为阻止粉尘越过密封污染轴承和齿轮箱内润滑油，在螺杆泵工作过程中，始终向两端迷宫中充入恒定流量的氮气，在密封处形成气障，可有效阻止粉尘的扩散污染。在医药化工行业，也有与之完全相同的充气作业方式，作用是阻止腐蚀性气体对轴承、齿轮、润滑油的侵害。此外，有些螺杆泵的密封充气系统还兼顾了后端齿轮油箱和前端润滑油箱，通过在转子轴的端部加工中心孔、在迷宫密封位置处加工与之相通的径向孔，将油箱空间与密封外的泵腔相连通。在转子吸气端，通过该气路可以使前端油箱形成负压空间，消除了前端密封的两侧压力差，防止油蒸气向泵吸气口扩散。在转子排气端，使齿轮油箱内空间压力与泵排气背压接近，通过向油箱内充入气体，在转子轴后密封处形成气障，代替直接向密封处供气。如果启用密封充气，通常是在螺杆抽气全过程中始终开通，保持恒流量供气，因此带来气体消耗和运行成本，并要求现场长期保障气源供应。

在泵体靠近排气端处设置充气口向泵腔内充气，也是螺杆泵的常规备选项。在正常抽气的工作过程中，向即将与排气口连通的转子齿槽中充入常温干燥气体，提升转子排气腔中的气体压力，从而减少排气口外的高温气体向排气腔内反冲过程的气体交换量，可以避免高温气体被反复压缩温度不断升高，使泵内排出气体的温度有所降低，对泵体和转子起到冷却作用，因此被称为冷却充气。对于使用等螺距螺杆转子的外压缩式螺杆真空泵，冷却充气的降温效果尤为明显，可降低转子温度，避免转子因热膨胀而产生剐蹭卡滞，避免有机物质因高温而发生分解和焦化。由于冷却充气的目的是对抗排气口的反冲气体，因此泵腔充气口的轴向位置通常设置在螺杆转子靠近排气端面的最后一级螺旋导程之前，一般在第二级导程范围内，即在齿槽腔连通排气口之前完成冷却充气。并且要考虑到，开设在泵腔内壁的充气口，在螺杆转子旋转一周的时段内，有近 1/2 时间是被转子齿顶面遮挡住的，其轴向位置更需略靠前一些。对于有多级等螺距排气导程的三段式螺杆转子，冷却充气口的位置更可以前移至排气导程开始不久的轴向位置。冷却充气口通常开设在泵体侧壁之上，对于采用封闭式排气口（即压缩机排气模式）的等螺距转子螺杆泵，充气口通常设置在排气口的反侧（主动转子侧），这样抑制反冲过程的效果更好。对于开放式排气口（即通风机排气模式）的变螺距转子螺杆泵，充气口最好与两侧转子槽均相通。冷却充气的供气压力和供气流量通常不必严格控制，最简单易行的冷却供气系统就是在供气管上加装一个截止阀和一个空气过滤器。打开截止阀，通过自然吸入空气就可以实现冷却充气，但这样做的一个弊端是，当泵口吸入气体压力高时，泵内排气端的气体压力已经高于泵外环境大气压，泵内气体会通过充气口向外反吹产生噪声和环境污染。实际上，冷却充气应该是长时间工作在泵口吸入气体压力很低状态下时执行。此外，对于抽除有毒有害气体需要严格防止气体外泄、回收溶剂不允许掺杂外界气体等工艺场景，不能采用冷却充气作业。

一台螺杆真空泵或一套一体式罗茨-螺杆真空机组，其完整的供气系统组成可能包括总进气管、调压阀与压力表、过滤器、单向电磁阀、气体流量计以及流量调节阀、集气罐与分路器、各关键支路的气体流量计与流量调节阀、通向各个充气口的管路、逆止阀和截止阀等部件，依据工作场景的实际需求配置必要的充气支路。

5.5.4 螺杆泵的腐蚀防护

腐蚀损伤是造成螺杆真空泵结构和功能破坏的重要形式之一。尤其是在医药、化工行业，不同种类产品的不同生产工艺中，被抽气体内所含有的具有腐蚀性的介质多种多样，被腐蚀对象、腐蚀机制、腐蚀破坏形态、腐蚀强度和腐蚀速率各不相同，常常是应用于该领域的螺杆真空泵所面临的最主要的损伤机制。

螺杆泵受到腐蚀性破坏的后果通常很严重，包括从进气管道至排气管道的全部气体流道中的转子和泵体等主体金属构件，发生局部或全面的表面锈蚀、材质变性引发断裂破坏、材质流失导致构件尺寸变化等破坏现象；密封失效后腐蚀介质进入齿轮油箱，轴承齿轮等运动构件受到腐蚀导致机械运动故障，以及润滑油脂发生变性失效，等等。一个公开报道的典型腐蚀破坏案例是[12]：在环丁砜减压精馏生产工艺中，使用干式螺杆真空泵对精制塔抽真空，在塔内温度 160～180℃情况下维持压力在 2～5kPa 范围。被抽气体中含有空气、微量环丁砜、二氧化硫、水蒸气和阻聚剂，其中二氧化硫与水蒸气凝结水能够结合生成亚硫酸，对金属具有腐蚀作用。该螺杆泵中过流介质接触部件（螺杆转子和泵体）均采用铸铁材料制成，为防止腐蚀，转子和泵腔表面均涂了特氟龙涂层，理论上有机涂层可以抵御亚硫酸的腐蚀。但在阶段性生产累计总时间不足 80 天的运行后，发生机械故障被迫停机。检修中发现：转子和泵腔表面的特氟龙涂层已完全脱落，转子体和转子轴均有大面积锈蚀（见图 5-23）；尤其是进气口附近材质冲刷腐蚀流失严重，最大缺蚀处达 10mm；唇形密封圈已经磨损失效，轴承受到严重腐蚀（见图 5-24），导致转子无法转动形成机械故障。实际上，尽管该泵是作为防腐泵产品投入使用的，但已经因为腐蚀破坏而完全报废，无法维修。

图 5-23 锈蚀的转子体和转子轴

图 5-24 被腐蚀损坏的轴承

由此可见，防腐问题是螺杆泵产品生产中的一项关键技术。由于不同工作场合中被抽气体内含有的腐蚀性成分千差万别，螺杆泵应对腐蚀的有效防护措施也多种多样，不可能设想采用一种防腐手段就可以抵抗所有类型的腐蚀破坏，也不可能将一款“防腐泵”应用于所有具有腐蚀性介质的工艺场景。

涂层方法是早期流行的防腐措施之一。大部分工业用螺杆真空泵的转子和泵体，通常采用不同牌号的铸铁制造，而铸铁恰好是耐腐蚀性能较差的金属材料，早期的防腐措施之一是在螺杆转子和泵腔内壁上涂镀防腐涂层，涂层材质包括聚四氟乙烯类有机涂层、镍基底聚四氟乙烯涂层、铬合金涂层和哈氏合金（一种镍基耐腐蚀合金）涂层。这些涂层本身具有较好的防腐性能，但使用中时常存在易于脱落破损的问题，因而失去保护功能。一方面是由于涂层材料与基底材料的理化性质往往相差较大，二者间形成的膜层结合力不强。另一方面则是工作场景中存在引发膜层破坏的多种因素，如螺杆转子工作中温度变化最大，体积膨胀/收缩量最大，涂层材料与转子体材料的热膨胀系数不一致，便在二者间产生热应力，经热应力的反复多次冲击，转子体膜层会大面积脱落；当有被气流携带的微小硬质固体颗粒撞击、摩擦表面涂层时，以及吹扫清理黏附于转子体表面的黏结物时，会造成表面涂层的划伤；转子体本身存在尖边锐角或局部毛刺处，会成为表面涂层的薄弱点，极易出现涂层破损点；而表面涂层一旦有微小破损，使底层材料暴露于腐蚀介质之中，腐蚀效应就会发生并迅速向四周蔓延，使表面涂层的破损区域不断扩大。因此，使用带有防腐涂层的螺杆泵，需格外注意涂层的保护。

为解决防腐涂层易损坏、可靠寿命短的问题，一些企业尝试直接使用耐腐蚀材料制作泵体和转子，使用的材料包括不锈钢、钛合金、哈氏合金和经过阳极化处理的铝合金等，其耐腐蚀可靠寿命明显优于涂层防腐材料，但制造成本明显偏高。另外，图 5-15 所展示的螺杆泵，使用一种特殊的高强度塑料作为防腐材料，覆盖了全部气体流道。其中进气接口管、排气管、消声器等外围部件均由塑料注塑成型；螺杆转子中心为铝合金转轴，转子体齿型也是采用注塑方式粘合在转子轴上；前泵体、中泵体和后泵体的外壳为铸造铝合金，其中能够与被抽介质接触的流道部分，全部用塑料注塑而成，厚度达10mm，因此没有脱落风险。

对抗不同工作场景的各种腐蚀问题，不仅要从螺杆泵的材质方面入手，考虑选择可以耐受某些具体腐蚀性成分的涂层或体材；还可以从工艺操作方法的角度出发，抵抗腐蚀进程。以前面环丁砜减压精馏生产工艺为例，除了考虑采用能够抵抗亚硫酸腐蚀的哈氏合金材质加工螺杆转子和泵体之外，还可以采用密封充气形成气障阻止酸性溶液接触唇形密封和轴承；采用提高泵体温度的高温运行模式，避免水蒸气在泵内发生凝结形成液态水，从而阻止二氧化硫气体在泵内与水结合形成亚硫酸；以及在关闭系统主阀停止抽气后，继续保持泵的运转并从进气口向泵内充入氮气或干燥空气，对泵腔做吹扫清洗，驱除泵内残留的二氧化硫及其他有害气体成分。这些工艺措施，均有利于提高螺杆泵的耐腐蚀性能，延长其抗腐蚀的有效工作寿命。

参考文献

[1] 张世伟，孙坤，韩峰．螺杆真空泵设计的常见问题分析［J］. 真空，2021，58（1）：23-28.

[2] Edwards. Product Catalogue［Z］. 2012.

[3] 姜燮昌．螺杆真空泵的特点与应用［J］. 真空，2023，50（2）：1-7.

[4] Kriehn H. Screw vacuum pump with a coolant circuit：US 6758660B2［P］. 2004-07-06.

[5] 威海智德真空科技有限公司．一种立式干式螺杆真空泵：CN102410219A［P］. 2012-04-11.

[6] https：//www. leybold. cn/zh-cn/products/vacuum-pumps/industrial-dry-vacuum-pumps/screwline.

[7] https：//www. leybold. cn/zh-cn/products/vacuum-pumps/industrial-dry-vacuum-pumps/varodry.

[8] Li D T，He Z L，Sun S Z，et al. Dynamic characteristics modelling and analysis for dry screw vacuum pumps［J］. Vacuum. 2022，198：110868.

[9] Gmbh S I C，Dahmlos C，Rook D，et al. Vacuum pump：WO9701037A［P］. 1995-06-21.

[10] https：//www. vacuubrand. com/cn/vacuum-pumps/screw-pumps.

[11] 刘柳红．螺杆真空泵转子参数化设计及润滑系统开发［D］. 沈阳：东北大学，2008.

[12] 赵永祥，王永辉，张培丽．螺杆真空泵在环丁砜减压精馏工艺中的应用与选型建议［J］. 真空，2017，54（2）：22-24.

第6章 螺杆真空泵内气体流动与热力学过程分析

深入了解干式螺杆真空泵抽气过程的内在机制，掌握被抽气体在泵腔内输运过程的热力变化规律，对于正确设计螺杆泵的结构、优化其抽气性能指标以及合理使用螺杆真空泵，都具有重要的理论指导作用。本章介绍气体在泵内流动过程各个阶段的内在机制，计算其宏观热力学参数，解构气体返流泄漏间隙通道的结构和泄漏量，分析泵内气体的级间压力分布，并据此提出螺杆真空泵的正向设计新理念。

6.1 泵内气体输运过程的分解

螺杆真空泵中的主、从转子与主泵体内腔表面，通过相互啮合和间隙配合，在齿槽空间中构成了一个个相对封闭的独立储气腔，如图5-1所示。其中两个转子左右相邻的齿槽储气腔之间通常有较大的孔洞相通，可视作气体压力相同的同一储气腔；而同一转子前后相邻的齿槽储气腔之间则有连续啮合线分割，只有很小的间隙相通，被视作存在明显压力差的不同储气腔。伴随两个转子的同步反向转动，各级储气腔中的气体被连续地从吸气口移向排气口，完成一次完整的抽气过程。

详细分析一个储气腔内部的气体输运过程，可以分解为吸气、输运与压缩、反冲、排气四个阶段[1-3]，各阶段在泵腔内的位置参见图6-1，具体描述如下。

6.1.1 吸气过程

两个螺杆转子最前端的储气容积与螺杆泵进气口直接相连通，在螺杆转动、吸气齿槽向后移动的过程中，就相当于该储气容积不断地膨胀扩大，泵外的被抽气体在压力差作用下进入该储气容积，同时有少量气体从上一级储气容积返流泄漏回来；储气容积内的气体总量为吸入气体与返流气体之和，对于极限压力工况，储气腔气体则全部来自上一级储气容积向本腔的返流量。吸气阶段中该储气容积内的气体总量随时间呈线性增加，直至该储气容积与进气口完全隔离开，这

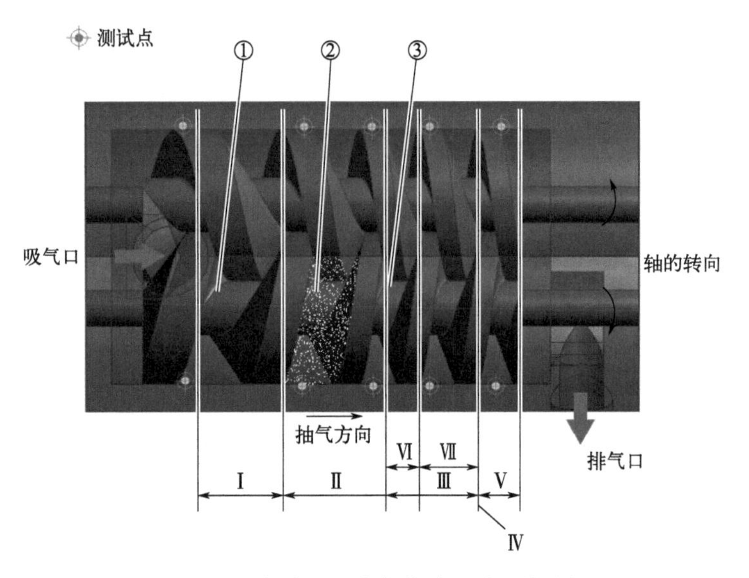

图 6-1　螺杆真空泵内气体输运过程的分解

Ⅰ—吸气过程；Ⅱ—压缩过程；Ⅲ—输运过程；Ⅳ—反冲过程；

Ⅴ—排气过程；Ⅵ—输运 a 过程；Ⅶ—输运 b 过程

①—下一级腔；②—研究对象；③—上一级腔

一级储气容积的吸气过程结束，而下一级储气容积的吸气过程随之开始。每一级储气容积的吸气过程用时等于螺杆转子旋转一周所需的时间。

6.1.2　输运与压缩过程

随着螺杆转子的继续转动，被隔离的储气容积连同其内部被吸入的气体继续向后移动，进行着由泵吸气口向泵排气口的气体输送过程。每一级储气容积的输运阶段从前端与泵吸气口隔离开始，至后端与泵排气口接通前为止，所占用的时间是最长的，其螺杆旋转周数等于由吸气口结束点到排气端面的螺杆螺旋导程数减去 1（不一定是整数）。

对于等螺距转子的螺杆泵，吸气齿槽的容积始终保持不变，因此，在此过程中，这部分被隔离的气体也没有受到压缩，腔内气体处于等容输运阶段，随着上一级储气腔向本级的返流泄漏和本级向下一级储气腔的返流泄漏持续进行，本级储气腔中的气体总量略有增加。

对变螺距转子的螺杆泵，当储气空间运行至螺杆转子的变螺距段时，储气腔容积逐渐变小，腔内气体处于压缩输运阶段，气体压力和温度均有对应提升，本级储气腔向下一级储气腔的返流泄漏要比等螺距转子的级间泄漏量大。对气体容积的压缩和压力的提升，需要消耗压缩功，称为内压缩功耗或简称为压缩功耗。

在整个被抽气体由低压侧向高压侧输运的过程中，一直存在着相邻储气腔之间的气体级间返流泄漏。每个容积腔都在持续接收着来自上一级腔向此腔的返流，同时此腔气体也向下一级腔泄漏。由于接收上一级的返流量始终大于排向下一级的返流量，所以二者的综合效果是使每个腔内气体质量持续增加，同时接收和排出的级间返流气体泄漏量也持续增长。

依据接收上一级气体返流量的不同，气体输运过程将分成两个阶段，第一阶段对应上一级储气腔与泵排气口相通前，此阶段上一级腔室向本腔的返流量较小；第二阶段为上一级腔与泵排气口相通后，上一级腔内气体压力骤增至排气压力，此时本腔与上一级腔压差突然变大，因此上一级腔室向本腔的返流量更大。

在输运阶段，每一级储气容积中都存在着高速旋转的螺杆转子与固定不动的泵体定子，对被抽气体造成剧烈的搅动与摩擦，以及被抽气体与具有较高温度的转子之间的热交换，会使被输送气体的温度有上升的趋势，但同时泵体水冷壁的冷却作用又会使被抽气体有降温的趋势。调整变螺距段在泵体内的位置，可以改变气体在输运过程中的散热状态。

6.1.3 反冲过程

储气腔与排气口相通的一瞬间为反冲过程，反冲过程中储气腔内气体压力快速提升至排气压力。由于在螺杆真空泵工作的大部分时间里，真空泵进气压力都很低，即使是经过大压缩比螺杆转子的压缩之后，转子储气腔内的气体压力也远远低于真空泵外的排气压力。所以当最后一级储气腔室与排气口相通时，泵体排气通道内的气体会迅速反冲进入最后储气腔，不仅使该储气腔内的气体总质量大增，同时携带进来气体的反冲压缩功，使气体温度骤增，直至该储气腔内的气体压力与泵外排气压力达到平衡，反冲阶段结束。

反冲过程发生后，最后一级储气腔相对于相邻下一级储气腔的返流泄漏量瞬间大增，使下一级储气腔（转子排气侧的第二级储气腔）进入输运过程的第二阶段。如果第二级储气腔处于等容输送状态而不是压缩输送状态，由最后一级储气腔反冲过程引起的返流激增就难以继续向上游蔓延，对更下一级储气腔的输运过程影响很小。这正是在螺杆转子排气段设置等螺距段的优势之一。

在螺杆真空泵启动初期进气压力接近排气压力阶段，变螺距螺杆泵内输送的气体有可能被“过压缩”，致使储气腔内的气体压力在未到达排气端面之前就已经超过排气压力。泵腔内的“过压缩”状态，会导致向进气端的气体级间返流泄漏更加严重，致使泵的实际抽速降低。当储气腔与排气口接通的瞬间，没有气体反冲现象发生，反而是泵内气体向外喷射而出，产生剧烈的气体动力学噪声。大压缩比的变螺距螺杆真空泵，储气腔内气体的“过压缩”状态十分严重，需要消耗巨大的压缩功，所以启动功率大增。为避免电动机过载，这种情况下常常采用变频降速运行方式，通过牺牲泵的抽速来降低启动功耗。等螺距转子螺杆泵不存在过压缩现象。开设中间泄压阀的变螺距转子螺杆泵，当储气腔中气体压力高于泄压阀开启压力时，部分气体会推开泄压阀通过泄压流道排出，而在泄压孔处始终维持泄压压力，作为后段转子的进气压力。

与吸气、输运和排气阶段所需时间相比，气体的反冲过程几乎是在瞬间完成的，正是由于压缩阶段所经历的时间很短，因此可以看作是储气腔经历了一个绝热充气过程。反冲阶段完成后，与排气孔相通的储气腔内的气体由两部分组成：一部分是由吸气端传输过来的原始被抽气体；另一部分是由排气口反冲回来的反冲气体。如果螺杆泵的排气口直接面向开放的大气环境，那么反冲气体成分主要由外部大气组成，其初始温度相对较低；如果排气口连接有相对较长的排气管道，那么反冲气体则主要是积累在排气管路中的前几周期所排出的气体，其初始温度相对较高。反冲气体进入螺杆转子与排气孔相通的储气空间的过程，相当于是外部气体对一个低压空间的膨胀充气过程，外部气体以恒压推动反冲气体所做的流动功，最终转化为混合气体的内能，使其温度剧增。反冲压缩阶段结束时，储气空间中的气体总质量大增，压力等于排气压力，温度为两部分气体的混合温度，其总的能、焓、熵也为两部分气体之和。

为了抑制反冲过程的温升和调控排气腔的气体成分，可以在泵体对应最后一级储气腔之前设置充气口，对即将进入反冲阶段的储气腔充入外界常温干燥空气或其他指定成分气体，提升储气腔内的气体压力，从而减少从排气口反冲过来的高温气体的总量，具有降温降噪的良好效果。

6.1.4 排气过程

实际上，从储气空间与排气口连通时开始，螺杆泵的排气过程即已同时开始。随着螺杆转子的恒速转动，两个转子最末一级啮合点持续后移，排气端面前的储气腔容积不断缩小，使得具有排气压力和排气温度的气体逐渐通过排气口排出。这个过程一直持续到末端啮合点到达排气端面，此时，储气空间的体积变为零，其内的气体通过排气口完全排出泵外。每一级储气容积排气过程的用时，等于从储气空间与排气口连通至储气空间容积为零的时间段，通常是螺杆转子旋转一周所需的时间。

在排气阶段中，储气空间的气体向下一级储气腔（转子排气侧的第二级储气腔）的返流泄漏一直很严重，但是储气空间通过排气口与排气通道连通，储气腔中气体的压力变化不大，可以作为等压过程处理，即相当于一个采用恒压活塞将气体推出泵外的过程。这一阶段中，螺杆转子对气体（包括原始被抽气体和反冲气体）做功最多，称为排气功耗或外压缩功耗，这些功最终转化为排出气体的动能（体现为速度）、内能（体现为温度）和放热量而消散于泵的冷却系统和排气环境空间中。

6.2 等螺距螺杆泵内气体输运过程的热力学计算

从热力学基本原理出发，对被抽气体在螺杆泵内所经历的热力过程进行机理分析和建模计算，这一工作有助于从热力学机制层面上认识和诠释螺杆泵抽气过程的内在本质，为螺杆泵的结构设计与性能分析提供基础性的理论支撑。本节选择热力过程最为简单的等螺距螺杆泵为对象，在忽略气体级间返流和对外换热的近似假设下，计算气体主要热力学参数在输运过程不同阶段的变化规律，演示螺杆泵热力学分析的基本步骤和方法。

6.2.1 假设条件与基本参数

本小节计算基于如下假设：

① 被抽气体为理想气体，遵从理想气体状态方程；

② 忽略被抽气体与泵腔壁和螺杆间的热交换，整个抽气过程视为绝热过程；

③ 忽略各储气容积间的级间泄漏，在输运过程中每一储气空间内的气体质量无变化；

④ 忽略螺杆转子对气体的搅动摩擦作用，不计摩擦热和摩擦功耗；

⑤ 吸、排气过程为稳恒过程，泵的吸、排气压力保持不变。

本节计算中定义变量符号如下：假设一螺杆真空泵采用等螺距螺杆转子，双转子的每一级储气空间容积为 V_0(m^3)，螺杆转子的有效工作长度（吸气口结束点到排气端面的距离）为 $N+1$ 倍的螺旋导程（N 为正数，但不一定是整数），转子旋转一周所需时间为 τ_0(s)，则螺杆泵的理论抽速为 S_t(m^3/s) $=V_0/\tau_0$。

以下标 0 表示入口气体参数，以下标 a 表示出口气体参数。在所研究的工作状态下，泵的入口气体压强为 p_0(Pa)，进气温度为 T_0(K)；排气口气体压强为 p_a(Pa)，温度为 T_a(K)；气体性质符合理想气体状态方程；气体的定容比热容和定压比热容分别设为 C_V[J/(kg·K)] 和 C_p[J/(kg·K)]，近似取为常数；气体的绝热指数为 $\kappa=C_p/C_V$；单位质量气体常数为 R_g [J/(kg·K)] $=C_p-C_V$；气体在压力 $p_S=101325$Pa 和 $T_S=273.15$K 温度下的标准比熵设为 s_S[J/(kg·K)]，实际上，计算中我们更关心的是过程中气体的熵变而不是其绝对值。

建模计算中，以自变量符号 t(s) 表示整个气体输运过程的总时间进程，$t\in[0,(N+2)\tau_0]$，即一级储气空间的一次完整排气过程，需要耗时 $(N+2)\tau_0$ 时间；以 t_i($i=1,2,3,4$) 分别表示 4 个排气阶段各自的时间进程，它们均以 0 时刻作为各自的起点。

6.2.2 吸气阶段（$t\in[0,\tau_0]$）

该阶段历时转子旋转一周，即 $t_1=t\in[0,\tau_0]$。在此期间，螺杆转子有效储气空间的容积随时间呈线性增长关系，扩散进入空间的气体质量也随之等比例增加，而气体扩散过程可看作是等温等压过程。因此，表征气体状态的热力学参数，所有广延量呈线性增长，所有强度量保持不变，随时间变化关系如下。

容积：

$$V(t_1)=\frac{V_0}{\tau_0}t_1 \tag{6-1}$$

总质量：

$$m(t_1)=\frac{p_0}{R_g T_0}V_0(t_1)=\frac{p_0 V_0}{R_g T_0 \tau_0}t_1 \tag{6-2}$$

总内能：

$$U(t_1)=C_V T_0 m(t_1)=\frac{C_V p_0 V_0}{R_g \tau_0}t_1 \tag{6-3}$$

总焓：

$$H(t_1)=C_p T_0 m(t_1)=\frac{C_p p_0 V_0}{R_g \tau_0}\times t_1 \tag{6-4}$$

总熵：

$$S(t_1)=m(t_1)s_0=\left[s_S+C_p\ln\frac{T_0}{T_S}-R_g\ln\frac{p_0}{p_S}\right]\times\frac{p_0 V_0 t_1}{R_g T_0 \tau_0} \tag{6-5}$$

压强：

$$p(t_1)=p_0 \tag{6-6}$$

温度：

$$T(t_1)=T_0 \tag{6-7}$$

6.2.3 输运阶段($t\in[\tau_0,(N+1)\tau_0]$)

该阶段历时转子旋转 N 周，即 $t_2=t-\tau_0\in[0,N\tau_0]$。在忽略级间漏气、气体热交换和摩擦生热等近似假设条件下，储气空间中的被抽气体在此阶段仅仅是完成了由吸气口到排气口的位置迁移，而其状态参数没有发生变化，始终保持吸气阶段结束时 $t_1=\tau_0$ 的取值，即

容积：

$$V(t_2)=V_0 \tag{6-8}$$

总质量：

$$m(t_2)=m_0=\frac{p_0 V_0}{R_g T_0} \tag{6-9}$$

总内能：

$$U(t_2)=U_0=C_V p_0 V_0/R_g \tag{6-10}$$

总焓：

$$H(t_2)=H_0=C_p p_0 V_0/R_g \tag{6-11}$$

总熵：

$$S(t_2)=S_0=s_0 m_0=\left[s_S+C_p \ln \frac{T_0}{T_S}-R_g \ln \frac{p_0}{p_S}\right]\times \frac{p_0 V_0}{R_g T_0} \tag{6-12}$$

压强：

$$p(t_2)=p_0 \tag{6-13}$$

温度：

$$T(t_2)=T_0 \tag{6-14}$$

6.2.4 反冲阶段($t=(N+1)\tau_0$)

如前所述，该阶段可以看作是在储气空间与排气口接通的瞬间完成的，因此不考虑其时间历程，只关注气体状态参数变化的初、终值，而将中间的反冲压缩过程看作一个准稳态过程。从便于理解和计算的目的出发，首先对原来处于排气口外的反冲气体（以下标 a 表示）作计算，然后再计算原始被抽气体与反冲气体混合后的混合气体（以下标 3 表示）的热力学参数。

已知排气口外气体压强为 p_a(Pa)，气体温度为 T_a(K)，假设最终实际进入储气空间的反冲气体质量为 m_a(kg)，则反冲气体在排气口外所占据的体积为

$$V_a=m_a R_g T_a/p_a \tag{6-15}$$

反冲气体所具有的内能为

$$U_a=C_V T_a m_a=C_V p_a V_a/R_g \tag{6-16}$$

反冲气体所具有的焓为

$$H_a=C_p T_a m_a=C_p p_a V_a/R_g \tag{6-17}$$

外部气体推动反冲气体进入储气空间所做的流动功为

$$W_a=p_a V_a=H_a-U_a=R_g m_a T_a \tag{6-18}$$

反冲气体所具有的熵为

$$S_a=s_a m_a=\left[s_S+C_p \ln \frac{T_a}{T_S}-R_g \ln \frac{p_a}{p_S}\right]\times m_a \tag{6-19}$$

反冲阶段结束时，储气空间内的气体总质量为

$$m_3=m_0+m_a \tag{6-20}$$

气体的总内能

$$U_3=U_0+U_a+W_a=U_0+H_a \tag{6-21}$$

气体温度为

$$T_3=\frac{U_3}{C_V m_3} \tag{6-22}$$

且满足理想气体状态方程

$$p_a V_0=R_g m_3 T_3 \tag{6-23}$$

联立求解上面各式，可求得：

$$m_a=\frac{V_0(p_a-p_0)}{R_g T_a \kappa} \tag{6-24}$$

总质量：

$$m_3=\frac{V_0(p_a-p_0)}{R_g T_a \kappa}+\frac{V_0 p_0}{R_g T_0} \tag{6-25}$$

总内能

$$U_3=C_V p_a V_0/R_g \tag{6-26}$$

温度：

$$T_3=\frac{p_a T_a T_0 k}{(p_a-p_0)T_0+p_0 T_a \kappa} \tag{6-27}$$

总焓：

$$H_3=C_p T_3 m_3=C_p p_a V_0/R_g \tag{6-28}$$

总熵：

$$S_3=m_3 s_3=m_3\left[s_S+C_p \ln\frac{T_3}{T_S}-R_g \ln\frac{p_a}{p_S}\right] \tag{6-29}$$

6.2.5 排气阶段($t\in[(N+1)\tau_0,(N+2)\tau_0]$)

该阶段历时大致为转子旋转一周，即 $t_4=t-(N+1)\tau_0\in[0,\tau_0]$。在此期间，螺杆转子储气空间的容积随时间呈线性减小关系，储气空间的气体被转子推出泵外，但气体热力学状态没有发生变化，整个排气过程相当于一个等温等压的气体输运过程；储气空间内的气体质量随时间线性减少，因此，表征气体状态的热力学参数，所有广延量呈线性减小，所有强度量保持不变，随时间变化关系如下。

容积：

$$V(t_4)=V_0\left(1-\frac{t_4}{\tau_0}\right) \tag{6-30}$$

总质量：

$$m(t_4)=\frac{p_a}{R_g T_3}\times V_0(t_4)=m_3\left(1-\frac{t_4}{\tau_0}\right) \tag{6-31}$$

总内能：

$$U(t_4)=U_3\left(1-\frac{t_4}{\tau_0}\right)=\frac{C_V p_a V_0}{R_g}\times\left(1-\frac{t_4}{\tau_0}\right) \tag{6-32}$$

总焓：

$$H(t_4)=H_3\left(1-\frac{t_4}{\tau_0}\right)=\frac{C_p p_a V_0}{R_g}\times\left(1-\frac{t_4}{\tau_0}\right) \tag{6-33}$$

总熵：

$$S(t_4)=S_3\times\left(1-\frac{t_4}{\tau_0}\right) \tag{6-34}$$

压强：

$$p(t_4)=p_a \tag{6-35}$$

温度：

$$T(t_4)=T_3 \tag{6-36}$$

6.2.6 排气功率与排气温度

如前分析，螺杆转子的排气过程相当于活塞将气体推出，螺杆转子需要对总质量为 m_3(kg) 的排出气体做推动功，其值为 W_4(J) $=p_a V_0$；同时，进入吸气端的被抽气体也对螺杆转子具有推动功作用，其值为 W_1(J) $=p_0 V_0$；考虑螺杆转子在转动一周过程中因气体摩擦和机械摩擦所消耗的摩擦功为 W_F(J)，则螺杆泵所消耗的排气功率为

$$P=(W_4-W_1+W_F)/\tau_0=(p_a-p_0)V_0/\tau_0+P_F \tag{6-37}$$

其中，摩擦功率 $P_F=W_F/\tau_0$。

从压缩阶段和排气阶段的计算结果可以看出，大多数热力学参数都与排气口外反冲气体的温度 T_a 直接有关，反冲气体温度 T_a 又受到螺杆泵排气管路结构的直接影响。实际工作中，可以通过实验测试得到 T_a(K) 的真实取值。在接下来的理论计算中，则对下面两种极端条件情况加以分析。

如果泵排气口直接暴露于大气中，则反冲气体的温度等于环境气体温度，例如取其值等于气体入口温度 $T_a=T_0$，此时泵的排气温度 T_3(K) 为最小值。

$$T_3=\frac{p_a T_0 \kappa}{p_a+p_0(\kappa-1)} \tag{6-38}$$

如果泵排气口外接有一段封闭的排气管路，泵排出的气体积存在管内并参与后面的反冲过程，则反冲气体的温度相对较高。假设排气管路内气体温度均匀，反冲气体与由排气管路出口排出的气体温度均为 T_a(K)，从连续抽气过程的能量守恒角度分析，在每一个排气周期中，入口气体所携带的总焓 H_0(J) 与螺杆

所消耗的功 $P\tau_0$(J) 之和，应等于整个泵在一个周期的散热量（包括水冷散热和对环境散热）Q(J) 与由排气管路出口排出气体所携带的总焓 $H_5=C_p m_0 T_a$(J) 之和，即有 $H_0+P\tau_0=Q+C_p m_0 T_a$，从而解出管路内反冲气体的温度为

$$T_a=T_0\times\left(1+\frac{P\tau_0-Q}{C_p p_0 V_0}R_g\right) \tag{6-39}$$

6.3 泵内气体热力学参数的变化规律

螺杆转子的螺旋展开方式，会直接影响到螺杆泵内被抽气体的热力性能变化规律。与 6.2 部分介绍的等螺距螺杆泵不同，对于变螺距螺杆真空泵，例如采用一段式、二段式或三段式螺旋展开方式的螺杆转子，气体容积的沿程变化规律各不相同，描述其中气体输运过程的热力学计算也更为复杂，需结合具体的螺旋展开方程进行计算。本书受篇幅所限，不再一一列出，具体算法和结论可参考相关文献。

为了充分比较不同螺旋展开方式的影响作用，本节以抽速相同、总螺旋转角相同的等螺距螺杆真空泵及 4 种变螺距螺杆真空泵为例，计算给出被抽气体的常规热力学量在泵腔内随螺旋转角的变化规律[2]。为简化计算，依旧忽略了泵内气体的级间返流泄漏和对外散热。为了便于比较，选取的 4 种变螺距螺杆真空泵，其压缩比相同。螺杆真空泵的结构参数与被抽气体的相关参数见表 6-1。

表 6-1 螺杆真空泵的结构参数与被抽气体的相关参数

分类	变量名称	符号与单位	数值
螺杆结构参数	吸气容积	V_0/m^3	0.0033
	转子转速	$n/(r/min)$	3000
	周期	τ_0/s	0.02
	理论抽速	$S_t=V_0/\tau_0/(m^3/s)$	0.165
	总螺旋转角	N/rad	12π
	变螺距转子压缩比	ε	2∶1
气体工艺参数	入口压强	p_0/Pa	20000
	入口温度	T_0/K	293
	排气压强	p_a/Pa	100000
	反冲气体温度	T_a/K	293

续表

分类	变量名称	符号与单位	数值
气体物性参数	单位质量气体常数	R_g/[J/(kg·K)]	288
	定容比热容	C_V/[J/(kg·K)]	720
	定压比热容	C_p/[J/(kg·K)]	1008
	标准比熵	s_S/[J/(kg·K)]	6700

在图 6-1～图 6-7 各图中，等螺距螺杆用“CLS”标注，一段式变螺距螺杆用“SGLS”标注，突变二段式变螺距螺杆用“DCLS”标注，渐变二段式变螺距螺杆用“DGLS”标注，三段式变螺距螺杆用“MGLS”标注。

6.3.1 被抽气体容积变化规律

在五种螺杆真空泵的抽气过程中，被抽气体的容积随转子螺旋转角变化的规律如图 6-2 所示。在吸气阶段，5 种类型转子的吸气容积呈线性或非线性增长，在吸气终了时各类转子的吸气容积均达到最大，且都为 0.0033m^3。在气体输运过程中，等螺距转子中的气体容积始终保持不变，转子对被抽气体无内压缩；变螺距转子中的气体容积发生了改变，转子对被抽气体存在内压缩，且一段式转子在整个输运过程中对气体都有内压缩，突变二段式转子只在两段等螺距连接处对气体有内压缩，渐变二段式及三段式转子在变螺距段与等螺距段连接处以及整个变螺距段对气体均有内压缩。由于各类变螺距转子的压缩比相同，4 种变螺距转子的排气容积相等，而等螺距转子的气体容积始终没有变化，所以要比 4 种变螺距转子的排气容积大。在排气过程中，5 种类型转子的排气容积呈线性或非线性减小，最终各类转子的气体体积都降为零，排气过程结束。

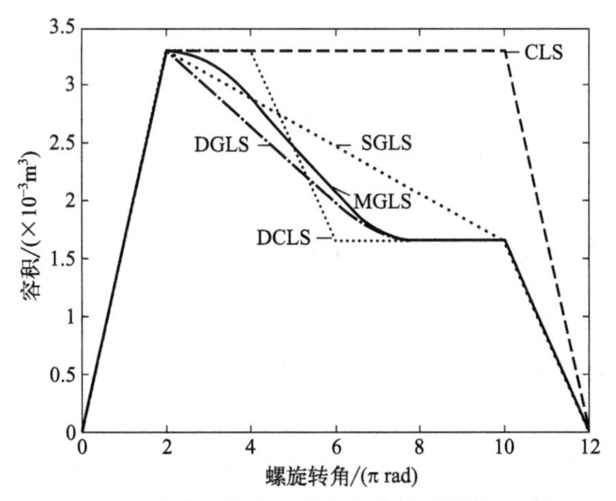

图 6-2 被抽气体体积随螺旋转角的变化规律

6.3.2 被抽气体压力变化规律

5种螺杆泵中被抽气体的压强变化规律如图6-3所示。在吸气过程中，泵入口处的吸气腔与真空室相通，故此时5种类型转子的压强都等于入口压强。在气体输运过程中，等螺距转子中的气体容积始终保持不变，转子对被抽气体无内压缩，在忽略返流泄漏前提下，气体压强依旧为入口压强；变螺距转子中的气体容积发生了改变，转子对被抽气体存在内压缩，且一段式转子在整个输运过程中对气体都有内压缩，在此过程中气体压强逐渐变大，突变二段式转子只在两段等螺距连接处对气体有内压缩，在此过程中气体压强逐渐变大，渐变二段式及三段式转子在变螺距段与等螺距段连接处以及整个变螺距段对气体均有内压缩，故气体压强在这些过程中依次增大。由于各类变螺距转子的压缩比相同，因此在输运过程终了，4种变螺距转子的被抽气体压强相等。在反冲过程中，排气腔与大气相通，气体压强瞬间达到排气压强，从图6-3中可以看出，等螺距转子在这一过程中压强变化大，所以会导致排气脉冲大，因此等螺距螺杆真空泵的喘振和噪声最大。在排气过程中，五种类型转子的排气腔都与大气相通，因此排气压强始终等于大气压强。

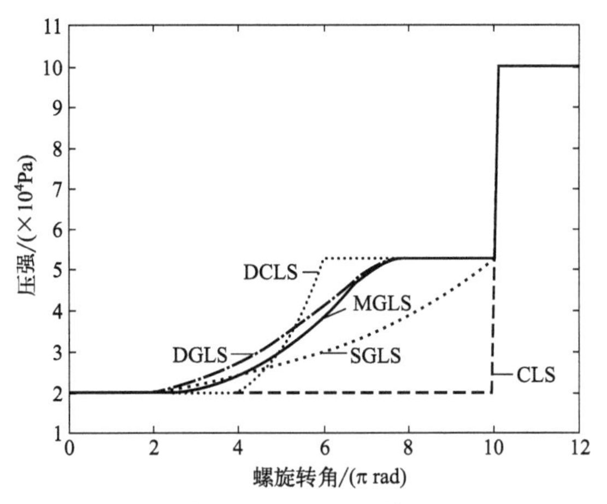

图6-3 被抽气体压强随螺旋转角变化规律

6.3.3 被抽气体温度变化规律

5种泵中被抽气体的温度变化规律如图6-4所示。在吸气过程中，泵入口处的吸气腔与真空室相通，由于是个等温等压过程，故此时5种类型转子中的气体温度都等于其入口温度。在输运过程中，等螺距转子中的气体容积始终保持不变，转子对被抽气体无内压缩，故气体温度依旧为入口温度；变螺距转子中的气体容积发生了改变，转子对被抽气体存在内压缩，且一段式转子在整个输运过程中对气体都有内压缩，突变二段式转子只在两段等螺距连接处对气体有内压缩，渐变二段式及三段式转子在变螺距段与等螺距段连接处以及整个变螺距段对气体均有内压缩，故在这些有内压缩的部分，气体温度会随之升高。由于各类变螺距转子的压缩比相同，因此在压缩输运过程终了时，4 种变螺距转子的被抽气体的温度相等。由于忽略了气体散热，将压缩过程视作绝热过程计算，因此计算温度比实际工作温度高。在反冲过程中，排气腔与大气相通，外界气体瞬间冲入排气腔，对气体进行外压缩，又使得气体温度进一步升高，从图 6-4 中可以看出，与变螺距螺杆真空泵相比，等螺距转子在这一过程中的温升更大。在排气过程中，由于是个等温等压过程，因此 5 种类型转子的排气温度各自保持不变。

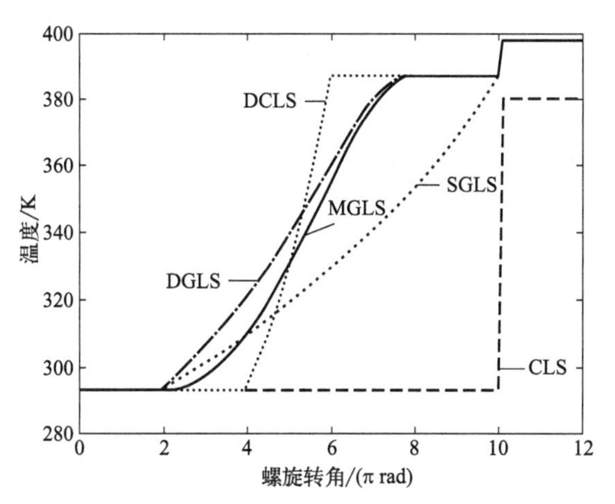

图 6-4　被抽气体温度随螺旋转角变化规律

6.3.4　被抽气体质量和总熵的变化规律

5 种泵的储气腔空间中被抽气体的质量变化规律如图 6-5 所示。在吸气过程中，由于 5 种类型转子的吸气容积呈线性或非线性增长，因此被抽气体的质量也相应增长，在吸气终了时，各类型转子的被抽气体质量均达到最大，且都为 0.0008kg。在气体输运过程中，等螺距转子中被抽气体是等容输运，变螺距转子被抽气体是绝热压缩，5 种类型转子的气体质量均没有变化。在反冲过程中，由于各类变螺距转子在输运过程终了时气体压强相等，且比等螺距转子的气体压强大，因此导致气体反冲的压强差就会比等螺距转子的压强差小很多，使得变螺距转子中的反冲气体量比等螺距转子的小很多，最终等螺距转子排气腔中的气体质量比变螺距转子排气腔中的大。在排气过程中，因为 5 种类型转子的排气容积呈线性或非线性减小，排气腔中的气体质量也随之减小，最终各类转子的气体质量都降为零，排气过程结束。

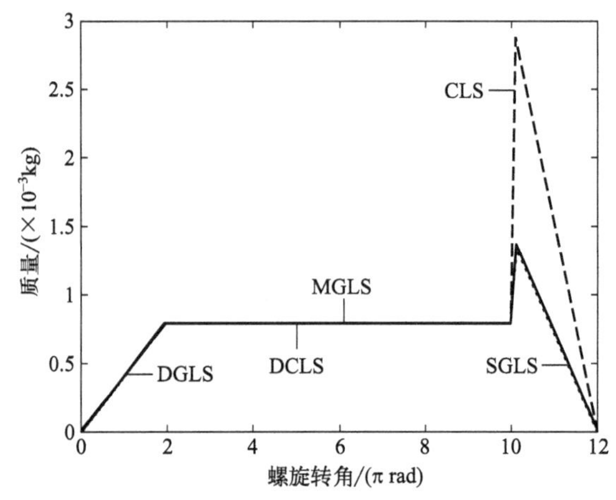

图 6-5　被抽气体质量随螺旋转角变化规律

因为气体的熵值是比熵与质量的乘积，因此被抽气体的总熵值由气体质量这个因素决定，所以其变化规律与质量变化规律相似，只是数值上有所不同，不再另行给出图示。

6.3.5　螺杆泵转子轴功率的变化规律

转子轴功率随螺旋转角的变化规律如图 6-6 所示。这里设定转子对气体做功的值为正，气体对转子做功的值为负。转子的轴功由两部分组成，分别是转子驱动气体所做的推动功和转子压缩气体所做的压缩功。从图 6-6 中可知，在吸气阶段中，泵外气体是在压力差作用下自动流入吸气腔的，对 5 种类型转子均有推动作用，属于气体对转子做功，因此轴功为负。在其他阶段，转子对气体有推动和

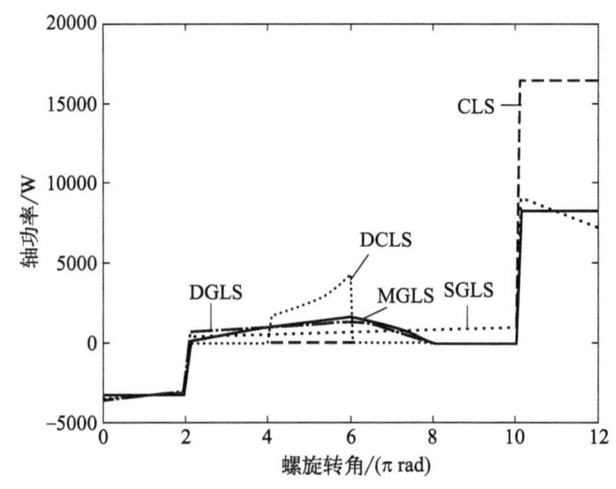

图 6-6　转子轴功率随螺旋转角变化规律

压缩作用，因此轴功为正。在忽略气体摩擦功耗的情况下，对等螺距转子而言，其对被抽气体所做的功均集中在排气过程。而变螺距转子在输运过程所做的功一部分对气体起压缩作用，另一部分又对气体起推动作用，所以转子在输运阶段对气体做的功等于两者的叠加。在排气阶段，因为变螺距转子排气腔中的气体质量比等螺距转子排气腔的气体质量少，所以变螺距转子对气体所做的功明显低于等螺距转子对气体所做的功。此外，图 6-6 中轴功率曲线与水平坐标轴围成的线下面积，即对应螺杆转子对气体所做的总功。压缩比相等的 4 种变螺距螺杆转子，各曲线所围成的面积近似相等，即其对气体做的总功相等。变螺距转子的功率曲线所围成的面积与等螺距转子相比小很多，说明变螺距转子要比等螺距转子对外输出的功耗小得多。

6.3.6 被抽气体的示功图和示热图

结合图 6-2 和图 6-3 中气体压力和容积的变化规律，可以画出被抽气体在整个泵内输运过程的压-容图（示功图），如图 6-7 所示。图中各个曲线与右侧纵向坐标轴所围成的面积，就是螺杆转子对被抽气体所做的有用功。从图中可以简单看出，由于各种变螺距转子的内压缩作用使气体容积减小了一部分，从而在排气阶段所消耗的功明显比等螺距转子少，起到节省功耗降低成本的作用。同时可以看出，四种变螺距螺杆转子的压缩比都是 2，所以它们的过程曲线和总功耗相同。

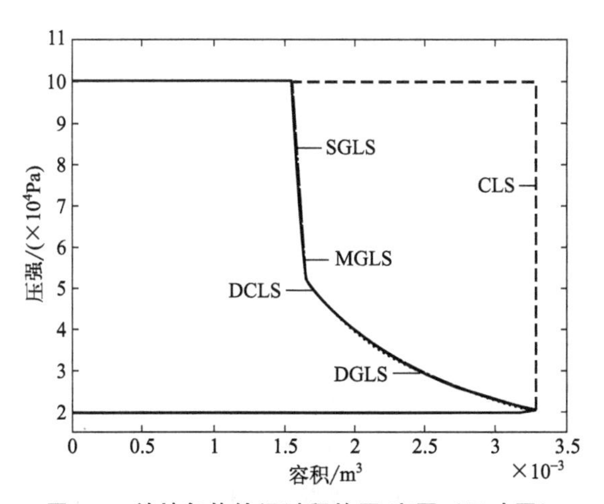

图 6-7 被抽气体输运过程的压-容图（示功图）

结合图 6-4 中气体温度和图 6-6 中气体总熵（未给出数据）的变化规律，可以画出被抽气体在整个泵内输运过程的温-熵图（示热图），如图 6-8 所示。图中各条曲线与纵轴所围成的面积就是被抽气体所携带的总热量。从图中可以看出，被抽气体在各种变螺距转子中所得到的热量明显比在等螺距转子中得到的小。尽管图中显示当气体到达泵排气口后，在变螺距螺杆真空泵的排气口处所测得的温度会比等螺距螺杆真空泵的排气口处的温度高，但是等螺距螺杆泵的气体总热量明显多于变螺距螺杆泵，这是因为等螺距螺杆泵最终排出的气体更多。

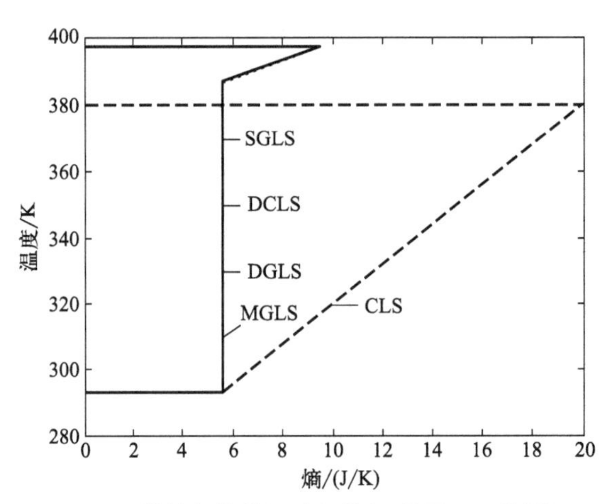

图 6-8　被抽气体输运过程的温-熵图（示热图）

另外，这里计算等螺距转子和各种变螺距转子的反冲过程时，反冲气体的温度均是按照最终排气平衡温度取值的。如果采取了冷却充气作业，反冲过程中向泵腔充入一部分常温气体，则最终的排气温度和气体的总热量均会降低。

6.3.7　螺杆泵的功率计算

为分析螺杆泵功率消耗的影响因素，以及更深刻理解变螺距螺杆真空泵采用不同压缩比时的差异，选择吸气容积同为 V_0，转子压缩比分别为 1、2、3 的三款螺杆泵，分析其内部气体输运过程的压-容图（示功图），如图 6-9 所示（该图纵坐标没有采用准确定量标尺刻度）。

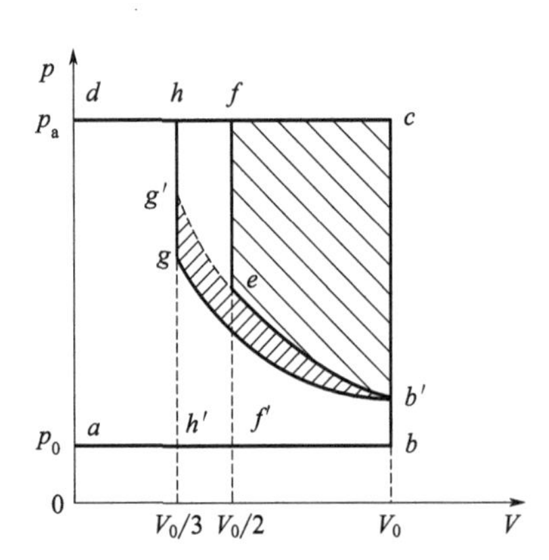

图 6-9　不同压缩比螺杆泵的示功图

转子容积压缩比 $\varepsilon=1$ 的等螺距螺杆泵中，被抽气体所经历的热力过程如图中 a-b-c-d 路线所示，其中 a-b 对应进气压力为 p_0 的吸气阶段；b-b' 为考虑气体级间返流泄漏引起储气腔压力升高的等容输运阶段；b'-c 是压力骤增的气体反冲阶段；c-d 是对应排气压力为 p_a 的排气过程。整个热力过程的转子功耗对应 a-b-c-d 线段所包围区域的面积，全部为排气功耗（外压缩功耗）。

压缩比 $\varepsilon=2$ 的变螺距螺杆泵，泵内气体所经历的热力过程对应路线 a-b-b'-

e-f-d，其中 a-b 和 b-b'阶段与等螺距转子相同；b'-e 则是变螺距段转子的内压缩引起了气体体积减小压力升高；此后是反冲阶段 e-f 和排气阶段 f-d。整个热力过程的转子功耗包括对应 f'-b-b'-e 线段所包围区域的内压缩功耗和对应 a-f'-e-f-d 线段所包围区域的排气功耗（外压缩功耗）。与等螺距螺杆泵相比，该变螺距螺杆泵排气容积减少一半，对应的排气功耗也减少一半，只是增加了压缩功耗，总体上节省了 b'-c-f-e 线段所包围阴影区域面积所对应的功耗。

更进一步，压缩比 $\varepsilon=3$ 的变螺距螺杆泵，泵内气体所经历的热力过程对应路线 a-b-b'-g-h-d。由于该变螺距螺杆泵的排气容积只有等螺距螺杆泵排气容积的 1/3，其排气功耗区域 a-h'-h-d 的面积也随之减少为原先的 1/3，即排气功耗降低为等螺距螺杆泵的 1/3。压缩比 $\varepsilon=3$ 的变螺距螺杆泵，内压缩功耗对应的区域为 h'-b-b'-g'所包围的面积，与 $\varepsilon=2$ 的变螺距螺杆泵相比，内压缩功耗要大一些，但总功耗更少。如果通过强化被抽气体在泵内的冷却散热，降低气体压缩过程的温升和压力增长速率，被抽气体所经历的内压缩过程为 b'-g 路线，而不是 b'-e-g'路线。由此看出，通过改善换热，节省了图中 g-b'-e-g'线段所包围阴影区域对应的压缩功耗。

总结上述规律可以得出，螺杆泵排气功率 P_P 为

$$P_P=(p_a-p_F)S_t/\varepsilon \tag{6-40}$$

式中 p_a——排气压强，Pa；

ε——吸排气容积压缩比；

S_t——螺杆泵的几何抽速，m^3/s；

p_F——反冲过程前储气腔内的气体压强，Pa，可以近似计算为 $p_F=p_0\varepsilon^n$，其中 p_0 为吸气压强，n 为泵内气体压缩过程的多变指数。

从式中看出，在排气压强 p_a 恒定条件下，吸气压强 p_0 越小，对应反冲过程前储气腔内的气体压强 p_F 也越小，则排气功率越大。对于变螺距螺杆泵，吸排气容积压缩比 ε 越大，在相同吸气压强 p_0 下的 p_F 就越大，则排气功率越小。若 p_F 大于/等于排气压强 p_a，则排气功率 P_P 等于零。

对于变螺距转子的螺杆真空泵，被抽气体在泵内所经历的压缩输运过程，可以看作是一个热力学的多变过程，在指定的几何容积压缩比 ε 下，气体的压缩功率可以近似计算为

$$P_Y=\frac{n}{n-1}(\varepsilon^{n-1}-1)p_0S_t \tag{6-41}$$

式中 n——气体热力过程的多变指数，依据气体压缩过程的换热条件，其值在气体绝热指数 κ 和 1 之间。

螺杆泵的总功率消耗 P_T 包括压缩功率 P_Y 和排气功率 P_P 两项对被抽气体施加的有效功，以及泵内气体摩擦和转子传动系的摩擦消耗的摩擦功率 P_M，因

此有

$$P_T = P_P + P_Y + P_M \tag{6-42}$$

6.4 泵内气体级间返流泄漏的计算

前面两节关于泵内气体输运过程的热力学分析，出于简化计算的目的，均是在忽略气体返流泄漏的近似假设下完成的，虽然能够定性地反映出泵内气体主要热力学参数在输运过程中的变化趋势，但尚不能定量地得到其准确数值。因为螺杆泵内的气体返流泄漏十分严重，尤其是在低压力区段，返流量所占抽气量的比例很大，将其忽略会带来很大的计算误差。

准确计算泵内气体的返流泄漏量，对于准确计算螺杆泵的极限真空度、不同入口压力下的实际抽气速率和抽气效率，都是十分重要和必要的，已有较多研究者就此开展研究[4,5]。然而，到目前为止，尚未有成熟的计算方法和准确的研究结论。为此，本节尝试介绍其中一种计算模型，其特点是在入口压力处于低压力区段下时气体返流量计算结果相对可靠，鉴于干式螺杆真空泵主要工作在低真空压力范围，所以气体的流动状态均可近似作为连续介质的黏滞流态处理。

6.4.1 螺杆泵内气体级间泄漏通道的构成

如前所述，螺杆泵转子的抽气方式是在齿槽空间中构成了一个接一个相对封闭的独立储气腔，随着转子的转动，每一个储气腔沿轴向向后顺序移动，将泵内气体由吸气端输送到排气端。转子齿槽之所以被分割成一个个相对独立的储气槽，是因为双螺杆转子在 8 字形泵腔中齿牙与齿槽的相互嵌合，将单一转子上连续的齿槽空间隔离成一段一段，从而形成了一级接一级的储气腔。两个转子的同一段储气槽之间通常具有较大的连接通道，气体交换较充分，压力近似相等，因此可以看作是同一级。同一转子前后相邻的储气槽段，被两个转子的啮合接触线所隔离，只有很小的间隙缝隙相通，气体压力相差较大，被视作不同的级。前后相邻级之间的气体在压力差的作用下，由排气侧向吸气侧流动，即形成返流泄漏。了解相邻储气槽之间的密封间隙——即返流泄漏通道的构成，是计算气体级间返流泄漏量的基础和前提。

级间密封性是体现螺杆转子型线优劣的重要指标之一，通常以接触线长度和泄漏三角形大小评估。尽管每一种端面型线在平面内都满足连续啮合条件，但在做螺旋展开后，其两个转子的齿形曲面与 8 字形泵腔内壁之间，会存在一些大的泄漏通道。以梯形齿螺杆转子为例，如图 6-10(a) 所示，主、从两个转子上由渐开线生成的斜齿面之间，在泵体中央平面处存在一个泄漏三角形；由单摆线生成的凹齿面之间，在其中一个方向上存在一个梭形通道。所幸的是，这两个泄漏通道所连通的是主、从螺杆转子的同一个齿槽空间，从而导致相连通的两侧齿槽空间中气体有充分的交换，气体压力近乎相同，成为同一级抽气腔。同时，在两个凹齿面相互啮合的另一个方向上，则形成一条连接齿顶和齿根的密封啮合线，将同一螺杆前后相邻的齿槽空间分割成不同级的抽气腔，从而形成螺杆转子逐级隔离的抽气模式。

梯形齿螺杆转子相邻两级齿槽空间，由连续的密封线分割成前后两级抽气腔。由于所有表面都留有运动间隙且没有液体密封介质，所以该密封线成为前后两级抽气腔之间的泄漏间隙通道，前级气体跨越密封线流向后级，形成返流泄漏。梯形齿螺杆转子两个相邻吸气容积Ⅰ与Ⅱ之间的级间返流通道由 4 部分组成，对应转子的四段啮合密封线，分别为齿顶面与泵腔内壁间构成的泄漏通道 L1、齿顶面与齿根面间构成的泄漏通道 L2、共轭凹齿面间构成的泄漏通道 L3 和两斜齿面间构成的泄漏通道 L4，如图 6-10(b) 所示。

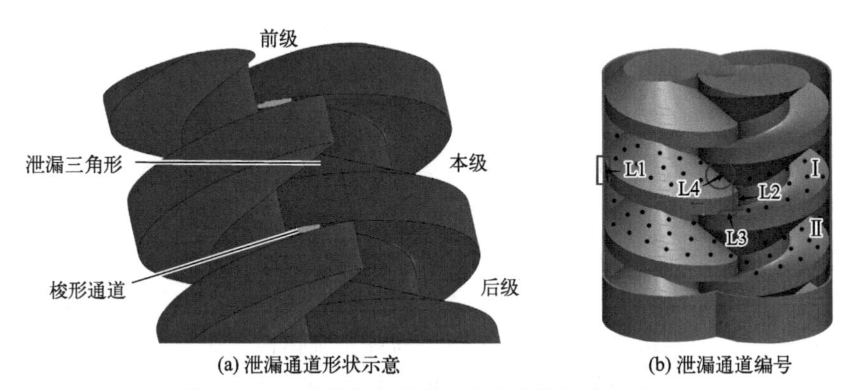

(a) 泄漏通道形状示意　　(b) 泄漏通道编号

图 6-10　梯形齿螺杆转子的级间泄漏通道示意图

下面分别分析 4 个泄漏通道的几何结构参数和返流泄漏量。

6.4.2　齿顶面狭缝间隙泄漏通道的计算

(1) 泄漏通道的几何参数计算

两个转子齿顶圆与 8 字形泵腔内壁之间构成的泄漏通道 L1，是螺杆转子的齿顶面与泵腔内壁表面之间的圆环状缝隙，其长度 L_1 为两段 C 形螺旋线的长度之和，由下式计算：

$$L_1=2\left(1-\frac{1}{\pi}\arccos\frac{e}{D}\right)\sqrt{\pi^2D^2-\lambda^2} \tag{6-43}$$

式中　e——螺杆转子中心距；

D——转子的齿顶圆直径；

λ——螺杆转子的导程。

泄漏通道 L1 的宽度为齿顶圆与泵腔内壁间的径向间隙 δ_1，长度和宽度的乘积为泄漏通道的横截面积。

$$A_1 = L_1 \delta_1 \tag{6-44}$$

由于齿顶前后两级间的气体泄漏是沿着横跨齿顶面的最短路径方向流动的，因此泄漏通道 L1 的深度为齿顶面的法向厚度，即

$$h_1 = \frac{\pi B D}{\sqrt{D^2 - (\lambda/\pi)^2}} \tag{6-45}$$

其中齿顶面的轴向宽度（俗称齿顶宽）B 为

$$B = \left(1 - \frac{\eta_e}{2\pi}\right)\lambda \tag{6-46}$$

式中　η_e——齿顶圆的起始角度或渐开线的终止相位角，由第 3 章中式(3-10)计算得出。

鉴于泄漏通道长度 L_1 和泄漏通道深度 h_1 都远大于泄漏通道宽度即齿顶间隙 δ_1，所以在做间隙内气体流动分析时，可以忽略其圆环形状的曲率偏差，将其展开，视作由两个平行平板组成的一个平面狭缝处理。

(2) 泄漏通道内的气体流动分析

考察齿顶圆间隙通道 L1 中的气体流动，可以发现，该通道内气体的流动过程是泊肃叶压力流和库特剪切流两部分流动的混合过程。其中，泊肃叶流动是由转子极齿两侧即前后级齿槽空间中气体压力差引起的，是级间返流泄漏的主要流量部分；库特流动是由高速旋转的齿顶面与静止泵体内腔表面之间的速度差引起的，由于螺旋齿顶面有倾斜的角度，所以库特剪切流动又可以分解为沿齿顶面切向和法向两个方向的流动分量。基于气体流动的叠加性原理，由库特流动产生的返流泄漏与由泊肃叶流动产生的返流泄漏可以分别独立计算，然后通过计算其代数和获得总的返流泄漏量。

(3) 库特剪切流动计算

首先分析由转子体转动引起的间隙通道内库特剪切流。以泵体腔内壁表面为静止参照系，观察转子齿顶面的运动，参见图 6-11(a)，当转子以转速 n(r/min)旋转时，齿顶面的周向旋转运动速度 v_R 等于齿顶面的圆周切向线速度，即

$$v_R = \frac{n}{60}\pi D \tag{6-47}$$

同时，转子齿顶面还在轴向方向上做平动移动，即转子每旋转一周向排气侧移动一个螺旋导程的距离，速度为

$$v_Z = \frac{n}{60}\lambda \tag{6-48}$$

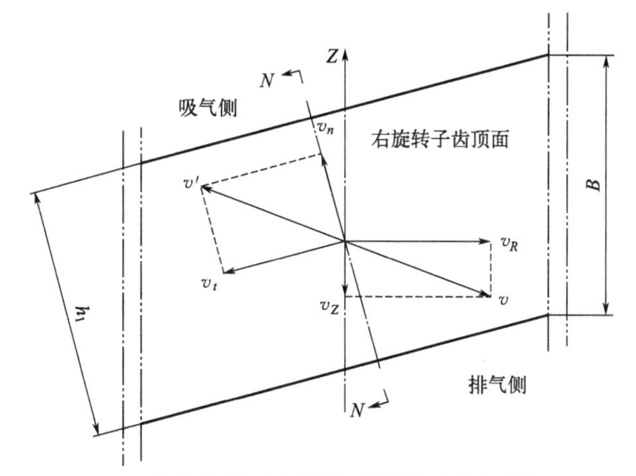

(a) 齿顶面与泵体内壁表面间的相对速度示意图

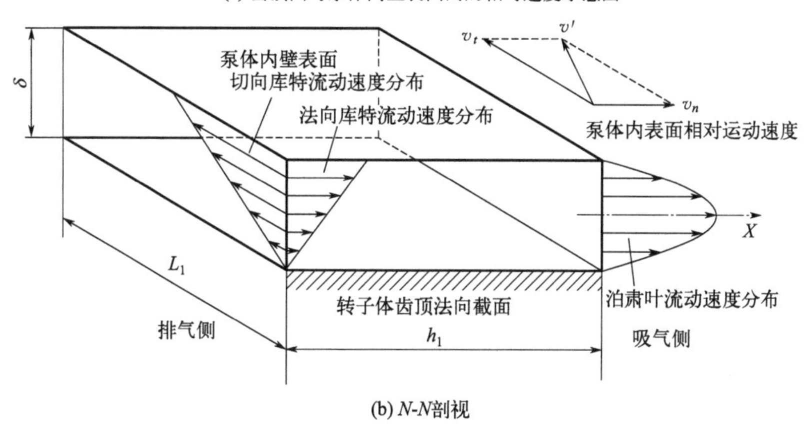

(b) N-N剖视

图 6-11　齿顶间隙通道中气体返流泄漏流动示意图

事实上，相对于泵体内壁，转子齿顶面的运动，是由这两部分运动的矢量合成，如图 6-11(a) 所示，其合成速度的方向偏向于排气侧，其合成速率的大小为

$$v=\frac{n}{60}\sqrt{\lambda^2+(\pi D)^2} \tag{6-49}$$

鉴于螺杆转子的齿槽空间是随着转子体做轴向迁移的，齿顶面间隙通道 L1 两侧的储气容积相对于转子极齿和齿顶面是不动的，因此分析间隙通道中的气体泄漏返流流动，应该以转子体为参考坐标系，即将转子体视作静止状态。而间隙通道内的库特剪切流，则是由泵体内表面相对于转子齿顶面的平移运动引起的。以转子中心轴为基准轴建立随转子转动的坐标系，如图 6-11(a) 中所示，泵壁内表面相对于转子体齿顶面的运动速度 v'，就是前述转子体齿顶面相对于泵壁内表面合成速度 v 的反向速度，v'与 v 大小相等方向相反，偏向于吸气侧。

按照对气体返流泄漏流动的影响作用，泵体内壁表面的相对运动速度 v'可以分解为相对于转子齿顶面的切向运动速度 v_t 和法向运动速度 v_n，参见图 6-11。

其中，法向速度 v_n 从排气侧指向吸气侧，形成一部分气体的返流泄漏；切向速度 v_t 沿着齿顶面方向，虽然速度值很大，但并不直接形成返流泄漏，只是会对因两侧压力差产生的泊肃叶流动造成一定阻碍作用，有利于减少气体返流。切向运动速度分量 v_t 和法向运动速度分量 v_n 的值分别为

$$v_t=\frac{n}{60}\times\frac{(\pi D)^2-\lambda^2}{\sqrt{\lambda^2+(\pi D)^2}} \tag{6-50}$$

$$v_n=\frac{\pi n}{30}\times\frac{\lambda D}{\sqrt{\lambda^2+(\pi D)^2}} \tag{6-51}$$

法向速度分量 v_n 所产生的气体返流体积流量 q_{VC} 为

$$q_{\mathrm{VC}}=\frac{1}{2}v_n\delta_1 L_1=\frac{\pi n}{60}\times\frac{\lambda D\delta_1 L_1}{\sqrt{\lambda^2+(\pi D)^2}} \tag{6-52}$$

近似设定库特流动返流气体的压力为其两侧储气槽气体压力的平均值，则其返流气体的质量流量为

$$q_{\mathrm{MC}}=q_{\mathrm{VC}}\bar{p}\ \frac{\mu}{RT_{i+1}}=\frac{\pi n}{60}\times\frac{\mu}{RT_{i+1}}\times\frac{\lambda D\delta_1 L_1}{\sqrt{\lambda^2+(\pi D)^2}}(p_i+p_{i+1}) \tag{6-53}$$

式中　p_i——齿顶间隙前方吸气侧的气体压力；

p_{i+1}——齿顶间隙后方排气侧的气体压力；

μ——气体的摩尔质量；

R——气体常数；

T——排气侧的气体温度。

库特流动返流气体所携带的总内能为

$$U_{\mathrm{C}}=C_V T_{i+1}q_{\mathrm{MC}}=\frac{\pi n}{60}\times\frac{\mu C_V}{R}\times\frac{\lambda D\delta_1 L_1}{\sqrt{\lambda^2+(\pi D)^2}}\times(p_i+p_{i+1}) \tag{6-54}$$

式中　C_V——气体的定容比热容。

(4) 泊肃叶流动计算

下面分析齿顶面间隙通道 L1 中气体返流泄漏的主体部分——由两侧气体压力差引起的泊肃叶流动。在扣除库特流动法向分量产生的返流泄漏之后，间隙通道 L1 可以简化为距离为 δ_1 的两个静止平行平板组成的缝隙。在两端压力差推动下，气体在间隙中的流动速度分布呈中心对称抛物线分布，如图 6-11(b) 所示。考虑气体的膨胀性，返流气体的流动速度越来越快，同时气体压力由排气侧压力 p_{i+1} 降低至吸气侧压力 p_i。由泊肃叶流动产生的返流气体质量流量为

$$q_{\mathrm{MP}}=\frac{\delta_1^3 L_1}{24h_1}\times\frac{\mu}{\eta RT_{i+1}}\times(p_{i+1}^2-p_i^2) \tag{6-55}$$

式中　η——气体的动力黏性系数，$N \cdot s/m^2$。

泊肃叶流动返流气体所携带的总内能为

$$U_P = C_V T_{i+1} q_{MP} = \frac{\delta_1^3 L_1}{24h_1} \times \frac{\mu C_V}{\eta R} \times (p_{i+1}^2 - p_i^2) \tag{6-56}$$

6.4.3　齿侧孔口间隙三个泄漏通道的计算

对于梯形齿螺杆转子，由两个螺杆转子相互啮合的空间接触线形成的气体返流泄漏通道包括：一个转子齿顶面与另一个转子齿根面构成的泄漏通道 L2、两个转子凹齿面间共轭啮合构成的泄漏通道 L3 和两个转子斜齿面间共轭啮合构成的泄漏通道 L4。它们具有的共同特点是，泄漏通道的横截面形状都是两侧宽大中间狭窄的拉瓦尔喷嘴形状，最窄处即为两个转子的接触线，泄漏通道的深度可视为零，气体通过这些通道的流动均属于喷射流动，可按照孔口喷嘴模型处理，所以在此统一分析计算。

(1) 泄漏通道的几何参数计算

由一个转子的齿顶圆面与另一个转子的齿根圆面构成的泄漏通道 L2，横截面形状是由两侧圆弧构成的拉瓦尔喷嘴形式狭缝，两侧圆弧的半径分别为转子的齿顶圆半径和齿根圆半径，如图 6-12 所示。L2 通道的长度等于螺杆转子齿顶面轴向宽度 B，L2 通道的宽度等于齿顶圆与齿根圆之间的运动间隙 δ_2，因此泄漏通道 L2 的喷嘴喉部面积为

$$A_2 = B\delta_2 \tag{6-57}$$

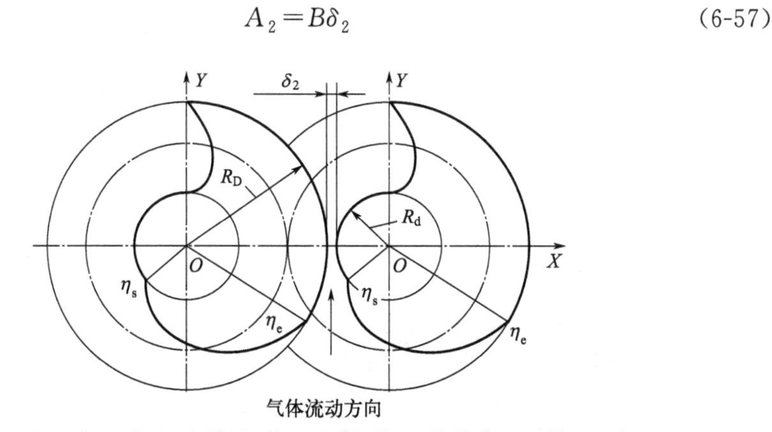

图 6-12　齿顶-齿根圆面间泄漏通道 L2 的横截面形状

由端面型线中的单摆线螺旋展开生成的凹齿面，是形成转子级间隔离的重要曲面。两个转子共轭凹齿面间构成的泄漏通道 L3，是由一个转子的齿顶圆楔形尖劈与另一个转子的凹齿面构成的尖口狭缝通道；从端面型线上也可近似看出其狭缝形状，如图 6-13 所示。泄漏通道 L3 的长度 L_3 等于两个转子互嵌部分的齿

顶圆长度的 1/2，可由下式计算。

$$L_3=\frac{1}{\pi}\arccos\frac{e}{D}\times\sqrt{(\pi D)^2+\lambda^2} \tag{6-58}$$

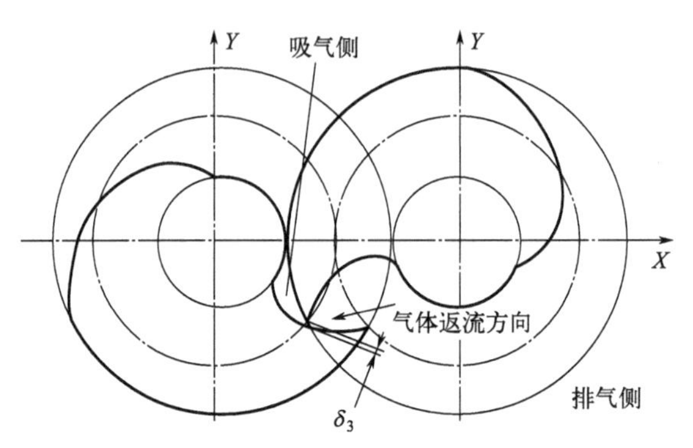

图 6-13　凹齿面间泄漏通道 L3 的横截面形状

泄漏通道 L3 的宽度等于两个凹齿面啮合的齿侧间隙 δ_3，因此，泄漏通道 L3 的喷嘴喉部面积为

$$A_3=L_3\delta_3=\delta_3\arccos\frac{e}{D}\times\sqrt{D^2-\left(\frac{\lambda}{\pi}\right)^2} \tag{6-59}$$

两个转子中由端面型线中的渐开线展开生成的斜齿面相互啮合，其接触线位于两个转子轴共同所在的平面内，构成的泄漏通道 L4 如图 6-14(a) 所示。沿渐开线螺旋曲面的法面剖开，可以看出 L4 泄漏通道的形状是由两段类似圆弧的曲线构成的拉瓦尔喷嘴狭缝；从端面型线上也可以近似看出其两侧宽中间窄的拉瓦尔喷嘴形状，如图 6-14(b) 所示。泄漏通道 L4 的长度等于梯形齿螺杆转子轴面型线中斜齿边的长度，为

$$L_4=\sqrt{\left(\frac{\eta_e-\eta_s}{2\pi}\lambda\right)^2+(R_D-R_d)^2} \tag{6-60}$$

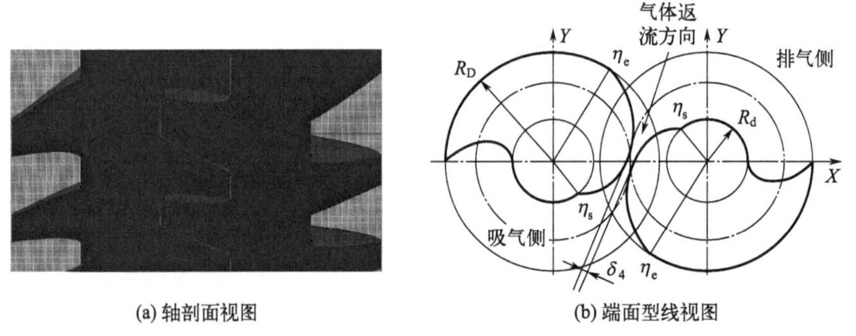

(a) 轴剖面视图　　(b) 端面型线视图

图 6-14　斜齿面间泄漏通道 L4 的剖面形状

式中的 η_s 和 η_e 由第 3 章中式(3-9)和式(3-10)计算给出。L4 通道的宽度等于两个斜齿面啮合的齿侧法向间隙 δ_4，泄漏通道 L4 的喷嘴喉部最小面积为

$$A_4=L_4\delta_4=\delta_4\sqrt{\left(\frac{\eta_e-\eta_s}{2\pi}\lambda\right)^2+(R_D-R_d)^2} \tag{6-61}$$

（2）泄漏通道的气体返流流量计算

螺杆转子中上述 3 处气体级间返流泄漏通道，其形状均类似于拉瓦尔喷嘴结构，排气侧储气腔中的气体通过 3 处泄漏通道向吸气侧储气腔的返流泄漏过程，在进排气口之间气体压力差较大情况下属于喷射流动，可以按照气体流过孔口的流动过程计算。首先，返流流量正比于孔口面积，这里是 3 个泄漏通道的喉部面积之和；其次，气体返流流量取决于狭缝通道两侧的气体压力比。

对于前后相邻两级齿槽储气槽，若吸气侧齿槽的气体压力 p_i 与排气侧齿槽的气体压力 p_{i+1} 之比大于临界压力比 x_C 时，即

$$x=\frac{p_i}{p_{i+1}}>x_C=\left(\frac{2}{\kappa+1}\right)^{\frac{\kappa}{\kappa-1}} \tag{6-62}$$

气体通过 3 个泄漏通道产生的返流气体质量流量为

$$q_{MH}=p_{i+1}x^{\frac{1}{\kappa}}\times\sqrt{\frac{\mu}{RT_{i+1}}}\times\sqrt{\frac{2\kappa}{\kappa-1}}\times\sqrt{1-x^{\frac{\kappa-1}{\kappa}}}\times(A_2+A_3+A_4) \tag{6-63}$$

式中　κ——气体的绝热指数；

x_C——临界压力比。

对于常温空气，$\kappa=1.4$，$x_C=0.528$。

当吸气侧齿槽的气体压力 p_i 与排气侧齿槽的气体压力 p_{i+1} 之比等于或小于临界压力比 x_C 时，气体通过孔口的流动进入壅塞状态，p_i 进一步降低或 p_{i+1} 进一步升高都没有影响，返流流量达到最大值不再增加，为

$$q_{MHmax}=p_{i+1}\sqrt{\frac{\mu}{RT_{i+1}}}\times\left(\frac{\kappa+1}{2}\right)^{\frac{\kappa+1}{2(\kappa-1)}}\times(A_2+A_3+A_4) \tag{6-64}$$

气体通过 3 个泄漏通道产生的喷射返流气体所携带的总内能为

$$U_H=\begin{cases}C_VT_{i+1}q_{MH} & x>x_C\\ C_VT_{i+1}q_{MHmax} & x\leqslant x_C\end{cases} \tag{6-65}$$

6.4.4 级间返流泄漏量计算小结

螺杆转子相邻两级储气容积之间的气体返流泄漏通道，包括转子齿顶面与泵腔内壁表面间的 8 字形环状狭缝间隙和两转子体齿形面间的 3 处孔口状齿侧间隙。汇总前面计算公式，相邻两级储气容积间，由靠近排气端的第 $i+1$ 级储气容积向靠近吸气端的第 i 级储气容积返流泄漏的总返流气体质量流量为

$$q_{Li}=\begin{cases}q_{MC}+q_{MP}+q_{MH} & x>x_C\\ q_{MC}+q_{MP}+q_{MHmax} & x\leqslant x_C\end{cases} \tag{6-66}$$

返流气体所携带的总内能流率为

$$U_{Li}=U_C+U_P+U_H=\begin{cases}C_V T_{i+1}(q_{MC}+q_{MP}+q_{MH}) & x>x_C\\ C_V T_{i+1}(q_{MC}+q_{MP}+q_{MHmax}) & x\leqslant x_C\end{cases} \tag{6-67}$$

依据一些螺杆转子的实际结构参数，通过本节的定量计算可知，齿顶面与泵腔内壁表面间的环状狭缝间隙的长度远大于两个转子体间的孔口状齿侧间隙，约占泄漏通道总长度的80%。但由于狭缝间隙的深度也远大于齿侧间隙，形成的流阻大，所以单位长度狭缝间隙所产生的返流泄漏量小于同样长度的齿侧间隙。总体上通过狭缝间隙的气体返流量占总返流量的60%～70%，为最主要的返流通道。进出口气体压力差越大，即吸气口压力越低，狭缝间隙的返流气体所占比例也越高。

6.4.5 螺杆转子间隙设计小结

螺杆转子各部啮合间隙的几何参数取值，直接决定着气体级间返流泄漏量的大小，从而严重影响螺杆泵的极限真空度和实际抽速等性能参数。因此，螺杆转子各部啮合间隙（尤其特指间隙宽度）的取值设计，在螺杆转子由理论型线转化为实际型线的设计过程中具有举足轻重的地位。鉴于返流气体的质量流量正比于泄漏通道的间隙宽度，因此，单纯从减少气体返流泄漏量的角度出发，螺杆转子体各个齿面的啮合间隙越小越好。但实际设计和制造过程中，需综合考虑如下影响因素。

首先，在螺杆转子、泵体和轴系支撑部件的机械加工过程中，存在形状和尺寸误差；在组装、调试过程中，存在位置误差。这些误差的累积会导致转子体在旋转运行时所占据的空间位置大于其理论形状的位置，为此，在依据转子理论型线生成实际型线过程中，需要预留形位误差间隙，通常做法是按照最大误差尺寸计算，将全部配合公差累加求和，作为单侧误差间隙。

其次，气体压缩和反冲过程产生的热量使螺杆转子温度升高，由此引起螺旋齿牙在轴向和径向方向的体积膨胀。在轴向方向上，需要依据齿牙厚度的线性膨胀量预留齿侧热胀间隙。等螺距转子的齿侧热胀间隙应该是吸气端小排气端大；而对于变螺距转子，由于吸气端齿牙厚度较大排气端齿牙厚度较小，恰好补偿了两端温度的差异，可以令齿侧热胀间隙沿轴向均匀相等。在径向上，由于泵体内壁通常具有水冷散热，温度升高较少，可以忽略其热变形量。所以，取转子齿顶面与泵腔内壁表面之间的径向热胀间隙等于转子体半径长度的热膨胀量。由于转子的吸气端与排气端温度相差较大，因此其体积膨胀量也相差较大。靠近排气端温度高，热胀量大，因此需要预留的热胀间隙值也大一些；反之，转子吸气端的热胀间隙就小一些。通常做法是改变等截面螺杆转子的齿顶圆半径，即从螺杆转子的中部开始（依据变螺距段的起始位置和压缩程度而定），将转子的排气段齿顶面加工成向排气端逐渐变小的锥形表面，或者更为简单地分段加工成阶梯表面，目的是使转子体在运行中发热膨胀后，与泵体内表面保持均匀一致的运动间隙。同样的热胀间隙变化问题，在两个转子间齿顶圆与齿根圆的间隙中也需要做同样考虑。

然后，还要考虑螺杆转子在转动时出现径向振动跳动、挠曲变形的可能性，为此预留运动间隙，这方面主要考虑齿顶面的径向间隙，在悬臂支撑转子的吸气端尤为重要。此外，针对应用场景中气体可能携带的固体粉尘颗粒物的粒径大小，气体中易凝结成分形成的黏附层的厚度大小，为保障螺杆泵对污染物的耐受能力，避免发生摩擦卡滞，还需要预留抗污染间隙，并且抗污染间隙涉及所有间隙通道。如果螺杆转子和泵体内壁上需要涂镀各类防腐涂层，在做螺杆转子实际型线的设计造型时，需要预留与涂层厚度相当的涂层间隙。

总之，在将螺杆转子由无间隙理论模型修正为实际模型过程中，各齿形面预留的间隙值是误差间隙、热胀间隙、运动间隙、抗污染间隙和涂层间隙的总和。

6.5 泵内气体的压力分布与流动模拟

基于前面对气体在泵内的分级输运过程和气体级间返流泄漏的分析，本节建立泵内气体沿轴向的分级输运计算模型，介绍模型的控制方程，得出螺杆泵极限真空度和有效抽速的计算方法，并介绍关于泵内气体流动 CFD 模拟研究的当前进展。

6.5.1 螺杆泵内的气体分级输运计算模型

建立螺杆真空泵内部气体的分级输运压力分布计算模型，如图 6-15 所示，对模型的结构和气体属性做如下假设。

6.5.1.1 模型的物理与几何结构

将泵腔内的转子齿槽抽气容积离散化成为一个个相对独立、彼此分离的储气腔，储气腔的总数量不必限定为整数，可以根据转子实际螺旋圈数确定，例如图 6-15 所示的模型为 4.5 级，即 4.5 个储气腔。相邻储气腔间有返流泄漏通道相连通，靠近排气侧的后级腔内气体持续不断地流向前级腔。伴随着转子转动，每一级储气腔携带其内部气体由吸气端向排气端迁移，其容积变化规律取决于螺杆转子的螺旋展开方式。转子每旋转一周，前一级储气腔即转化为下一级储气腔，包括储气腔的几何容积和腔内气体的属性。

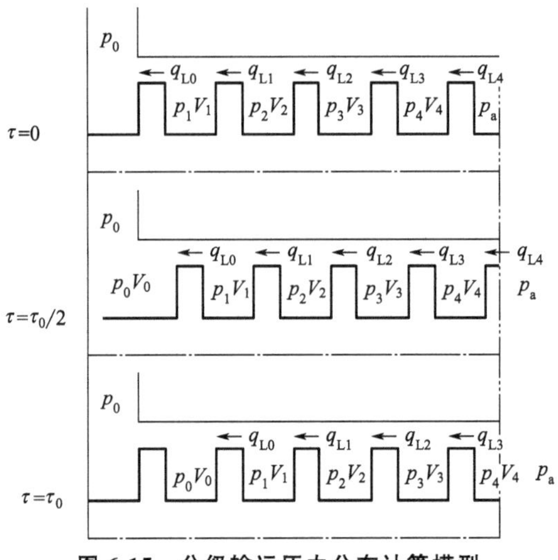

图 6-15　分级输运压力分布计算模型

6.5.1.2　储气腔内气体的属性

气体宏观属性始终服从理想气体状态方程，每一个储气腔内的气体，在每一瞬间均是属性均匀相同的，且随时间（即转子旋转角度）是连续变化的（反冲过程除外）。前后相邻储气腔存在持续不断的级间气体交换，每一个储气腔向前级腔输送返流气体，同时接受来自后级腔的返流气体，返流气体流量随时间或转子旋转角度变化。气体的级间返流是瞬时完成的，返流气体进入前级储气腔后立刻与前级腔内气体充分混合并具有相同属性，气体受储气腔容积变化引起的内压缩过程按照多变过程计算，气体反冲过程和排气阶段的外压缩过程按照绝热过程计算。

该计算模型具有如下数学特征。

(1) 离散性

包括物理空间的离散性（相对独立、彼此分离的抽气容积）和气体状态的离散性（前后相邻两级抽气腔内的气体压力之间存在跳跃性变化，有较大压力差）。

(2) 连续性

每一储气腔中被抽气体的状态参数，都是连续变化地经历了从入口状态到出口状态的全过程（变化过程可微可积）。在稳恒抽气过程中，各储气腔输运的气体质量流量相等。

(3) 周期性

转子每旋转一周，前一抽气腔中的气体状态参数就变化为后一抽气腔在前一周期时刻的取值，解析表述为 $f_i(\tau+\tau_0)=f_{i+1}(\tau)$，计算时只需要求解一个周期时段内各级储气腔中的气体参数即可。

(4) 非线性

每一部分被抽气体的状态参数由入口状态连续过渡至出口状态的全过程，是非线性变化的。

6.5.2 计算模型的控制方程组

参照图 6-15，描述各个储气腔中气体状态的宏观参数包括气体压力 p_i、温度 T_i、质量 m_i、内能 E_i 和级间返流量 q_{Li}，这些参量均是随时间 τ 变化的变量。该计算模型的控制方程组包括如下公式。

任一储气腔中气体宏观参数之间满足理想气体状态方程：

$$p_i V_i = \frac{R}{\mu} m_i T_i \qquad i=(0,4) \tag{6-68}$$

关于气体质量 m_i 的全微分形式（在求解计算中需要用到）为：

$$\mathrm{d}m_i = \frac{\mu}{R} \times \left(\frac{V_i}{T_i} \mathrm{d}p_i + \frac{p_i}{T_i} \mathrm{d}V_i - \frac{p_i V_i}{T_i^2} \mathrm{d}T_i \right) \qquad i=(0,4) \tag{6-69}$$

中间任一储气腔中的气体质量变化率方程为

$$\frac{\mathrm{d}m_i}{\mathrm{d}\tau} = \frac{\mu}{R} \times \left(\frac{V_i}{T_i} \times \frac{\mathrm{d}p_i}{\mathrm{d}\tau} + \frac{p_i}{T_i} \times \frac{\mathrm{d}V_i}{\mathrm{d}\tau} - \frac{p_i V_i}{T_i^2} \times \frac{\mathrm{d}T_i}{\mathrm{d}\tau} \right) = q_{\mathrm{L}i+1} - q_{\mathrm{L}i} \qquad i=(1,4) \tag{6-70}$$

式中，由前级储气腔经泄漏通道返流进入本级储气腔的气体质量返流速率 $q_{\mathrm{L}i+1}$ 和由本级储气腔流出进入后一级储气腔的气体质量返流速率 $q_{\mathrm{L}i}$ 由式(6-66)计算得到。

储气腔的容积变化率 $\frac{\mathrm{d}V_i}{\mathrm{d}\tau}$ 由螺杆转子的螺旋展开方式决定，储气腔完全位于螺杆转子的等螺距段时，$\frac{\mathrm{d}V_i}{\mathrm{d}\tau}=0$；储气腔位于转子的变螺距段时，应根据螺距宽度随转角的变化规律做计算，如第 4 章式(4-10) 或式(4-12)，储气腔容积变小使得 $\frac{\mathrm{d}V_i}{\mathrm{d}\tau}<0$。容积变化对气体的内压缩过程简化作为一个多变过程，因此腔内气体的压力和温度服从多变过程方程：

$$p_i V_i^n = C \qquad i=(1,4) \tag{6-71}$$

计算中更常用到的是其微分形式，即：

$$\frac{\mathrm{d}p_i}{p_i} + \frac{1}{n} \times \frac{\mathrm{d}V_i}{V_i} = 0 \qquad i=(1,4) \tag{6-72}$$

以及与温度 T_i 的关系式

$$\frac{\mathrm{d}T_i}{T_i}+\frac{n-1}{n}\times\frac{\mathrm{d}V_i}{V_i}=0 \qquad i=(1,4) \tag{6-73}$$

式中，多变指数 $1<n<\kappa$，取值与泵体的散热能力有关。腔内气体在多变压缩过程中吸收转子施加的压缩功，其发热率 $Q_{\mathrm{P}i}$ 为：

$$Q_{\mathrm{P}i}=C_V\times\frac{\kappa-n}{n-1}\times m_i\times\frac{\mathrm{d}T_i}{\mathrm{d}\tau} \qquad i=(1,4) \tag{6-74}$$

任一储气腔中气体的总内能 U_i 与气体的总质量 m_i 和温度 T_i 有关，为

$$U_i=C_V m_i T_i \qquad i=(0,4) \tag{6-75}$$

中间储气腔中气体总内能的增长来自内压缩的发热量 Q_i 和返流气体携带进入的能量 $U_{\mathrm{L}i}$，因此其内能变化率为

$$\frac{\mathrm{d}U_i}{\mathrm{d}\tau}=C_V m_i\ \frac{\mathrm{d}T_i}{\mathrm{d}\tau}=Q_{\mathrm{P}i}+U_{\mathrm{L}i} \qquad i=(1,4) \tag{6-76}$$

式中，返流气体所携带的总内能流率 $U_{\mathrm{L}i}$ 由式(6-67) 计算。上述各式可用于求解各个储气腔中的气体的温度变化规律。

与吸气口相连通的第 0 级储气腔与后面的各级中间储气腔不同，其容积是从零开始逐渐增大至最大值的。当设定由吸气口进入的气体压力 p_0 与温度 T_0 保持不变时，第 0 级储气腔中的气体质量变化率方程为

$$\frac{\mathrm{d}m_0}{\mathrm{d}\tau}=\frac{\mu}{R}\times\frac{p_0}{T_0}\times\frac{\mathrm{d}V_0}{\mathrm{d}\tau}=q_{L0}+\frac{\mu}{R}\times\frac{p_0 S_{\mathrm{d}}}{T_0} \tag{6-77}$$

式中，对于吸气段为等螺距螺杆转子的情况，第 0 级储气腔的容积增长率就等于其几何抽速，即有$\frac{\mathrm{d}V_0}{\mathrm{d}\tau}=S_{\mathrm{t}}$；$S_{\mathrm{d}}$ 为螺杆泵吸气口处的实际抽速。

紧邻排气口的最末一级储气腔也与前面的中级腔不同，经常处于两种状态：一种是在与排气口连通之前，与排气口之间有返流泄漏通道相隔，如图 6-15 中 $\tau=0$ 和 $\tau=\frac{1}{2}\tau_0$ 时段之间第 4 储气腔所处的状态，此时有较多的返流气体从排气口经返流通道流入，泄漏通道后侧为排气压力；另一种状态是已经与排气口连通并完成反冲过程，如图 6-15 中 $\tau=\frac{1}{2}\tau_0$ 至 $\tau=\tau_0$ 时段所示。排气口气体对最后一级储气腔的反冲过程，可以按照第 6.2.4 小节的相关公式计算。反冲瞬间结束后，储气腔内的气体压力保持为排气压力 p_{a}，温度为反冲压缩后的高温。

各相邻储气腔中气体的宏观参量遵从周期性条件，即螺杆转子每旋转一周，前一抽气腔中的气体状态参数就变化为后一抽气腔在前一周期时刻的取值。如图 6-15 中 $\tau=\tau_0$ 时刻，第 0 级储气腔刚刚与进气口隔离开，内部气体参数还保

持为入口压力 p_0 和温度 T_0，此刻，$\tau=\tau_0$ 时刻的原第 0 级储气腔转变为 $\tau=0$ 时刻的第 1 级储气腔，同时，下一个新的第 0 级储气腔开始形成。此瞬间，原第 0 级储气腔（已转变为新第 1 级储气腔）与新第 0 级储气腔之间因压力相同而没有返流泄漏，但下一刻，随着新第 1 级储气腔压力的升高，返流开始出现，整个模型恢复到 $\tau=0$ 对应的初始状态。周期性控制方程的解析表达式为

$$f_i(\tau=\tau_0)=f_{i+1}(\tau=0) \tag{6-78}$$

式中，$f_i(\tau)$ 代表气体压力 p_i、温度 T_i、质量 m_i、内能 U_i 和级间返流量 q_{Li} 等全部气体参量。实际上，周期性控制方程可以表述为更为宽泛的 $f_i(\tau+\tau_0)=f_{i+1}(\tau)$ 形式，对全部模拟时域有效。但对分级输运模型进行模拟计算时，只需要模拟转子旋转一周的时间长度即可，所有周期性控制方程只利用模拟时域的起点和终点就可以了。

最后，气体的质量连续方程尤为重要，即在稳恒抽气模式下，由进气口吸入的气体质量流量等于排气口排出的气体质量流量。离散化处理为分立的储气腔后，每个腔单位时间输运的气体质量也是相同的，计算中表述为每个腔转化为下一储气腔时的腔内气体质量，扣除在一个转动周期内后一级储气腔返流泄漏进入的气体质量，均是相等的（最后一级储气腔除外）。其中转动一周内返流气体的总质量为：

$$m_{Li}=\int_0^{\tau_0} q_{Li}\,d\tau \qquad i=(0,3) \tag{6-79}$$

泵入口处的气体返流泄漏的平均质量流率 $\bar{q}_{L0}$ 为：

$$\bar{q}_{L0}=\frac{m_{L0}}{\tau_0}=\frac{1}{\tau_0}\int_0^{\tau_0} q_{L0}\,d\tau \tag{6-80}$$

各储气腔间的气体的质量连续性方程为：

$$m_i(\tau=\tau_0)-m_{Li}=m_{i+1}(\tau=\tau_0)-m_{Li+1} \qquad i=(0,3) \tag{6-81}$$

6.5.3 螺杆泵的极限真空度与抽速计算

干式螺杆真空泵的极限真空度和实际抽速，是设计、制造和应用过程中最受关注的性能指标，而它们都与泵内气体的级间返流泄漏直接有关。虽然目前尚未有准确的计算公式，但可以通过对返流泄漏量的相关分析，给出相对合理的计算方法。

第 6.4 小针对级间泄漏通道的分析说明，伴随着螺杆转子储气腔由低压吸气端向高压排气端快速抽气的过程，始终存在着由排气端向吸气端的级间返流气体泄漏现象。螺杆泵的实际抽气能力，就是其理论抽气流量扣除返流气体流量后所剩余的部分。因此，螺杆泵的实际抽速 S_d 可以表述为

$$S_d=S_t-\frac{Q_L}{p_0}=S_t-\frac{\bar{q}_{L0}}{p_0}\times\frac{R}{\mu}T_0 \tag{6-82}$$

式中　S_t——泵的几何抽速，m^3/s；

p_0——当时条件下的进气压力，Pa；

$\bar{q}_{L0}$——对应当时进气压力 p_0 下的第 0 级储气腔的气体返流泄漏平均质量流率，kg/s，是一个随 p_0 变化的参量；

Q_L——螺杆泵的返流泄漏气体流量，$Pa \cdot m^3/s$。

螺杆泵的抽气效率 η 可表述为

$$\eta=\frac{S_d}{S_t}=1-\frac{Q_L}{p_0 S_t}=1-\frac{\bar{q}_{L0}}{p_0 S_t}\times\frac{R}{\mu}T_0 \tag{6-83}$$

螺杆泵实际抽速为零的极限压力状态下，螺杆泵的极限真空度 $p_{0\min}$ 可表述为

$$p_{0\min}=\frac{Q_L}{S_t}=\frac{\bar{q}_{L0}}{S_t}\times\frac{R}{\mu}T_0=\frac{m_{L0}}{\tau_0 S_t}\times\frac{R}{\mu}T_0 \tag{6-84}$$

由此看出，干式螺杆真空泵的实际抽速和极限压力，主要取决于气体返流泄漏量的多少。控制气体返流泄漏，是螺杆泵设计、制造过程中的核心问题。

图 6-16 给出了面向常规工业领域应用的两款螺杆真空泵的抽速曲线和对应的功耗曲线，可供参考。

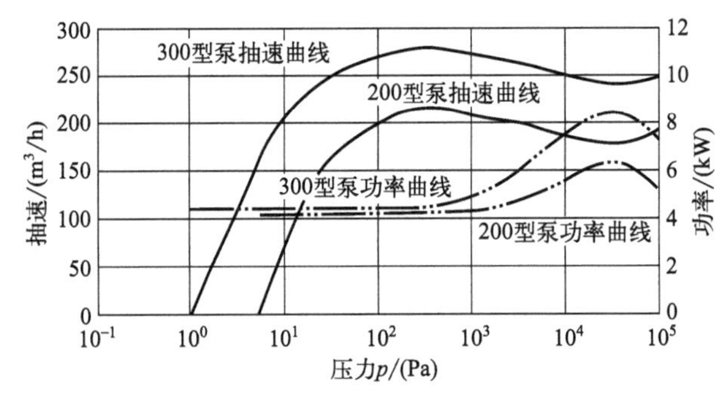

图 6-16　两种螺杆真空泵的抽速曲线和功耗曲线

6.5.4　螺杆泵内的沿程气体压力分布

在 6.5.2 部分中的公式，构成了充分、自洽的分级输运计算模型控制方程组。基于上述方程组，可以数值模拟泵内沿轴向各级储气腔中气体宏观参数随时间的变化规律。仅以采用差分法求解为例，首先按照必要的计算精度将一个周期（转子旋转一周的时间）τ_0 分解为 N 段，共有 $N+1$ 个时间节点，每个时间步长为 τ_0/N。若螺杆转子共有 I 级储气腔，定义第 i 个储气腔中的某一气体状态参数 f（压力 p、温度 T、质量 m、内能 U、返流流量 q_L 等）在第 j 个时间节点的取值为 $f_{i \cdot j}$，则该变量共有 $I\times(N+1)$ 个赋值，分别定义数组用于存储数

据。其次，将气体压力 p、温度 T、质量 m、内能 U 等宏观参量对于时间 τ 的微分公式，以差分形式表述为代数表达式；将所有控制方程统一归纳为代数方程组，从而将微积分运算转化为代数方程组的矩阵求解。有效的基本求解方法是，在设定泵的进气压力、进气温度和排气口压力保持不变的条件下，首先假设一组各个储气腔中的气体宏观参数取值，然后通过反复迭代、修正运算求解代数方程组，直至最后得到满足所有方程的参量取值。求解过程中，建议以气体质量变化率方程和质量连续方程为基本控制方程，需要首先满足；借助理想气体状态方程转化为气体压力计算；以能量方程推算气体温度；以质量连续方程作为各个储气腔中间数据交换的自洽检验条件；以周期性条件方程作为整个时域周期的一致性检验条件。

图 6-17 给出了一个 5.5 级等螺距螺杆转子在极限真空状态下的各级储气腔内气体压力（横坐标）随时间（纵坐标）变化的模拟结果，图中清晰显示了各级储气腔内气体压力的持续增长、前后相邻两级间压力周期转换、排气腔反冲后压力恒定等特征。

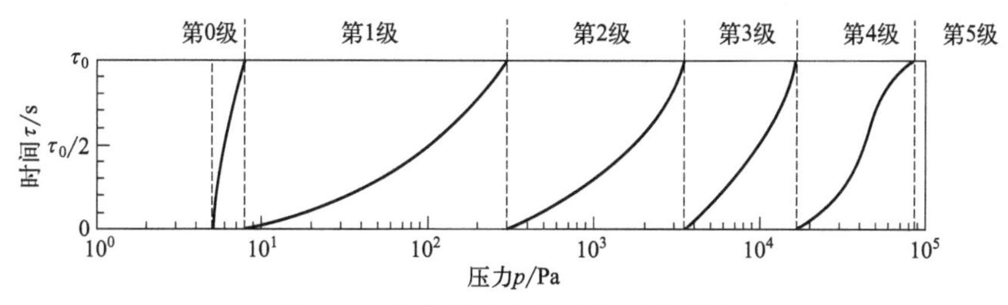

图 6-17　储气腔内气体压力-时间曲线

为研究螺杆泵转子及泵腔结构参数对泵腔内气体级间返流泄漏和压力沿程分布的影响规律，有国内学者专门组建了实验测试平台，如图 6-18 所示[3,6]。沿泵体侧壁专门安置多个压力传感器，直通泵腔内部，尝试直接测量传感器接口位置处的腔内气体压力。但由于转子转动很快，每一级储气腔内气体压力变化波动的频率很高，在每一个转动周期内，压力传感器接口会被转子齿顶面阻挡一次影响气体交换，所以最终所能测出的是接口位置处的气体压力平均值。

图 6-18　螺杆泵综合测试实验平台实物照片

6.5.5 螺杆泵内气体流动的 CFD 模拟

与解析计算和实验测试两种方法相比，计算流体动力学（CFD）以数值模拟方法研究流体工质的各类流动、换热问题，具有成本低、速度快等独特优势，因此受到广大工程技术人员的偏爱。伴随着计算机运算能力的飞跃式提升，各种运算求解方法和前后数据处理手段的日益完善，以及各种专业和通用商业 CFD 软件的频繁推出，掌握和运用 CFD 数值模拟技术变得越来越容易，其模拟结果的准确性也得到越来越多的证实和认可，从而促使 CFD 数值模拟技术的应用范围越来越广。

螺杆真空泵产业的快速发展，对其泵腔内部气体输运过程的深入研究成为学术热点，从事相关基础理论研究的学者和产品研发的设计人员，纷纷尝试采用 CFD 方法对泵腔内气体的流动、换热过程开展数值模拟计算。甚至有一些面向相关专业技术领域的 CFD 商业软件，也及时开发出适用于螺杆泵工况的计算模块，作为典型案例内嵌在其软件体系之中。但是，在对螺杆泵开展模拟研究时，仍存在一些技术难点。例如，在网格划分方面存在的两个困难：一是螺杆真空泵的单头螺杆转子型线种类较多且形状比较复杂，两个转子体相互啮合所形成的气体流场体型有失规范，难以依赖软件自动划分网格；二是转子齿槽空间与间隙通道的几何尺寸相差极大，两区域的网格难以顺滑过渡。

近期有国内研究团队取得了一些突破性进展[7]。针对由螺杆泵吸气通道、螺杆泵腔和排气通道构成的流动区域，采用动网格方法进行内部气体的瞬态数值模拟。在网格控制技术方面，综合运用了网格重构法和网格循环导入法等技术手段。对于空间流域的离散化，借助 SCORG 软件对螺杆泵内流动区域进行六面体网格划分。由于 SCORG 软件目前只能处理非凹表面转子体模型，因此模拟对象的转子体选择采用对称矩形齿端面型线。在时间步长设定上，对转子旋转一个周期划分出 180 套网格，即转子每旋转 2°为一个时间步长。采用 ANSYS-CFX 求解器进行求解，在生成网格后采用 Fortran 编写的自定义程序来实现网格的更新和读取。气体流动状态设定进排气口压力分别为 3kPa 和 0.1MPa，使用 SSTk-ω 模型进行数值计算，实现了瞬态三维可压缩湍流的数值计算。图 6-19 展示出的是螺杆转子旋转不同角度时泵腔内气体的流线图；图 6-20 为螺杆转子在不同旋转角度下转子体表面的气体压力分布图，反映了泵腔内气体的沿程压力分布。

螺杆泵内气体流动与换热过程的 CFD 模拟技术，尚具有很大的提升空间。希望通过 CFD 模拟计算，深刻剖析泵内气体所经历的流动与热力过程，表征转子结构参数对气体状态的影响规律，定量计算气体的内压缩发热、流动摩擦发热和与泵体内壁的表面换热，直至推算出螺杆转子的功率消耗，为螺杆真空泵的优化设计提供理论依据。

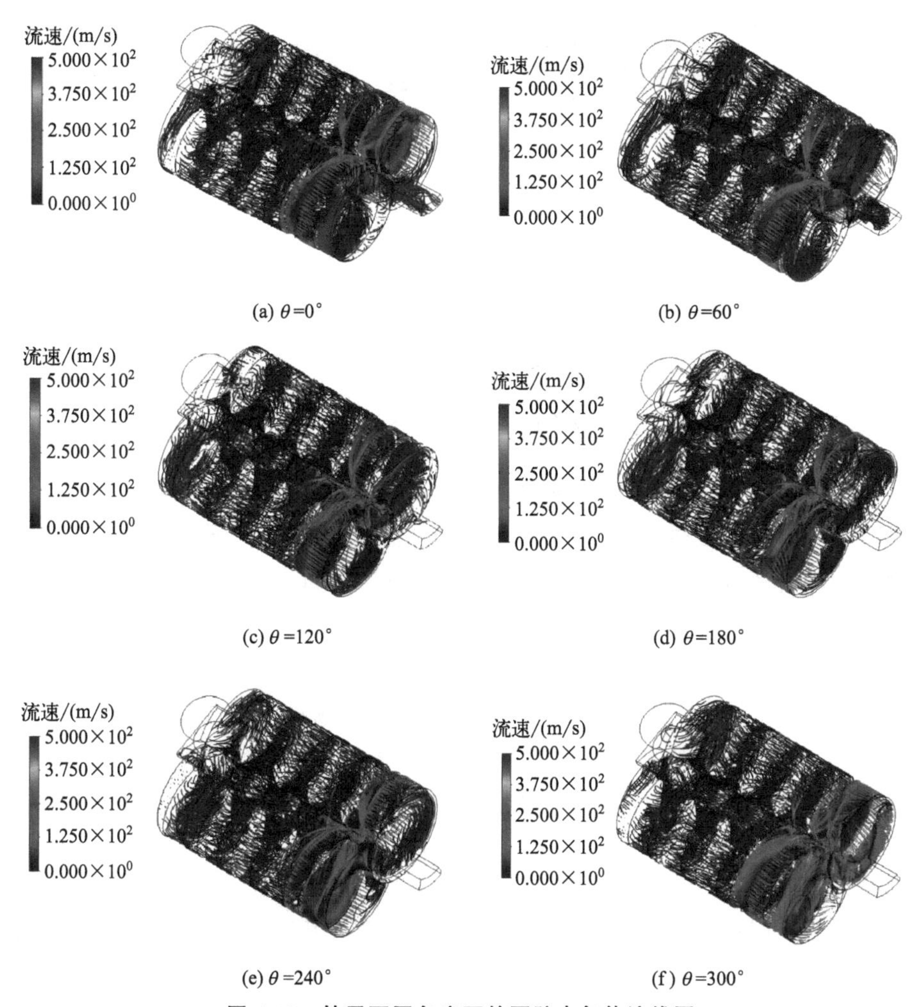

图 6-19 转子不同角度下的泵腔内气体流线图

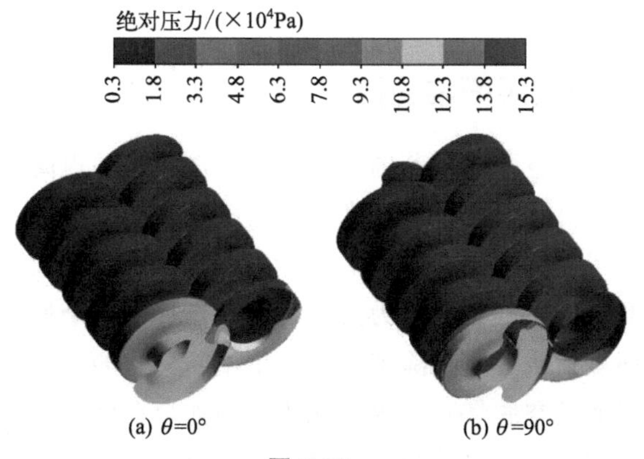

图 6-20

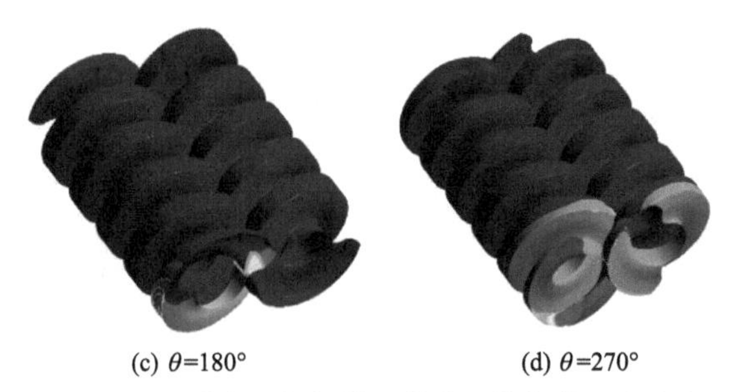

图 6-20　不同转角下螺杆转子体表面的气体压力分布图

6.6　螺杆真空泵设计原则的思考

近 20 年内，我国真空行业在螺杆真空泵的基础研究和生产制造方面有了长足进步，作为行业最热门的产品保持着高速增长的势头。但同时也深刻认识到该领域进一步发展目前存在的两处短板：一是在螺杆泵设计方面还没有形成完整独立的设计理论体系，许多单位的产品研发设计还是在简单地仿制国外同类产品，走逆向设计的研发思路，单纯追求与“先进产品”在结构或性能指标上的一致性，而未能理解原型产品“先进在哪里”；二是在螺杆泵产品的生产供应方面，还保留着计划经济体系下形成的“以我为主”的惯性思维，“以不变应万变”的产品供应方式，习惯于以自有的一种定型产品去服务不同应用场景的所有用户，结果常常会因为与用户实际需求不匹配（而不是泵产品性能不合格）而未能达到理想的工作效果。

针对这一问题，本书提出螺杆真空泵转子设计新理念[8]。建议螺杆真空泵生产企业，针对具体用户的实际工艺需求开展基于源头的正向设计，在兼顾产品标准化大批量生产前提下，为每一个不同应用场景提供满足特殊需求个性化小批量定制的专属化服务，从而促进我国螺杆真空泵产品性能质量的快速提升和成功应用的广泛普及。

6.6.1　干式真空泵面临的挑战

伴随着无油螺杆真空泵应用范围的扩展和应用技术的提高，更多新的技术问题随之出现，对无油真空泵的设计技术要求也随之发生改变。

首先是被抽除对象的改变。传统抽真空的概念，主要是抽除指定空间内原有的以及后来不断漏入的空气，从而为其他工艺操作提供一个低压、洁净（指无气体污染）的工作环境；或者是抽除工艺过程中不断充入的（如真空溅射镀膜）或不断放出的（如钢液真空脱气）的永久气体。而如今在许多真空应用领域的众多工艺环节中，被抽除对象不再单纯是空气，更主要的是工艺过程中所涉及的工作介质蒸气。如制药工业中溶剂萃取工艺结束阶段的溶剂回收，抽除的气体中除极少量的泄漏进入系统的空气外，绝大部分成分是乙醇、丙酮等有机溶剂的蒸气；变压器煤油气相干燥工艺中，加热阶段之后的多次降压抽空过程，抽除的主要是煤油蒸气和水蒸气；而油气回收技术，在活性炭分子筛再生工艺环节中，要求抽除的主要是易燃易爆的汽油、柴油蒸气。总之，干式真空泵面临的新挑战是：被抽气体经常是易于发生凝结、凝华相变的可凝性蒸气和具有腐蚀性、易燃易爆的危险性气体。

其次是抽气目标的改变。与传统真空技术单纯追求被抽容器中高极限真空度和高抽气效率的抽气目标不同，在新的真空应用领域，如今更多地是开始关注气体在泵内所经历的输运过程和排出泵外后的热力学状态。例如，在IT行业的众多工艺中，抽除物多是含有可凝性物质的工艺气体，为避免在泵内发生凝华而产生固体颗粒沉积，需要气体在泵内保持较高的温度和较低的压力，因此适宜采用无泵内压缩而只有排气压缩的抽气方式，并且尽量削弱对泵内气体的冷却降温效果；反之，在抽除易燃易爆物质的油气回收过程中，必须始终保持油蒸气处于温度较低的状态，因此油蒸气应该在泵内及排气过程中经历均衡的升压过程并伴随强力冷却效果；而在化工、制药行业的溶剂回收工艺中，期望蒸气在泵内输运过程中保持必要的较高温度以避免在泵内发生凝结，同时希望排出泵外后处于尽可能低的温度以利于凝结回收，因此适宜采用较强的泵内压缩过程和较弱的排气压缩抽气方式。

6.6.2 无油螺杆真空泵转子设计新理念的提出

为迎接干式泵所面临的新挑战，适应工程应用需求的改变，要求无油螺杆泵，尤其是螺杆转子的设计理念，也必须与时俱进，随之发生改变。为满足不同工艺过程的不同抽气目标要求，真空泵的生产企业应该为不同用户提供专属个性化服务，不再是从自己生产的通用螺杆泵定型产品中挑选一款产品推荐给用户，让用户迁就自己的真空泵，而是针对每一种不同的应用场合，提供一款经过专门优化设计的、专属于这一应用背景的螺杆真空泵产品，即直接面向对象的专属设计概念。

螺杆泵专属设计的理论基础应该是气体热力学原理。针对不同的被抽气体对象和抽气目标要求，设计者需要从被抽气体及其携带物的热力学性质出发，基于某一工艺过程要求的气体热力状态参数，开展螺杆泵抽气过程的热力学设计研究，建立适应该工艺要求的目标函数，优化出热力学抽气方案，得到该工艺过程中被抽气体最佳的热力学参数（压力、温度、比热容、焓、熵等）变化规律。

螺杆泵专属设计的正向设计技术方法是从工艺需求源头出发，基于第一性原理对螺杆转子结构的反求法设计。依据热力学优化所得到的气体容积变化规律，设计者可以推导螺杆转子的内部压缩规律，进而反推出螺杆转子的型线构成和螺旋导程的变化规律，由此得到最适合该工艺过程的螺杆转子结构。目前阶段最简单的设计方式就是在不变化端面型线的前提下，合理设计型线的螺旋展开方式，即螺旋导程的变化规律，从而得到最适宜该工艺过程的内部压缩方式。

螺杆泵简单的结构特征是实现其专属设计的可行性基础。其他种类的无油真空泵，如直排大气多级罗茨泵、爪式泵等，其内部级间压缩比基本是固定的，如果需要改变其泵内的压缩过程，则需要同时改变泵的转子和定子的结构尺寸，加工变化量和制造成本都大大增加。而螺杆泵只需改变螺杆转子的导程变化规律，即可方便地改变其内部压缩规律，进而改变被抽气体在泵内部的热力过程。所以，利用螺杆泵的这一结构特点，在完全不改变泵体及其附件的情况下，通过仅仅改变转子体的螺旋变化规律，即可改变泵的内部抽气热力过程，从而适应不同的应用场合，实现螺杆泵的专属设计。

计算机辅助设计与辅助制造（CAD/CAM）技术是实现螺杆泵专属设计的技术条件。只有基于热力学理论的 CAD 计算技术和数控机床 CAM 加工手段的技术支撑，形态各异的专属变螺距螺杆转子才能够低成本、方便快捷地加工出来。如果依赖传统的加工方法，是很难实现不同变螺距形式的螺杆转子的小批量、多品种的特性化制造的。

6.6.3 转子设计新理念带来的变化

无油螺杆真空泵专属设计的理念，给干式真空泵的生产企业和设计人员带来了新的契机和挑战，将给螺杆泵的设计、生产和应用模式带来很大的转变。这些转变应该包括以下几个方面。

(1) 产品供应模式的转变

需要突破原来生产厂家按照标准规格设计制造真空泵、由用户自行选用的产品供应方式，而是改为由生产厂家直接针对某个具体用户提供解决方案式的产品供应方式，为该用户提供专门优化设计和制造的专属真空泵产品。

(2) 产品设计理念的转变

在产品设计环节，要求生产厂家和设计人员开展直接面向用户的螺杆真空泵产品设计，从单纯关注螺杆泵本身的抽速曲线和极限真空度指标，转变为重点关注被抽真空容器中被抽物质的整个输运过程，将机械设计变为被抽气体的热力过程设计。

(3) 产品生产方式的转变

在产品生产环节中，采用通用泵体和专属转子的螺杆泵生产新方式，在泵体与附件加工的高标准化、通用化前提下，完成螺杆转子的变结构、变性能、变工况的制造，实现小批量、多品种、订单式的产品供应，同时保证低成本、短周期的生产控制。

从多个角度分析，螺杆泵的专属设计理念都具有其先进性。

从用户的角度看，这是一种直接面向用户实际需求、解决方案式的真空泵设计理念，可以直接针对用户的具体工况，最恰当地设计制造出专属于该工况的真空泵，能够最好地满足实际工作中的应用需求。

从制造者的角度看，这是一种实现大批量、低成本地制造多品种、小批量的个性化产品的最佳方法，既满足了每一个特定用户的特殊性需求，又保证了生产制造过程中的通用化、标准化准则。

从工作性能指标上分析，这种直接面向应用对象、解决方案式的专属设计螺杆泵产品，将会是与工艺过程要求最为契合的产品，是最有可能实现优化运行的产品，因此其性能指标也会是最佳的。

6.6.4 结论与发展分析

如前所述，鉴于不同真空应用设备具体工艺要求的差异性，特别是不同行业中所要求抽除气体成分的复杂性，均会对真空泵提出各不相同的具体性能要求。依靠机械结构固定、运行方式单一的标准型号真空泵产品，很难同时满足这些各自不同甚至相互矛盾的实际需求。理想化的解决方法是面向每一类工艺要求相近的用户，专门开发研制一款有针对性的定制型号产品，真正提供“专属化解决方案”式的服务。但开发成本、研制周期和产量规模都决定了这是不切实际的；螺杆泵的设计、试制、定型、生产，都是以批量化和普适性为基本出发点的。因此，如何在批量化生产中应对差异化的市场需求已经成为螺杆真空泵生产单位当前所面临的技术难题。

从后文第 7 章的介绍可知，不同真空应用领域、不同真空设备和不同工艺环节对螺杆泵的差异性技术要求，主要体现在对被抽气体在泵内输运历程的热力过程要求不同。期望满足不同用户的实际工艺要求，其本质就是如何满足用户对真空泵的热力学属性的不同需求。而在对被抽气体的热力学过程控制方面，螺杆真空泵具有天然的结构优势。如前文所述，变化螺杆转子的螺旋展开方式，能够控制被抽气体在泵内的体积和压力变化过程；而螺杆泵的冷却方式和温度控制能力，则直接影响着被抽气体的温度。仅仅是二者的结合，即可以在相当程度上实现对被抽气体热力过程的控制。

因此，本书从螺杆真空泵设计的角度出发，提出兼顾产品标准化大批量生产和针对用户特殊需求个性化小批量定制的设计原则。其基本设计理念是：在螺杆转子、密封元件和冷却系统等关键部位，实行模块化设计，在主体结构和定型尺寸相同的接口条件下，实现不同性能部件的选用与互换，从而获得整体性能不同的螺杆泵产品。具体实施措施包括（但不限于）：在相同的转子外形尺寸下，实现不同的压缩比和压缩方式；在相同的密封件安装空间内，实行不同种类密封的随意选用与替换；设计独立可控的冷却系统，实现泵内工作温度的可控可调。

在标准化批量生产的模式下，实现针对具体用户个性化需求的专属化螺杆泵设计制造，即以大批量低成本的方式制造出多品种小批量的螺杆真空泵，在技术和成本上是完全可行的。仅以普遍认为设计制造难度最大的螺杆转子为例，对于已经具备了高级加工机床和对应编程软件的生产单位，在不改变转子的几何外形尺寸（齿顶圆直径、中心距、总长度）的条件下，单纯改变转子内在几何结构（几何抽速、压缩比、变螺距方式）的设计，所增加的只是技术人员的智力成本，而几乎没有其他制造成本，但却能够非常有效地改变螺杆泵的外在性能参数和内在热力学属性，从而灵活地适应不同用户的特殊需求。

经过近 20 年的发展，我国螺杆真空泵的设计研发与生产制造进入了一个发展瓶颈期。在转子型线设计、动平衡实现方法、泵内气体热力过程分析等基础理论方面，现有研究成果能够初步满足常规螺杆泵产品研发设计的基本需求，且近期难以出现重大突破的理论创新。在螺杆泵产品的生产制造和推广应用方面，国内产品在中低端利润市场中已开始呈现出饱和趋势；而在高端市场中，国内产品尚不能与国际品牌同类产品形成强有力的竞争。主要差距体现在：反映不同先进设计理念的新产品的持续推出，严格把控使用材料、制造标准和生产管理所取得的产品一致性与可靠性，面向不同工作场景下的成熟应用经验与成功案例，以及提供长期优质服务形成的品牌效应，等等。近期出现的一个有利契机是，过去国内螺杆泵产品难以涉足的泛半导体产业、新能源产业等高利润市场，开始对国产螺杆泵产品开放，为国内相关企业带来良好的发展机遇。因此，建议国内相关单位的研发、设计人员，对产品下游应用领域及应用场景开展深入的调研，对不同具体工艺环节的重点、实际需求做更深刻的理解和认识，真正开展面向用户的专属化正向设计，开发、研制、生产出适应市场需求的优质产品。

参考文献

[1] 张世伟，张杰，张英锋，等．等螺距螺杆真空泵内气体热力过程的研究［J］真空科学与技术学报，2015（8）：926-933.

[2] 赵凡．无油螺杆真空泵四种变螺距转子的性能研究［D］. 沈阳：东北大学，2016.

[3] 翟云飞．螺杆真空泵内气体热力过程的模拟与实验研究［D］. 沈阳：东北大学，2019.

[4] 赵瑜．螺杆型干式真空泵转子结构和性能研究［D］. 沈阳：东北大学，2008.

[5] 孙坤．梯形齿转子螺杆真空泵级间泄漏与抽速测量方法的研究［D］. 沈阳：东北大学，2017.

[6] 张莉，张永炬，张世伟，等．变距螺杆真空泵轴功率影响因素研究［J］. 真空科学与技术学报. 2021. 41（4）：326-331.

[7] 何天一，岳向吉，张志军，等．等螺距螺杆真空泵内气体流动的数值模拟研究［J］. 真空，2024，61（1）：52-57.

[8] 张世伟，赵凡，张杰，等．无油螺杆真空泵螺杆转子设计理念的回顾与展望［J］. 真空，2015（5）：1-12.

第 7 章 螺杆真空泵的典型工程应用

无油螺杆真空泵的工程应用，从最初对干式泵有刚性需求的泛半导体行业，逐渐扩展至生物医药、石油化工、航空航天、冶金材料等众多产业领域，使其迅速成为真空获得设备制造行业的发展热点，增长速度居各类真空泵产品之首。本章重点介绍螺杆泵在我国已经成功应用的一些案例，以及在这些应用中所遇到的技术问题及其解决方案。

7.1 螺杆真空泵在医药化工领域的应用

生物医药和石油化工行业（俗称药化行业）是我国国产干式螺杆真空泵产品最早得以大量实际工程应用的工业领域，其中以替代传统湿式真空系统，尤其是液环式真空泵为主要推广使用方式。

7.1.1 螺杆泵在制药与化工行业中的应用

在医药化工行业的生产过程中，涉及大量的真空分离过程，如物料中有机溶剂的低真空回收、高沸点热敏性物料的高真空蒸馏、去除固体杂质的真空过滤、固态粉状药物中间体或化工产品的真空干燥、脱除液体产品中溶解或残留气体的真空除气等，均要用到真空泵。

以原料药生产中的抽滤、干燥、溶剂回收工艺为例[1]。采用溶剂结晶工艺的原料药，通常在结晶后进行真空过滤、洗涤和干燥，将被处理湿物料中的溶剂脱出回收，处理后的最终含湿量应在 0.5%以下。湿物料所含溶剂常常是易燃、易爆、有毒、有害的介质，如甲醇、丙酮、乙醇等有机溶剂或其他复合溶剂，共同特点是低沸点、高饱和蒸气压。原料药抽滤、干燥工艺的目的就是将溶剂以蒸发的方式转变为蒸气被真空机组抽走，从而实现与物料的固液分离；同时，期望将溶剂液体回收以便提纯后再次利用。

在石油、化工行业的真空蒸馏、分馏、精馏、溶剂萃取、物料提纯、溶剂去除与回收，液相脱气、除气、真空分离，固料干燥等工艺中，所涉及的化学溶剂成分更为多样，如乙醇、乙二醇、丙酮、二甲基乙酰胺、苯、二甲苯、乙苯、苯乙烯、苯烯氰、*N*,*N*-二甲基甲酰胺（DMF）等，真空系统所面临的考验更为苛刻复杂。

由于有机溶剂会对油封类真空泵（如旋片泵、滑阀泵、往复泵等）中起润滑、密封作用的真空泵油造成变质劣化破坏，所以药化行业中有大量有机溶剂蒸气生成的工艺环节都无法使用油封类真空泵。传统的抽滤、干燥、溶剂回收工艺设备使用的真空系统大多为湿式真空系统，即以水蒸气喷射泵、单一液环式真空泵或罗茨-液环真空机组作为主泵，基本能够满足设备的极限压力和物料最终含湿量的要求。在干式真空泵没有进入医药化工行业之前，湿式真空系统是适用于该技术领域的唯一选择。

以干式螺杆真空泵替代湿式真空系统，在原料药生产中的真空抽滤、减压干燥、溶剂回收等工艺中应用的典型干式真空系统流程示意图如图 7-1 所示，包括对物料进行真空过滤、洗涤、真空干燥等作业的真空室，入口滤芯式过滤器，由单一螺杆真空泵或罗茨-螺杆真空泵机组构成的抽气系统，进行蒸气吸附、溶剂回收的冷凝器或气体吸附塔，以及冷凝液回收罐和排空管。如某制药公司利用抽速 300L/s 的罗茨泵与抽速 100L/s 的螺杆泵组成罗茨-螺杆二级干式真空机组，替代原三级双罗茨-水环泵真空机组，配套双锥回转干燥机，在生产克拉维酸钾原料药的干燥工艺中，蒸发原料药中的丙酮溶剂并将其回收，取得了明显的节能、增效和环保效果。

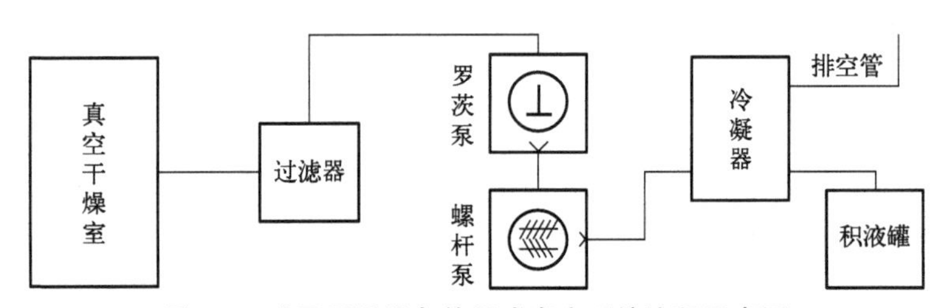

图 7-1　减压干燥设备的干式真空系统流程示意图

在制药、石油、化工行业中成功应用螺杆真空泵的案例已有大量公开报道。例如，在维生素 B_{12} 的生产工序中[2]，在中间体二解液的物料浓缩工艺环节，是通过真空减压蒸发来分离湿物料中的溶剂丙酮和料液；在成品的晶体干燥工艺中，也是采用真空低温干燥，获得维生素 B_{12} 最终优质产品。采用螺杆真空泵替代传统水环泵，浓缩过程的丙酮回收率提高近 30%，干燥工艺时间大大缩短，从而带来巨大的经济效益。

应用于药化行业的螺杆真空泵，常常会面临着严重的腐蚀问题。例如，采用氟磺酸工艺路线制备聚四氢呋喃[3]，大多数工艺过程都是在稀强酸介质存在下完成的；在共沸蒸馏工艺中，除了脱除大量水分和甲苯之外，还会有酸性溶剂蒸气进入真空泵。在环丁砜生产的减压精馏工艺中[4]，精馏原料中含有环丁砜、二氧化硫、丁烯、丁二烯、水和阻聚剂等多种成分，其中二氧化硫与水结合生成的亚硫酸对金属具有强腐蚀性。因此，服务于药化行业的螺杆真空泵，其抽气通道内构件（主要是转子体和泵腔内壁）的防腐蚀问题至关重要，必须根据具体工艺环节中涉及的腐蚀性物质，来选择对应的耐腐蚀材料和防腐措施。常用的方法包括在螺杆转子体和泵腔内壁上制备防腐涂层（如聚四氟乙烯类有机涂层、镍基底聚四氟乙烯涂层、哈氏合金涂层等），对铝合金转子体和泵体做阳极化处理，直接用不锈钢、钛合金、哈氏合金或聚芳脂塑料等耐腐蚀材料制作抽气通道构件，等等。

7.1.2 螺杆泵替代液环泵的优点

与传统湿式真空系统相比，采用干式螺杆真空泵抽除有机溶剂蒸气的干式真空系统具有如下优点。

(1) 环保

应用于药化行业的传统湿式真空系统，存在的最大问题就是有机溶剂废气及其废液的产生与排放，由此带来环境污染和溶剂损失。以生产某种原料药脱除丙酮溶剂的干燥工艺为例[5]，传统设备采用双级罗茨-水环真空泵作为抽气系统，在将初始湿含量约10%的丙酮溶剂抽除的过程中，在气液分离器内小部分丙酮蒸气作为废气排放，大部分丙酮蒸气均溶解于水环泵的工作液——水中，成为不可直接排放的高浓度有机工业污水，这两部分都需要后期处理。传统湿式系统既无法回收丙酮溶剂，造成化工原料的损失；又增加了污水处理负荷，产生后续环保问题。即使在真空干燥室与真空系统之间增设低压深冷式冷凝罐用于凝结捕集丙酮蒸气，其回收效率也很低，并不能完全解决废液排放问题。改用罗茨-螺杆真空机组后，在其排气口后设置常压普通（水冷式）冷凝器和冷凝液收集罐，对丙酮蒸气的回收率可达95%以上，且没有水分混入其中，可以直接回用，大大节省了原料成本；同时减少了尾气处理负荷，杜绝了工业污水的产生，解决了环保问题。

(2) 节能

相比于抽气效率低、功耗大的水环泵，相同抽速的螺杆真空泵所配电动机的型号和运行功率都更小。在与罗茨泵组成多级真空机组时，罗茨-螺杆泵真空机组的级间压缩比（罗茨泵抽速与前级泵抽速之比）可以比罗茨-水环泵真空机组更大，从而选配较小型号的螺杆泵，因此，以螺杆真空泵代替水环泵，具有明显的节能效果。另外，作为回收溶剂的气液分离冷凝器，在传统湿式真空系统中需要配置在真空泵前，捕集低压溶剂蒸气，因此必须采用温度更低的深冷式冷凝器，制冷机功耗更高。而在干式螺杆真空泵系统中，气液分离冷凝器设置在泵后，在常压下工作，通常使用普通水冷式冷凝器即能满足要求，从而节省了制冷机耗能。

(3) 高效

传统湿式真空系统中，由于水环真空泵抽气性能受工作液温度的影响较大，在脱水干燥工作点下工作时抽气量衰减严重，导致实际抽速变小，抽气时间变长。而干式螺杆真空泵的抽气速率在脱水干燥工作点处的抽速曲线平稳，抽气速率大，抽气时间短，同比效率大大提高。

(4) 优质

湿式真空系统受液环泵工作液饱和蒸气压的限制，液环泵的工作极限压力普遍不高。而干式螺杆真空泵摆脱了所有的工作液体，因此真空系统极限压力低，物料最终含湿量低，脱液、干燥效果更好。

7.1.3 螺杆泵替代水环泵的其他应用

以干式螺杆真空泵替代水环泵的应用，还推广至集中式真空负压站等粗、低真空应用场合。因为相比于传统设备使用的水环泵，在提供相同抽气能力情况下螺杆泵耗能更低，且不产生废水排放。

例如在卷烟厂中[6]，不仅在烟草的真空回潮、真空干燥、真空发酵等工艺环节使用真空设备，在卷包车间的卷烟机、包装机连续生产线上也有大量的吸风口需要负压空气源，用于在烟丝和纸卷之间产生压差，从而使烟草均匀地填充在纸卷之中，以提高烟草的紧密度和填充密度。相比于单台机位独立配置真空泵，采用集中式真空负压站，通过分布式管路连接吸风口，具有更高的抽气效率，并能降低生产线或工作台位处的真空泵机械噪声和真空泵的排气污染。以螺杆泵为主泵的真空负压站已成为一种流行趋势。

与之类似的还有，在食品加工与包装行业，在斩拌、滚揉、冻干、真空蒸煮等食品加工工艺设备中，和食品真空包装用的多条连续真空包装生产线或多台位真空包装机上，采用集中式真空工作站，比分散式真空泵工作方式，可节能30%以上，并且降低了生产线或工作台位处的真空泵机械噪声和真空泵的排气污染，卫生标准等级更高。

在大型印刷机械中采用集中式负压气源，利用真空吸附进行纸张、工件的吸附、搬运或夹持。

在塑料机械的真空注塑螺杆挤出机中，用真空泵产生相对压力－70kPa 的负压，抽除模具与型材之间的气体，使型材与模具密实贴合，获得所期望的形状；脱除聚合物中的气体，防止塑料模型产生气泡。以螺杆泵代替传统水环泵组建集中式负压站，所需真空泵的数量和电源总功率更少，也已经取得非常明显的节能效果。

在某啤酒灌装机中用螺杆泵代替水环泵，其功率消耗由 14.5kW 下降至12.5kW；且抽速更稳定，不受气候和水温的影响；所获得的极限真空度更高；

工作中无废水产生，泵不腐蚀，不汽蚀。

医院也是对大型真空负压站有刚性需求的单位。例如在新冠防疫期间建设的方舱医院，为防止病原微生物通过空气向外扩散传播，其中的医疗单元、病房单元等房间均建成负压病房，可以保证周围外部气体进入房间，而室内气体不会向外界流出，从而实现了有效隔离。同时，合理设置负压病房内的气流流向，还具有稀释病房内病原微生物浓度、使医护人员处于有利风向段的保护功能。具体措施就是设立集中式真空泵站，通过分布式气体管路连通各个房间，对其抽气建立负压环境。医用真空负压站要求在泵前设置真空缓冲罐，在泵后设置水气分离器、集污罐和消毒杀菌装置。利用螺杆式真空泵建立的负压真空站，没有水环泵产生的被污染污水的排放问题，更加卫生、环保。

这些真空负压站长期工作在低真空压力区域，对螺杆泵的极限真空度要求不高，但通常需要有很大的抽速。开发制造大抽速的螺杆泵成为该领域的当务之急。

对更大抽速螺杆泵的应用需要，还出现在火力发电厂凝汽器真空机组改造中，用螺杆泵代替原先的大型水环泵[7]。火力发电厂汽轮机组排放的乏汽，需要在凝汽器中重新凝结为液态水以便回用。为保证其凝结效率，需要及时去除混合于其中的永久气体，因此凝汽器必须配置有大抽速的真空泵机组。考虑到被抽气体中含有大量的饱和水蒸气，传统上一直采用大型水环真空泵。但进入冬季时，某北方发电厂启动采暖机组，按照常规运行指标设计的水环泵出现抽速不足现象，从而导致采暖供热期凝汽器端差大、真空度低，造成凝结水溶解氧浓度偏高等问题。针对该问题实施的技术改造措施是，并联了一套使用螺杆真空泵的干式真空机组，替换原水环泵机组，不仅解决了真空机组冬季性能下降的问题，更使得耗电大幅度降低，具有运行功耗低、极限真空度高、抽气速率不受密封水温影响的特点。提高了机组冬季真空度，凝结水溶解氧浓度显著降低，经济性和安全效益显著，被列入《国家重点推广的低碳技术目录（第四批）》。实际上，只要能够提供足够大抽速的螺杆真空泵，全部取代传统水环泵机组也是可行的。

7.2 螺杆真空泵在钢铁冶金领域的应用

真空冶金是生产高品质金属材料的重要方法之一，多用于金属的熔炼、精炼、浇铸和热处理等工艺环节，可以实现大气中无法进行的冶金过程，能防止金属氧化，分离沸点不同的物质，除去金属中的气体或杂质，增强金属中碳的脱氧能力，提高金属和合金的质量。真空冶金在稀有金属、钢材和特种合金的冶炼方面日益广泛地得到应用。

熔融金属的炉外真空精炼是生产高品质钢材和特种合金的常用真空冶金方法，基本原理是把由炼钢转炉初炼的钢水倒入钢包或专用容器之中，将其置于真空环境之下完成二次精炼，达到脱气，脱硫、磷、碳等杂质，调节合金成分和调节温度的目的，具体工艺方法包括真空脱气（VD）、真空吹氧脱碳（VOD）和真空循环脱气（RH）等。

真空循环脱气装置的主体是一个置于钢包之上的真空脱气室，下部有两根管子浸入钢液之中。当真空系统对脱气室抽真空时，钢包中的钢液在大气压力作用下通过两根浸管上升进入脱气室；然后在其中一根浸管中充入惰性气体，气泡上升带动钢液向上流动，在脱气室内放出气体，随后从另一根浸管向下流回下部钢包中。如此循环，完成钢液的真空脱气处理。

炉外真空精炼设备的工作真空度不高，通常在几十帕斯卡水平，但具有放气量大、温度高、含粉尘多的特点。早期设备所配置的真空系统，多为四级水蒸气喷射泵，配合三级中间冷凝器，与大型水环泵共同组成湿式真空机组。近年来，出于节能、节水的目的，开始采用多级罗茨-螺杆泵真空机组，即俗称的以机械真空机组替代水蒸气湿式真空机组。

一套用于 220t RH/RH-OB 真空循环脱气炉的机械真空系统构成如图 7-2 所示。该真空系统为三级罗茨真空泵和一级螺杆真空泵组成的四级全干式机械真空系统，其中一级泵阵列由 42 台抽速为 30500m^3/h 的罗茨泵并联组成；二级泵阵列由 11 台抽速为 30500m^3/h 的罗茨泵并联组成；三级阵列泵由 11 台抽速为 7300m^3/h 的罗茨泵并联组成；四级泵阵列为 11 台抽速为 2000m^3/h 的螺杆真空泵并联组成。每一级泵阵列前都有总气体分配管道与各台泵的进气口连接，各台泵的排气口均与下一级的总气体分配管道连接，从而保证被抽气体在同一级泵阵列中均匀分配，各台泵工作状态相同。在相邻两级总气体分配管道之间，设置了级间旁通管路，兼做前级泵预抽管道，并为每一级气体分配管道设置了过压保护旁通阀，一旦发生较大的气体波动冲击，旁通阀会自动打开，气体可通过旁通管路环流，避免罗茨泵进出口间气体压力差过大，从而防止罗茨泵损坏。各级真空泵均采用矢量变频控制，在气体压力升高、压比过大、负载变大情况下，变频器会自动降速运行，保证系统的安全；而当负载变小时，变频器又会自动提升泵的转速，使真空系统能够始终获得最大的抽气能力。该套真空系统刻意增加一级罗茨泵阵列的并联台数，从而确保在 67Pa 工作真空度下具备 $1\times10^6 m^3/h$ 的有效抽速，同时也有利于钢液脱氢处理工艺的顺利完成。鉴于由 RH 钢液真空脱气室产生的气流温度高，含尘量大，所以在该真空系统总入口前设置有水冷换热器和布袋除尘器。

与传统的蒸汽喷射真空系统相比，钢液真空处理采用干式机械真空系统的节能优势十分明显，符合当前“低碳、环保”的工业发展方向。但是干式机械真空系统基础建设投资相对高很多，并且对大型号螺杆泵和罗茨泵的运行可靠性有较高要求。

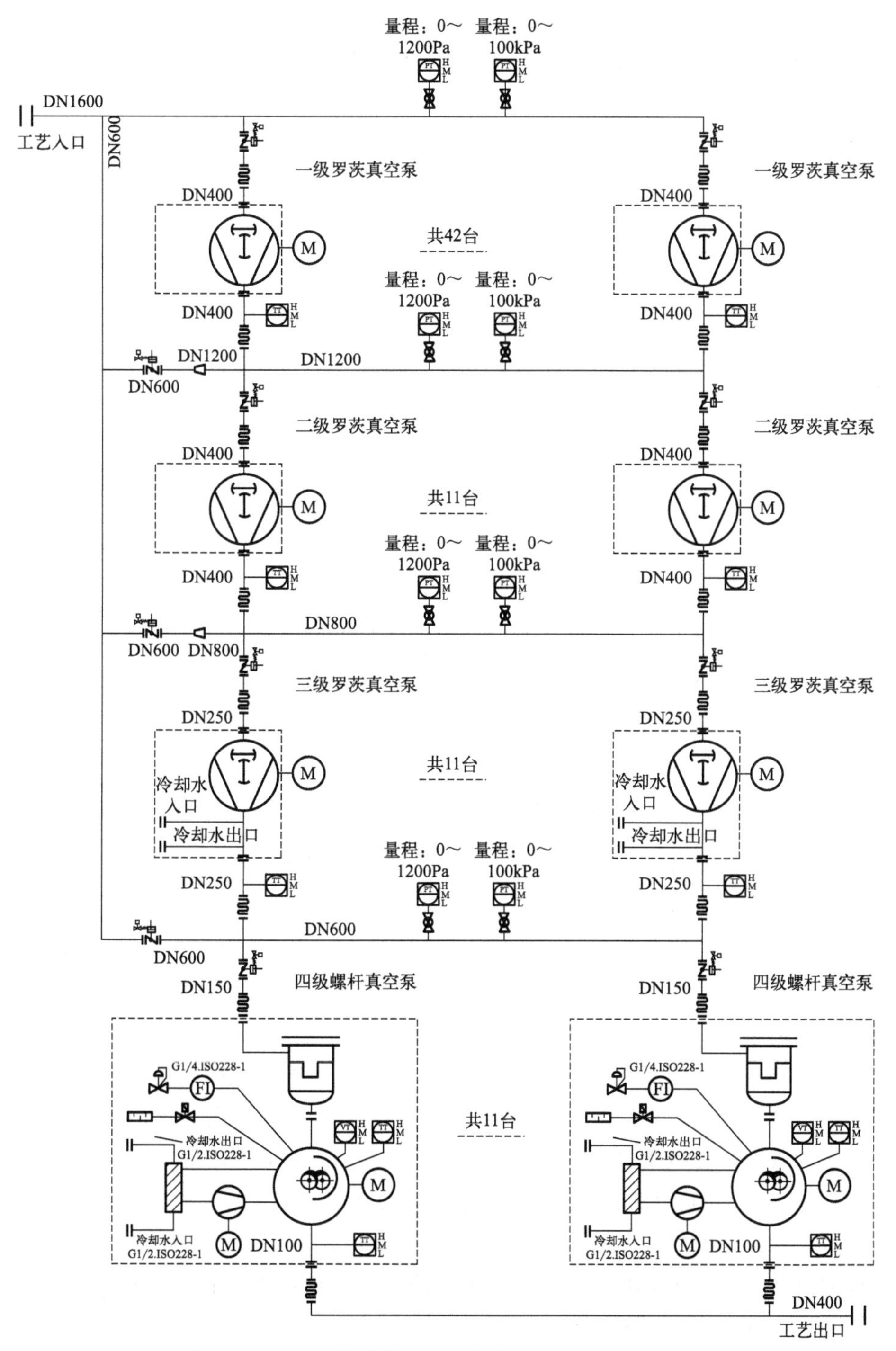

图 7-2　220tRH 钢液真空处理设备的干式机械真空系统

7.3 螺杆真空泵在空间环境模拟领域的应用

航天是人类探索、开发和利用宇宙空间的技术领域，涉及各类航天飞行器的设计、制造、发射和应用，是当代最先进科学知识与技术成果的结晶，也是国家综合国力的体现。为确保航天器在轨运行的可靠性，航天器整机以及几乎所有部件都需要首先在地面完成空间环境模拟试验，即开展与空间环境相当的光照、辐射、冷黑、真空、振动等全方位的测试检验，以验证所测试部件或航天器整机能够承受其考验，未来在太空环境中能够正常工作。由罗茨泵和螺杆泵组成的真空机组是当前各种空间环境模拟器粗抽真空系统的首选设备。

7.3.1 大型常规空间环境模拟器真空系统

在地面上开展空间环境模拟试验的装置称为空间环境模拟器。随着我国航天事业的迅猛发展，国内对空间环境模拟器的需求也日益增加。由于所测试部件的种类、大小、用途不同，所对应使用的空间环境模拟器的规格尺寸、结构形状、性能指标、测试项目等也有很大不同。绝大多数环境模拟器都要求开展热真空环境的模拟试验，因此这些环境模拟器都属于真空装置，从而必须配备对应真空度要求的真空抽气系统。

(1) KM6 环境模拟器

建于 1998 年的空间环境模拟器 KM6，是我国第一套特大型环境模拟器[8]，为我国当时研制的各种大型应用卫星和载人航天器提供了完成热平衡、热真空试验的基础条件，是我国航天领域的重大基础设施和标志性成果，我国早期的“神舟”系列载人飞船，都是在 KM6 中完成的热真空试验。KM6 的真空容器由 3 部分组成，其中主容器为直径 12m、高 22.4m 的立式球顶圆柱罐体；辅助容器为直径 7.5m、长 15m 的卧式罐体；主辅容器垂直贯通，总容积约 $3200m^3$。另有后建设的载人试验舱真空容器，为直径 5m、长 15m 的卧式圆柱罐体。受当时真空获得设备技术水平限制，KM6 环境模拟器所配置的预真空系统由 4 套有油真空机组构成，每套机组包括 1 台 H-150 滑阀真空泵、1 台 ZJL-600 型直排大气罗茨真空泵、1 台 EJB-1200 型罗茨真空泵和 1 台 ZJ-5000 罗茨泵，对主辅容器抽真空，可在 3.5h 内达到 0.7Pa。KM6 的超高真空系统包括 8 台抽速为 50000L/s 的低温泵和抽速为 1×10^6L/s 的内装式深冷泵，配合容器内低温热沉，主辅容器的空载极限真空度为 4.5×10^{-6}Pa。

干式螺杆真空泵作为抽速大、适应性强的直排大气低真空泵，近年来已经成为各类空间环境模拟器粗抽真空系统的首选泵型，通常是与罗茨真空泵串联构成二级或三级罗茨-螺杆真空机组作为低真空粗抽系统，配合分子泵和低温泵共同组成环境模拟器的真空抽气系统。KM6 空间环境模拟器的粗抽真空系统，于 2024 年完成干式化改造，将原来的 4 套有油真空系统用 4 套干式泵真空机组替代，每一套干式真空机组为罗茨＋罗茨＋螺杆泵三级机组，包括抽速 5000L/s 的罗茨泵 1 台，抽速 1200L/s 的罗茨泵 1 台，抽速 330L/s 的螺杆泵 2 台，全部为国产产品。图 7-3 为改造后的 KM6 干式真空系统的实景照片。

图 7-3　改造后的 KM6 干式真空系统的实景照片

(2) KM8 环境模拟器

KM8 空间环境模拟器于 2016 年建成并投入使用，是我国当时所建容积最大（世界第三大）的空间环境模拟器[9]。我国空间站的“天和”核心舱，“问天”“梦天”“巡天”等试验舱，以及后期“神舟”系列飞船等大型航天器，均是在 KM8 环境模拟器中完成热真空地面环境模拟试验测试的。该环境模拟器主容器为一立式球型封头圆柱罐体，内部直径 17m、总高度 32m，总容积约 6000m^3，所配置的真空系统如图 7-4 所示。其中粗抽真空系统为罗茨＋罗茨＋螺杆泵三级干式真空机组，包括 16 套由干式螺杆泵和罗茨泵组成的 GXS750/4200 型一体式干式真空机组和 8 套 pXH6000 型罗茨真空泵，粗抽系统的总峰值抽速约 12600L/s，可在 4h 内将容器从常压抽空至 5Pa 以内。KM8 环境模拟器的高真空系统包括 8 套单台名义抽速 3200L/s 的 MAG3200 型分子泵和 10 台 DN1250 的低温泵。分子泵在粗抽结束、容器内压力达到 5Pa 以下时对容器进行过渡抽气，以达到低温泵启动压力；低温泵承担高真空阶段的抽气，在热沉温度低于 100K 情况下，能够使真空容器的空载极限压力低于 1×10^{-5}Pa。

除常规环境模拟器外，还有一些针对特殊空间环境模拟要求的环境模拟器，所配置的真空系统也相应地有所不同。

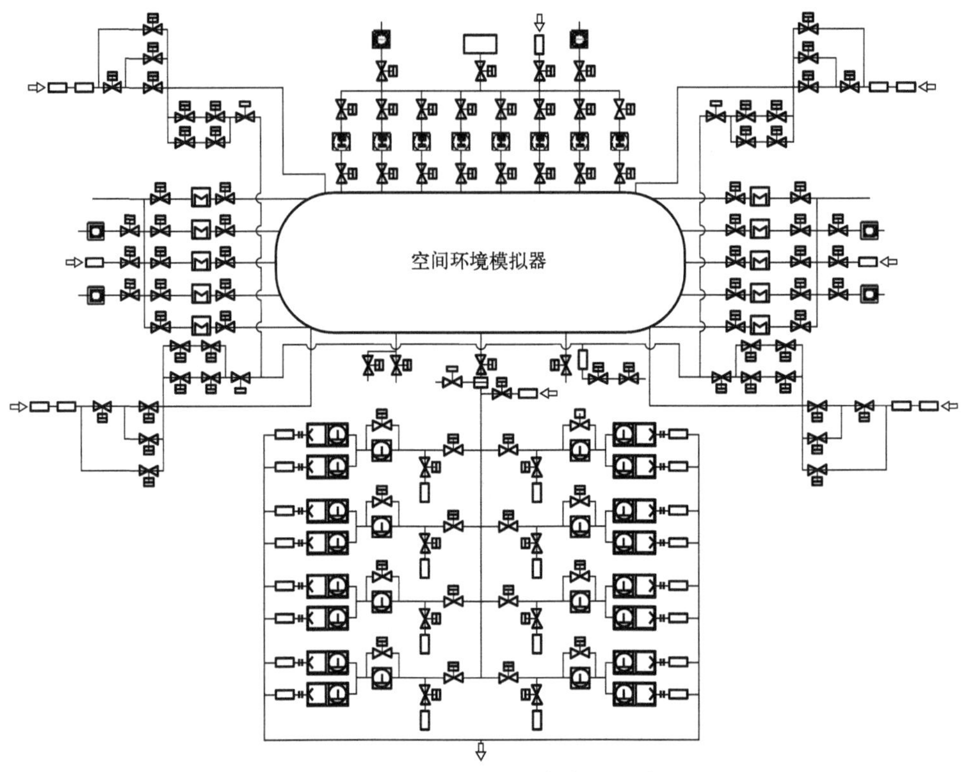

图 7-4 KM8 空间环境模拟设备真空系统配置图

7.3.2 航天火箭发动机试车平台真空系统

下面以某二级、三级航天运载火箭发动机地面点火试车平台为例，介绍该环境模拟装置的真空系统配置。

多级航天运载火箭的二级、三级火箭，是在前一级火箭将其推送至一定高度后开始点火启动工作的，根据点火启动高度的不同，其发动机排气口处的环境气体压力也有所不同，总体均为低压气体条件，且随着火箭启动点火后运行时间的延长，对应火箭的飞行高度不断升高，火箭发动机喷口处的气体压力还会随之不断下降。二级、三级航天运载火箭发动机地面点火试车平台，就是要为发动机模拟这种工作状态，在点火及试车全过程中，在发动机喷口处产生所要求的真空度，因此需要配置真空系统。在点火、试车过程中，要求真空系统不仅必须及时抽除火箭发动机排出的燃料燃烧后产生的尾气，还要使喷口处的气体压力按照设定的速度随着时间不断降低。

由于火箭发动机的排气量非常大，单纯依靠真空泵直接、即时抽除这些气体，所需要的真空泵抽速是难以实现的。通常的做法是在排气口与真空机组之间设置数个容积足够大的真空缓冲罐，在火箭点火试验开始之前，利用真空泵将真空缓冲罐抽至预备真空。然后在点火试验过程中，发动机排出的尾气主要储存在真空缓冲罐中，通过调节节流阀的开度，实时调节真空系统的有效抽速，从而控制火箭发动机排气口处的气体压力按照设定的规律变化。对于有多个真空缓冲罐的情况，当其中一个真空缓冲罐不能满足试验的抽速或压力控制要求时，通过阀门切换至另一真空缓冲罐进入工作或同时开启多个真空缓冲罐。整个点火试车试验过程中，真空系统可以始终满负荷运行，对正处于充气工作状态的缓冲罐或已经饱和的缓冲罐进行抽气。

由于火箭发动机排出的尾气中含有未充分燃烧的燃料（如煤油）蒸气，所以不适合使用油封类真空泵抽气。早期曾采用水蒸气喷射泵和水环泵机组，后来改为使用双级或三级罗茨-螺杆真空机组。

图 7-5 为航天运载火箭发动机地面点火试车实验平台中真空系统的单套真空泵机组实物照片。其中图 7-5(a) 为罗茨-螺杆两级真空泵机组，主泵为 ZJB-1200 型号带旁通阀罗茨泵（抽速为 1200L/s），前级泵为 SP1500 型号螺杆真空泵（抽速为 $1300m^3/h$），单套机组抽速为 1200L/s，极限压力 10^{-1}Pa。图 7-5(b) 为罗茨-螺杆三级真空泵机组，主泵为 RP3600 罗茨泵（抽速为 $5500m^3/h$），中间泵为 RP2000 罗茨泵（抽速为 $2400m^3/h$），前级泵为 SP1500 螺杆真空泵（抽速 $1300m^3/h$），单套机组抽速为 1500L/s，极限压力 10^{-2}Pa。

(a) 罗茨-螺杆两级真空泵机组

(b) 罗茨-螺杆三级真空泵机组

图 7-5 火箭发动机点火试车平台的真空系统的单套真空泵机组实物照片

在航空领域，与此类似的飞机发动机高空测试试验平台，也有负压试验需求，常常采用与之类似的真空系统[1]。

7.3.3 火星尘舱环境模拟器中的真空系统

火星是太阳系由内往外数的第四颗行星，同时是地球的近邻，在太阳系中火星与地球最为相似。探测火星具有重要的科学意义、工程意义和社会意义。科学意义体现在寻找生命出现过的证据、研究大气演化过程及水消失过程、研究火星磁场变化及地质特征等方面；工程意义体现在火星探测工程涉及了能源、通信、自动控制、材料等众多学科及交叉学科的关键技术，这些领域的突破可以提升一个国家在基础科学和应用科学方面的发展水平；社会意义包括树立国家威望、增强民族自豪感、教育和激励青少年、与国际上不同国家和组织开展合作等。

火星探测项目一直是国际航天领域的热点[10]，近年来甚至尝试开展“火星移民计划”。火星是我国开展深空探测的第二颗星球，在 2016 年，我国首次火星探测任务正式获得国家批准立项。2020 年成功发射了“天问一号”火星探测卫星，着陆器在火星表面实现软着陆，“祝融号火星车”驶上了火星表面，开展巡视探测，环绕器准确进入遥感轨道并开展火星全球遥感探测。

火星虽然为类地行星，但其环境特征与地球相差较大。资料显示，几乎整个火星表面都覆盖有岩石尘埃，因经度方向上的大气气压和温度差异，火星表面常年产生强风并形成火星尘暴。火星表面的平均风速约为 4.3m/s，一般最低为 1.1m/s，最高为 7.2m/s，当发生尘暴时，表面风速可达 180m/s。火星尘暴具有剥蚀、遮蔽、阻滞、摩擦放电等多种环境效应，会对火星探测器的可靠运行造成威胁。因此需要通过地面模拟试验来验证火星风和火星尘暴环境对火星探测器性能的影响，这是火星探测器能够在火星成功执行探测任务的前提[11]。

模拟火星风和火星尘暴的重要设施就是火星环境模拟风洞，自 20 世纪 80 年代以来，美国、欧洲、日本相继建设了火星风洞，开展火星风环境和风蚀过程等研究工作，我国也有多家单位陆续开展相关研究。由哈尔滨工业大学和中国航天科技集团联合建造的“空间环境地面模拟装置”国家重大科技基础设施项目，于 2024 年正式通过国家验收，这是我国航天领域首个大科学装置，可以综合模拟真空、低温、粉尘、电磁辐射、电子/质子辐射、等离子体源、弱磁等九大类空间环境因素。在该综合系统中，就设置了“火星尘舱分系统”，专门用于开展火星风和火星尘暴的环境模拟研究。

某火星尘模拟装置的舱体结构如图 7-6 所示，在直径 3m、直段长度近 5m 的舱体内，沿中心轴线安置了一个引射式风洞。模拟试验中采用二氧化碳气体模拟火星大气，用二氧化硅颗粒模拟火星沙尘；引射气体由图中 B 口鼓入，在风洞的引射段形成超声速射流，从而在风洞内前端试验段 D 区产生预期流速的气流；挟裹沙尘的气体从图中C口鼓入，在风洞最前端收集口后的稳压段形成尘暴效果；为稳定舱内的气体压力，真空系统从A口抽除不断充入的气体。舱内主要试验指标参数：气体成分为CO_2，浓度≥97%；风速范围设定为1～180m/s，试验段气体压力范围为100～1500Pa。

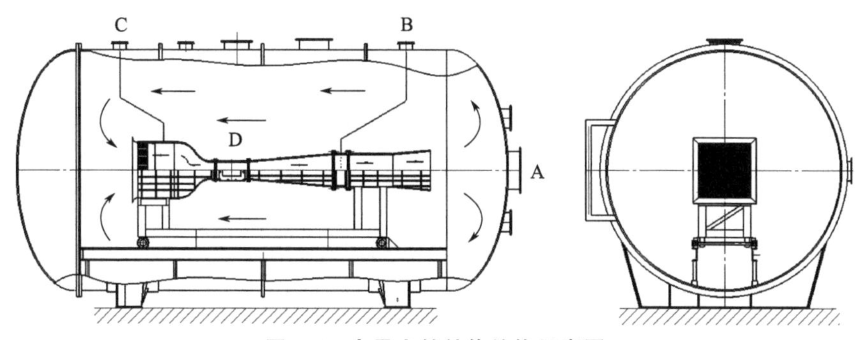

图7-6 火星尘舱舱体结构示意图

火星尘舱的试验工作状态和技术要求，与常规空间环境模拟器相比有很大不同。常规空间环模器是面向卫星、飞船等航天器的在天工作状态，用于模拟太空极为洁净的超高真空环境，因此必须使用分子泵和低温泵抽真空；其环境温度则包括对应太空冷黑环境的背景低温或直面太阳辐射的高强度辐照温度，因此常规环境模拟器内部设置液氮冷却的热沉或太阳辐照灯阵；模拟状态则主要是稳定、静止状态。而火星尘舱中，气体压力为低真空区域，气体温度也在常温范围内，因此不需要高真空泵和低温系统；与洁净真空相反的，火星舱是高风速、多沙尘的动态环境模拟系统，需要重点考虑沙尘的污染防护和清理收集。

该火星尘模拟装置所配置的真空系统如图7-7所示，抽气能力按照预期试验的最大气体负荷计算。初级粗抽泵选择由抽速为740m^3/h的螺杆真空泵和抽速为2300m^3/h的罗茨泵组成的GXS750/2600型号一体式真空机组，3套并联工作；主泵采用抽速为4100m^3/h的ZXS4200型号罗茨泵，4台并联。在主泵的进排气管道之间，设置了旁通预抽管路；主泵进气管路和旁通管路上均设置了真空截止阀；从而可以选择初级真空机组通过旁通管路单独抽气，或者串联罗茨泵共同抽气。在主泵进气管路之前，安装了3台不同调节精度的气体流量调节阀，通过安装在火星尘舱环模器舱体上的压力控制器，反馈控制阀门的开度，从而保证舱内气体压力精准稳定地维持在设定的实验参数下。

为解决含尘气体的沙尘污染问题，在火星尘舱真空抽气管道出口处直接并联连接了3台简谐式除尘过滤器。该类型过滤器进气口设置在罐体下部侧面，出气口设置在罐体上部；含尘气体进入过滤器罐体后，首先依靠离心惯性力实现旋风分离，使一部分重的沙尘杂质沉降下来；然后依赖致密滤材制作的过滤器滤芯，

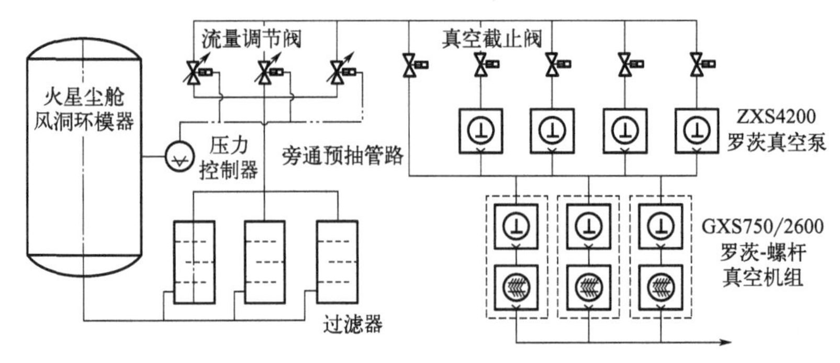

图 7-7　火星尘舱真空系统示意图

通过惯性碰撞、拦截、扩散、筛滤作用等使粉尘粒子附着在滤材上。当滤材上的粉尘附着达到一定厚度时，通过简谐式振动和重力作用使滤材上的粉尘脱离掉落到灰仓内，实现在线清灰功能，以免滤材阻力随使用时间延长而增大。系统停止后，通过罐体底部灰仓清理杂质，保证下个周期正常运行。

尽管有过滤器截留绝大多数沙尘颗粒，但仍会有少量粉尘最终进入各级真空泵中，其中最末级的螺杆真空泵受粉尘污染最严重。为保证其正常工作，需要选择粉尘耐受能力更强的泵型，并且在螺杆转子体两端转子轴密封处，设置气体吹扫，保护轴封不进粉尘。在每次试验结束后，不能马上停机，而是要关闭前面真空截止阀，从进气口向泵内补充无粉尘、湿度低的清洁空气，对泵内壁和转子体表面吸附黏附的粉尘进行吹扫清除，以便于下一周期正常运行。

7.4　螺杆真空泵在油气回收技术中的应用

油气回收是一项节能环保型的新技术[1]，即在油品的储运、装卸过程中回收自然散失的油气，防止油气挥发造成的大气污染，消除安全隐患，减少油品损失，从而得到可观的效益回报。

各种油品在常温下的饱和蒸气压普遍很高，在大气环境下极易挥发扩散。在我国的原油和成品油的储运过程中，每年都因油气挥发至大气中，造成大量损耗。仅以分布于城乡各地的车辆加油站为例，汽油、柴油均是极易挥发的液体，在储存、装卸、运输、加油的每一个环节都会有油气逸散挥发。油气挥发排放不仅产生油料损耗带来可观的经济损失，还存在有燃爆等巨大的安全隐患；油气对人的中枢神经系统有麻醉作用，对皮肤黏膜产生刺激，甚至可引起皮炎和湿疹；油气中的物质还会在阳光的作用下与大气中的氮氧化物发生光化学反应，生成毒性更大的光化学烟雾，污染大气环境。因此，推广油气回收技术势在必行。

吸附式油气回收系统的主要构成如图 7-8 所示，主体设备包括两个吸附器、一个吸收塔，以及真空泵、气液分离罐、油泵、管路和阀门等配套部件。其工作原理与流程如下：两组吸附器内部为由活性炭或硅胶构成的吸附床，并通过阀门切换交替工作在吸附和再生两种状态下；在油枪为车辆加注油品时，油气回收管按照注油容积的 1.2 倍吸入挥发的油蒸气和空气的混合气体，送入处于吸附工作状态的吸附器 A，气体中的油蒸气被吸附床吸收，空气经放空管排出；当吸附器吸附的油蒸气接近饱和状态时，通过阀门切换连通真空泵，进入再生工作状态，如图中的吸附器 B；在真空泵产生的低压状态下，吸附床中的油蒸气发生脱附并被真空泵抽走，经气液分离罐分离后，排入吸收塔；为了保证吸附床中的烃被尽可能彻底地清除干净，有必要引入少量空气对吸附床上可能残留的烃进行吹扫；吸收塔可以是喷淋塔或者填料塔，利用汽油输入泵将油库中的液体油从塔上端注入，与从塔下端进入的油蒸气相遇，将其吸收凝结为液体，一同从吸收塔底部由汽油返回泵排出，经换热器降温后输送回油库；塔顶部的残余油蒸气及空气经管道送至吸附塔再次吸附回收；再生过程持续至吸附塔内吸附的油蒸气充分释放，为下一次吸附过程做好准备，如此周而复始循环工作。

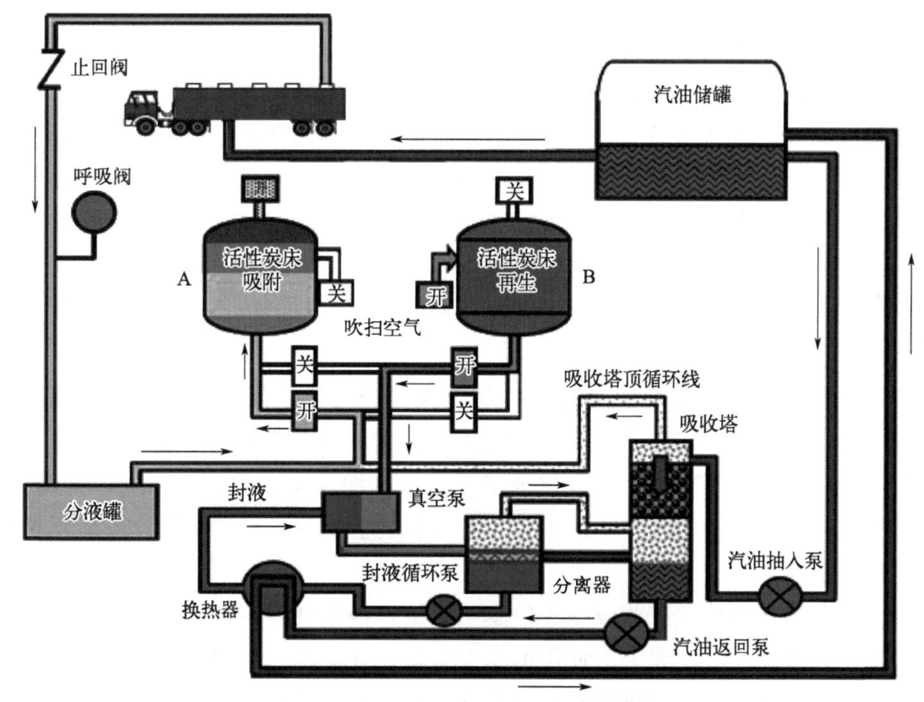

图 7-8　吸附式油气回收系统结构示意图

干式螺杆真空泵非常适合用于油气回收系统，是其中的关键设备。由于所抽气体为容易挥发的汽油、柴油蒸气，通常要求泵的运行温度控制在 80℃以下，然而仅仅依靠泵体夹套冷却无法使运行中的泵降低到如此低的温度，另外在多数现场都不能提供冷却水，可以提供的冷却液就是汽油；为了降低泵的运行温度，除了往泵体夹套内通入汽油外，最有效的方法就是利用封液循环泵向泵腔内（在温度最高点）注入适量的汽油，以此蒸发吸热来降低泵腔内温度。同时，泵腔内的油液还具有密封效果，有利于阻止扩散性强的油蒸气的返流，获得更高的真空度。为防止被冷凝的汽油堆积在泵的排气口处造成泵的异常振动和噪声，必须及时排出积液，为此可以采取如下改进措施：将泵的排气管置于比排气口更低的位置并向下倾斜，以利于油液流入气液分离罐；在泵的排气口或消声器最低位处，安装一台循环泵以消除积液现象；在泵的排气口处安装单向阀，以防止泵在停止运行时由于虹吸现象造成冷凝液倒流入泵腔内。

7.5 螺杆真空泵在半导体加工领域的应用

半导体行业是一个基于半导体材料技术的基础产业，我国将其划归于电子信息产业板块。半导体技术广泛应用于集成电路、消费电子、通信系统、光伏发电、照明、大功率电源转换等众多领域，在国民经济和社会发展中占有重要地位。

半导体制造领域是干式真空泵发展的初始源动力[12]，从半导体材料的早期研究开始，就提出了对无油真空系统的刚性需求。随着集成电路加工技术的复杂程度和集成水平的日益提高，对所需真空环境的洁净程度要求也越来越严苛。半导体产业规模的飞速增长，也极大地促进了干式真空泵生产的快速发展。适合于泛半导体行业的干式真空泵包括螺杆真空泵、多级爪式真空泵、多级罗茨真空泵，以及由罗茨泵、爪式泵或螺杆泵混合组成的多级泵，其中螺杆真空泵的使用量多于其他种类干式泵。面向泛半导体行业的各种应用，是我国干式螺杆泵生产继续保持快速增长的主要驱动力。

仅以集成电路芯片的制造过程为例，在晶圆加工、氧化、掺杂、光刻、刻蚀、薄膜沉积、扩散、离子注入、金属化、测试、封装等近百个工艺步骤中，有60%～70%的工艺环节都要在真空环境下完成，涉及单晶炉、扩散炉、光刻机、蒸镀机、转运机、PVD/CVD设备等众多种类真空设备，而且这些设备都要求配置无油真空泵。

应用于半导体加工工艺设备中的真空系统，经常会遇到被抽气体中含有固体粉尘颗粒的情况，因此要求所使用的真空泵具备良好的粉尘耐受能力；螺杆真空泵因其泵内流道短而直、排除粉尘能力强，在各种干式真空泵中颇受青睐。

在真空泵中出现的固体颗粒物一般有3种来源。

① 相变生成。被抽气体中含有固体材料的蒸气原子，进入泵内后因碰撞到固体壁面而发生表面相变沉积回归固态；或因泵内压力增高温度降低，而引起空间气固相变过程的发生。例如在单晶炉抽气时裹挟有硅蒸气原子，蒸镀机中蒸发

的金属原子，常会相变成为固体粉尘。

② 反应生成。本应该在工艺设备内进行化学反应的原料气体在炉内反应不彻底，直至进入泵内后继续发生气相化学反应，生成固体颗粒物，在各种CVD设备中最为常见；或是活性有机气体分子遇到泵内高温壁面发生裂解反应，分解生成的气体部分被排出泵外，留下焦化的碳原子沉积在泵内，这种情况在药化行业应用中更为常见。

③ 气体携带。本身产生于工艺设备内的固体微粒，随同被抽气体被裹挟至泵内，如刻蚀工艺中产生的被刻蚀物。初始生成的固体粉尘粒度通常很小，但经过相互团聚或长期沉积，往往会形成较大的固体颗粒或固体黏附层，从而造成泵内转子相互之间或与壁面之间发生剐蹭干涉，影响真空泵的正常运行。

减弱或消除固体粉尘颗粒危害的措施，首先是在泵前设置过滤器或冷凝器，将工艺设备中已经生成的固体粉尘过滤掉，或将可凝性蒸气成分凝结下来，避免有害成分进入泵内。其次则是在泵内形成不利于粉尘生成和沉积的环境状态，比如适当提高泵温，可以避免一些凝结、凝华相变温度相对较低的介质发生气固相变形成颗粒物。例如在铝刻蚀工艺过程中生成的氯化铝，在常规排气压力下，其凝华/汽化温度为178℃，因此若将泵内温度保持在180℃以上，就可使其始终处于气态条件下，有效避免氯化铝的固化沉积。另外，最常用的方法之一就是向泵内合适位置处充入惰性气体，在不影响真空泵的工作真空度和有效抽速前提下，适当提高泵内气体压力和流速，则在泵内降低了可能发生凝华的反应气体的分压力，减少固体粉尘颗粒相互间发生碰撞和团聚的机会，提高泵内气体流速从而减少粉尘颗粒在泵内的停留时间，这都是对抗粉尘颗粒的有效物理措施。

下面介绍螺杆真空泵在半导体单晶材料制备设备中的应用案例。

7.5.1 螺杆泵在硅单晶炉中的应用

单晶硅是最为常见、应用最广的半导体材料，是当前一切硅基半导体应用技术的基础。拉制单晶硅的单晶炉是一种在惰性气氛（氮气、氩气等）低压环境下，通过加热熔化多晶硅粉料，采用直拉法生长无错位单晶体的设备。工作过程中，首先利用石墨加热器将石英坩埚中的多晶硅原料熔化成高温液体；其次利用籽晶作为晶体种子，引导熔池中的液体在其上再结晶，生长为单晶体；然后利用上部提拉杆或下部坩埚杆的旋转、升降运动，完成单晶体的种晶、引晶、放肩、转肩、等径拉伸等一系列生长过程，从而获得单晶硅棒材。为防止气体杂质污染和硅料蒸发飞散，并精确控制晶体生长温度，需要使用惰性气体保护熔池。因此，在整个单晶体生长过程中，始终向单晶炉内充入惰性气体，同时利用真空泵和自动控制压力调节阀，全程精准控制炉内气体压力。熔池中液态硅的蒸发作用，使得从单晶炉中抽除的气体中携带有部分硅蒸气原子，这些原子在进入常温气体环境或遇到固体表面时，会重新凝华为固态并相互团聚成粉体颗粒。尽管在真空机组前设置了粉尘过滤器，但仍会有部分硅粉尘颗粒进入真空泵中。传统单晶炉使用罗茨-滑阀真空机组抽真空，当粉尘颗粒进入作为前级泵的滑阀泵中时，会混入真空泵油中，使其成为黏稠的粥状物，失去了润滑与密封效果，并容易造成泵体内腔的划伤。因此不得不频繁更换真空泵油，不仅产生高昂的泵油采购成本和人力维修成本，废油的处理还会带来环保问题。使用耐粉尘能力较强的螺杆真空泵替代滑阀泵，与罗茨增压泵构成干式真空系统，既彻底避免了真空泵废油的产生，也延长了真空泵的维修周期，使单晶炉的运行成本得以降低，性能可靠性得以提高。目前的应用案例显示，采用等螺距螺杆转子的外压缩式螺杆真空泵，显示出更强的抽除粉尘能力，在硅单晶炉真空机组中取得成功，占有绝大多数市场份额。

7.5.2 螺杆泵在碳化硅长晶炉中的应用

碳化硅（SiC）被称为第三代半导体材料，具有更高热导率、高击穿场强、高饱和电子漂移率等优点，适用于制作高温、高频、高功率器件，目前已在国防、新能源汽车、光伏储能等领域得到广泛应用。在新能源汽车领域，SiC 器件主要应用在 PCU（动力控制单元，如车载 DC/DC 变换器）和 OBC（充电单元），相比于 Si 器件，SiC 器件可减轻 PCU 设备的重量和体积，降低开关损耗，提高器件的工作温度和系统效率；OBC 充电时，SiC 器件可以提高单元功率等级，简化电路结构，提高功率密度，提高充电速度。在光伏发电领域，SiC 材料具有更低的导通电阻、栅极电荷和反向恢复电荷特性，使用 SiC-Mosfet 或 SiC-Mosfet 与 SiC-SBD 结合的光伏逆变器，可将转换效率从 96%提升至 99%以上，能量损耗降低 50%以上，设备循环寿命提升 50 倍。

碳化硅单晶晶锭的生长，是碳化硅器件制备的基础前提条件。碳化硅长晶的最常用方法是通过物理气相传输法在高温高压条件下，将碳化硅原料气化并沉积在种子晶上，形成碳化硅单晶锭。按照加热方式的不同，碳化硅长晶炉分为感应加热炉和电阻加热炉两种形式，长晶炉核心区的结构如图 7-9 所示。碳化硅长晶炉的生长区没有运动部件，单晶生长完全依靠炉内碳化硅原料的蒸发—沉积—结晶的气相输运过程自然完成，因此整个过程必须精确、稳定控制过程工艺参数，如温度、压力、气流、硅碳比等，才能保证晶体的质量和纯度。碳化硅生长过程中主要工艺参数的变化趋势如图 7-10 所示。

为保证长晶炉内的气体成分纯净度，对炉体规定了极高的气密性和极限真空度指标，极限真空度要高于 5×10^{-5}Pa；真空漏率小于 5×10^{-7}Pa・L/s，或停泵关机后压升率<5Pa/12h。一台生长 6～8in（1in＝0.0254m）单晶的碳化硅长晶炉，配备的真空系统是：主泵为抽速 2200L/s 的分子泵，前级泵为抽速

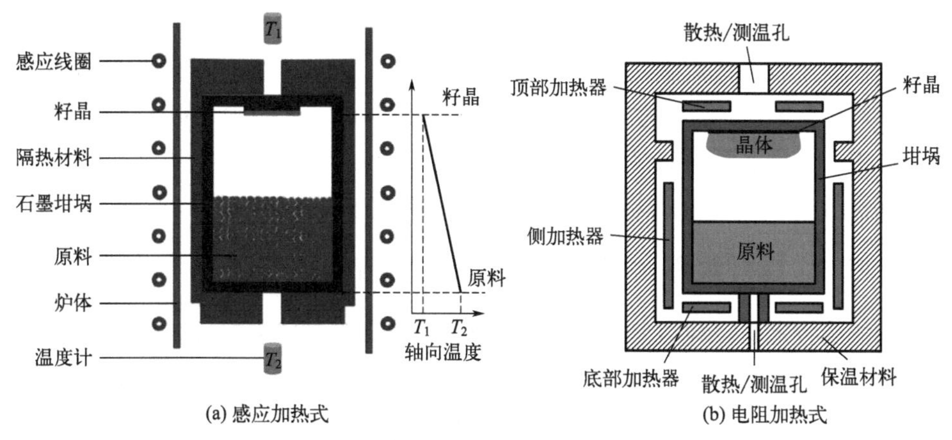

图 7-9 碳化硅长晶炉的结构示意图

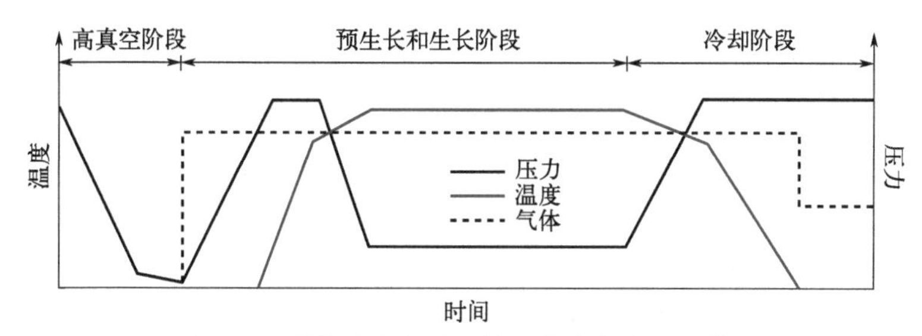

图 7-10 碳化硅生长过程的工艺参数变化趋势图

$1200m^3/h$ 的螺杆真空泵。工作过程中，首先抽空至本底真空度 $5\times10^{-4}Pa$；然后充入氩气清洗腔体，反复三次以上；工作真空度通常在 1kPa 左右。碳化硅长晶炉也会有少量粉尘颗粒生成，最终进入真空泵，但考虑影响抽速和极限真空度的原因，较少在泵前加装过滤器。

7.6 螺杆真空泵在新能源领域的应用

经过一百多年的工业化进程，人类社会对能源的需求越来越多，以至于造成煤炭、石油、天然气等化石能源的过度消耗，并引发了严重的环境问题，诸如空气污染、温室效应、废渣废液排放等。为此，自 20 世纪的中叶，人们从可持续发展的角度考虑，开始寻求解决能源问题的途径，新能源、绿色能源、清洁能源的概念应运而生。为了切实解决上述环境问题，20 世纪后期至 21 世纪，联合国气候变化大会多次举行，与会各国大多承诺改变能源结构，减少温室气体排放，践行低碳发展的原则。我国也承诺将在 2030 年前实现碳达峰，2060 年前实现碳中和。调整能源结构、推动清洁能源的生产与应用，成为现阶段中国能源发展的关键环节。所以对环境友好的新能源的使用越来越普及，新能源技术的发展也突飞猛进。

新能源主要是指来源广阔、对环境友好、基本上不会产生或加重环境问题的清洁能源，主要包括太阳能、核能、地热能、潮汐能等，也包括由上述清洁能源转变而来的二次能源，如锂电池、氢能及由此衍生的氢燃料电池等。在各种新能源的开发利用过程中真空技术做出了突出贡献。

7.6.1 螺杆泵在太阳能电池制造中的应用

新能源技术中，利用太阳能的技术是最被看好而且应用最为广泛的。太阳每年送到地球上的能量比当前世界能源年消耗量高出 4 个数量级，太阳能是一种清洁环保无污染、取之不尽可再生的理想能源。太阳能大规模利用的关键在于解决太阳能向其他能量形式的转换问题，其中光电转换，即太阳能转化为电能，是最为常见而且使用便利的一种转换形式。光伏电池又称太阳能电池，就是一种直接将光能转化为电能的半导体部件，目前已经成为全球太阳能利用领域技术最为成熟、发电量最多的新能源产品。在我国新能源发展政策的大力支持下，我国的光伏产业发展势头强劲，在多晶硅料、硅片、电池、组件、电站等全产业链各个环节上均衡全面发展，走在世界前列，电池片产量全球占比超过 70%，光伏新增装机量长期居于全球首位。

在光伏电池生产过程中，真空技术的应用是非常普遍的。以硅基太阳能电池的生产过程为例，无论是拉制单晶硅棒的单晶炉，还是对电池硅片完成扩散、刻蚀、镀制各种膜层的管式（或板式）真空镀膜机，乃至在真空环境中连接前后保护板同时封装电池片的层压工艺，均离不开干式真空泵的应用。

晶硅太阳能电池是我国当前光伏产业主流的、技术最为成熟的光伏电池产品。按照制备技术方法的不同，目前主要有 BSF、PERC、TopCon 和 HJT 几种工艺路线。其中 PERC 电池目前市场占比最大，TopCon 电池和 HJT 电池则有后来居上的发展趋势。此外，以玻璃为衬底的钙钛矿太阳能电池技术也日益成熟。图 7-11 给出了 4 种晶硅太阳能电池的制备工艺流程，从中可以看出，在将单晶硅棒切割成晶圆并抛光制成硅电池基片后，无论哪一种工艺路线，都要将电池基片多次送入不同类型和功能的真空镀膜设备中，反复完成扩散、刻蚀、镀膜等工艺作业。这些后续工艺流程的生产设备都需要配置耐粉尘的干式真空系统。

仅以减反射钝化膜的镀膜工艺为例，减反射膜所用材料可以是氮化硅、氧化硅、氧化铝、氧化钛、氟化镁等陶瓷类材料，其中氮化硅膜，既具有良好的减反射效果，又有很好的表面钝化和体钝化作用，所以在生产中使用最普遍。采用等离子体增强化学气相沉积（PECVD）方法镀制氮化硅（SiN_4）减反射膜时，向

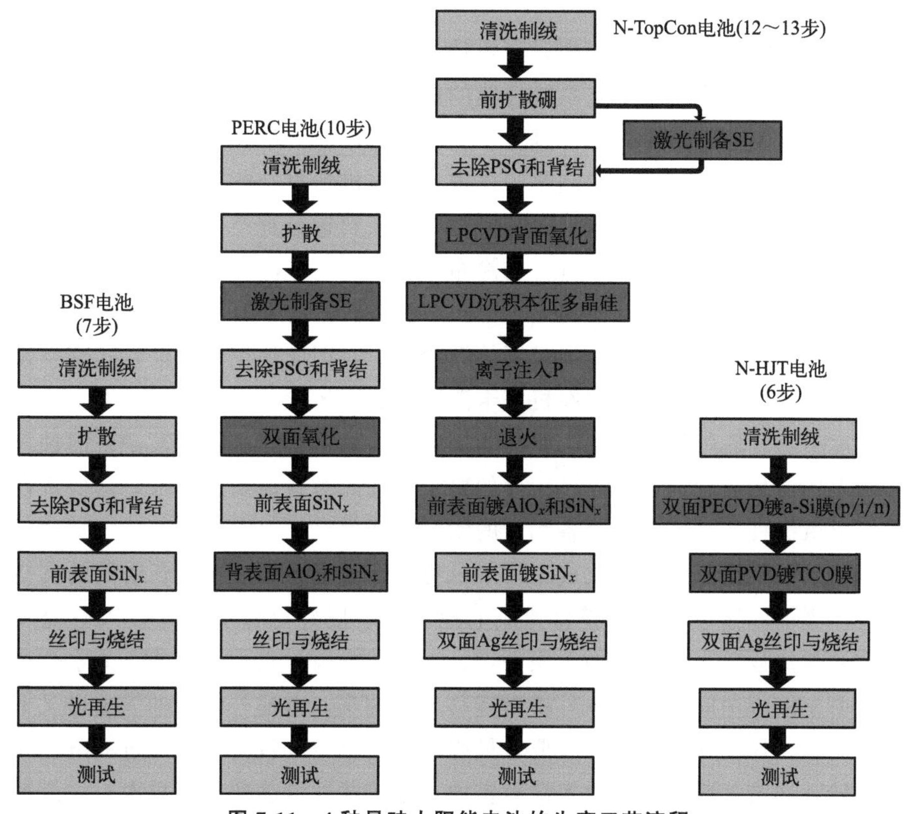

图 7-11　4 种晶硅太阳能电池的生产工艺流程

镀膜室内充入硅烷（SiH_4）和氨气（NH_3），在射频等离子体激发下发生化学反应，生成氮化硅和氢气。氮化硅沉积在电池基片表面成为固体膜层，氢气伴随着其他工艺气体和未完全反应的原料气体，一同被真空泵抽除。被抽气体中携带的以及陆续反应生成的氮化硅分子会凝华为固态并相互团聚成粉体颗粒，大部分会被粉尘捕集器截留，但仍有部分粉尘会进入真空泵中。为此，目前绝大多数硅太阳能电池生产设备中，都选择耐粉尘能力强的罗茨-螺杆真空泵机组作为其真空系统。而提高螺杆真空泵的耐粉尘能力，延长可靠运行寿命和下线维护周期，简化维护作业方法，降低维护作业成本，成为面向该领域的真空系统解决方案的最关键问题。

7.6.2　螺杆泵在锂离子电池制造中的应用

在二次新能源利用方面，电动汽车以其环保、经济的强大优势，逐渐得到人们的青睐。随着电动汽车的迅速普及，作为车载动力电源的锂离子电池得到极大发展，目前我国已成为电动汽车和动力电池的全球第一大生产国。此外，太阳能电站所需要的配套储能系统，对大容量蓄能电池提出迫切需求，也为锂离子电池开拓出巨大的应用空间。

在锂离子电池的制造过程中，真空技术在合浆、干燥、注液、化成等主要工艺流程中发挥重要作用，真空系统性能的优劣与锂电池的品质密切相关，真空泵的选择至关重要，其中干式螺杆真空泵成为首选产品。

在锂电池生产工艺的前段制浆工序中，当电极粉材与溶剂混合时，粉体表面原来吸附的气体会混入浆料，这时需要对电极浆料进行真空搅拌脱气，消除浆料内部的气体，从而避免在随后进行的涂布工序中产生气泡，以实现优质的极卷涂覆。由于电池正极材料中有机溶剂 NMP（*N*-甲基吡咯烷酮）的挥发物蒸气具有强烈的腐蚀性，被抽气体还会携带固体微粉颗粒，因此使用传统油封式真空泵抽真空，需要频繁更换泵油并存在机械卡滞磨损故障风险。使用液环式真空泵则存在真空度不够，脱气不能满足工艺需要等问题。而单台干式螺杆真空泵的抽气速率和极限压力指标，恰好满足该工序的要求，因此被普遍采用，唯一需要重视的问题是要求螺杆干式真空泵具备相应的耐腐蚀能力。

在随后的干燥、注液和化成工序中，更是需要真空系统执行长时间的真空保持作业。当电池极板与绝缘膜卷扎成电池芯、焊接好电极引线并装入电池外壳后，需要整体放入真空室中做干燥处理，以便使电极材料中吸附残存的水分释放出来。由于极板中间的水分向外扩散迁移十分困难，电池外壳的抽气通道又十分狭小，所以干燥工序耗时很长并要求最终达到的真空度较高。干燥过的电池盒在降温后转入注液工序，将其放入注液室内，在正式注液前还需要再次对注液室抽真空，使电池盒内空间气体及吸附于电池芯体中的气体释放出来，然后才向盒内注入电解液；电池盒注满电解液后，对注液室充入高压氮气，以便加速电解液进入电池芯体内。注液完成后的电池盒进入化成工序，即对电池反复充放电从而激活电池，使其具有更高的能量密度、放电容量、循环寿命和安全性。由于化成期间电池芯体中会有许多气体释放出来，如果在化成前对电池盒做完全封口，很容易发生气胀现象，因此通常采用负压化成，即化成期间对电池盒抽真空，使其内部气体顺利脱出。用于注液和化成工序的真空泵，都会有电解液中的易挥发成分进入泵内，如电解液中含有的六氟磷酸锂，遇水反应生成 HF 气体或氢氟酸，有较强的腐蚀性。螺杆真空泵是目前被广泛采用的泵型，解决泵的耐腐蚀问题是在该领域中的技术关键。

7.7 罗茨-螺杆真空泵机组在启动阶段的抽气特性

由于干式螺杆真空泵泵内没有润滑和密封介质，被抽气体在转子与定子之间的间隙中有较大返流，因此泵的极限压力高于传统油封式真空泵（如旋片泵和滑阀泵），通常在 0.1Pa 之上，而且在临近极限压力时泵的抽气效率很低，实际抽速很小，这常常不能满足实际工况的抽气要求。为弥补这一缺陷，通常是将螺杆泵与机械增压泵（罗茨泵）共同组成二级或三级罗茨-螺杆真空泵机组，利用罗茨泵在中真空区域的大抽气能力，与螺杆泵接续抽气，从而获得更高的极限真空度和更大的中真空压力段实际抽速。为便于用户安装使用，许多厂家还直接将罗茨泵和螺杆泵组装在同一个机箱内，整合为一体机，将二级罗茨-螺杆真空机组作为一台定型产品销售。从本章前面介绍的众多应用案例中可以发现，罗茨-螺杆真空机组频繁出现，已成为螺杆泵应用中的常态化方式之一[13]。

在组成罗茨-螺杆真空机组时，依据具体工作场合的不同，罗茨泵抽速与螺杆泵抽速之比（俗称压缩比）的取值范围也十分宽泛，通常在 2～6 之间，总体上说罗茨泵抽速远大于螺杆泵抽速。由于罗茨增压泵进出口气体压力差不能过大，尤其是不能在大气压力下直接启动，在罗茨泵能够全速转动正常工作之前，这些罗茨泵机组在启动初期对工艺设备预抽阶段所表现出的抽气特性，主要由前级泵的抽气能力所决定，同时与机组的组合结构和运行方式有很大关系。采用合理的组合结构和运行方式，能够使罗茨机组在启动阶段获得更大的有效抽速，节省预抽时间。

罗茨泵机组有 3 种常用的结构设置和工作方式：

① 最早期的旁通管路式结构，在罗茨泵入口和出口之间设置旁通预抽管路和预抽阀，作为前级泵的预抽通道；

② 目前较为流行的直通式结构采用自带内部限压溢流阀的罗茨泵，预抽阶段始终将罗茨泵腔作为抽气通道，在高压力阶段依靠被抽气体直接推动罗茨泵转子；

③ 更为先进的变频启动式结构，是在直通式结构基础上，使用变频电源驱动罗茨泵做调速运行，可以令罗茨泵与前级泵同步启动。

罗茨真空泵机组不同的启动作业方式，会导致在此期间的抽气速率有较大差别，本节将比较研究这 3 种常用结构形式和启动运行方式下二级罗茨机组所具有的实际抽速。

7.7.1 旁通管路式罗茨-螺杆机组的抽气特性

最早期的旁通管路式罗茨机组的设计方案，是在罗茨泵入口和出口之间，加设与罗茨泵相并联的旁通预抽管路，并在管路上安装预抽阀，结构组成示意图如图 7-12 所示。在罗茨泵启动之前，打开预抽阀，前级泵通过预抽管路对被抽容器抽预真空，绝大部分气流绕开罗茨泵从旁通管路进入前级泵，只有极少量的气体是通过罗茨泵内转子间隙泄漏流过。由于预抽管路流导很大，前级泵的抽速损失很小，基本能够发挥其抽气性能。

鉴于罗茨泵的抽速大于前级泵，工作中希望尽早启动罗茨泵以缩短预抽时

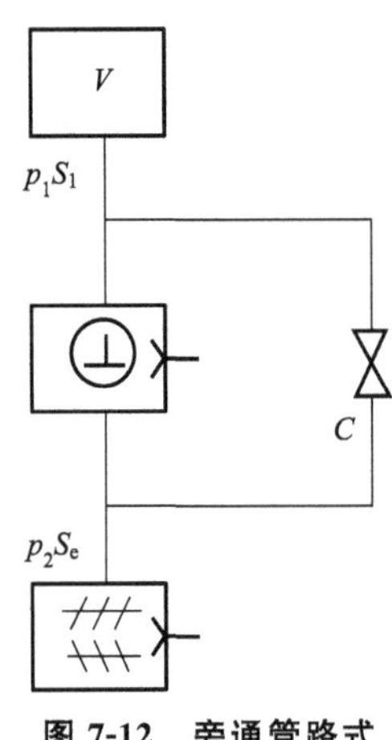

图 7-12 旁通管路式罗茨泵机组

间，同时又要避免过早启动，以防止罗茨泵因进出口压力差过大造成发热故障。为了准确控制罗茨泵启动时间，可以在罗茨泵进气口或旁通管路上安置真空计监测入口压力，一旦管路中的气体压力降低到预先设定的罗茨泵启动压力值，就自动启动罗茨泵，同时关闭预抽阀切断预抽管路。

旁通管路式罗茨-螺杆机组的特点是：由于预抽管路流导很大，预抽阶段前级泵的抽速损失很小，基本能够发挥其抽气性能。但这种结构方案结构复杂，制造成本高，占用空间大。

为计算旁通管路式罗茨-螺杆机组的抽气特性，参照图 7-12，定义图中各符号的意义如下：V 为被抽真空容器的容积，m^3；S_e 为前级螺杆泵在罗茨泵排气口处的有效抽速，m^3/s；C 为旁通管路的流导（忽略主管道流导），m^3/s；S_1 为罗茨-螺杆机组在被抽容器抽气口节点 1 处的有效抽速，m^3/s；p_1，p_2 分别为被抽容器抽气口节点 1、前级泵抽气口节点 2 处的气体压力，Pa。

忽略主管道流导，设旁通管道流导等于 C 为常数。管路内的气体流量 Q（单位 $Pa \cdot m^3/s$）与流导 C 及两端压力的关系为

$$Q=C(p_1-p_2) \tag{7-1}$$

在稳定等温流动状态下，系统中各截面处气体流量相同，即

$$Q=p_1S_1=p_2S_e \tag{7-2}$$

前级泵在机组入口处即被抽容器抽气口节点 1 处的有效抽速 S_1 为

$$S_1=\frac{S_eC}{S_e+C} \tag{7-3}$$

如果罗茨机组直接针对容积为 V 的被抽真空容器抽气，则容器的抽气过程方程为

$$-V\frac{dp_1}{dt}=S_1p_1 \tag{7-4}$$

做积分运算后，可求得在罗茨泵启动前被抽真空容器内气体压力由 p_a 下降至 p_b 所需要的抽气时间为

$$\tau=\frac{V(S_e+C)}{S_eC}\times\ln\frac{p_a}{p_b} \tag{7-5}$$

上述计算中，螺杆泵的有效抽速 S_e 近似看作为常数。如果需要考虑抽速的下降的影响，可以采取分段计算。

7.7.2 直通式罗茨-螺杆机组的抽气特性

出于简化系统的结构组成和操作复杂性、节省制造成本、减少占用空间等目的，罗茨-螺杆泵机组目前更流行采用直通式结构。此种形式的罗茨机组，取消预抽管路和预抽阀，将被抽真空容器、罗茨泵以及螺杆泵直接串联，前级泵进气口直接与罗茨泵排气口相接，始终将罗茨泵作为抽气通道。直通式罗茨泵机组的结构示意如图 7-13 所示，图中各符号的意义与图 7-12 相同。

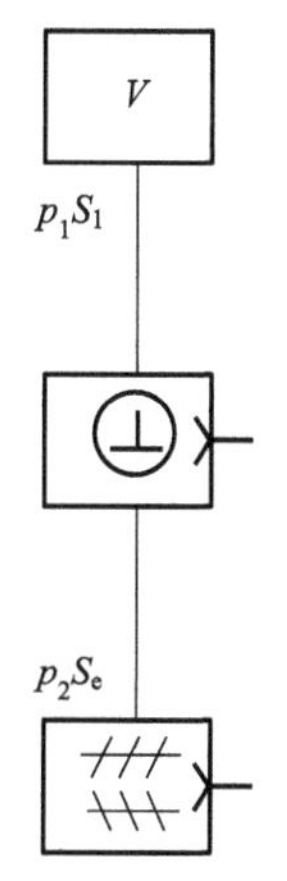

图 7-13 直通式罗茨泵机组

直通式罗茨泵机组在罗茨泵正常启动之前，前级泵通过罗茨泵对被抽容器进行预抽作业。在被抽容器内气体压力较高时，前级泵在罗茨泵进出口之间产生的气体压力差会推动罗茨转子做被动旋转，从而带动气体流过罗茨泵腔。很明显，推动罗茨泵转子旋转需要在罗茨泵的进出口之间保持一定的压力差，以便提供转子旋转的启动扭矩，克服支撑轴承、密封件、同步齿轮和电动机的摩擦阻力。所以，罗茨泵此时相当于一个流动阻力很大的管道，必然导致前级泵在罗茨泵入口处的实际抽气能力大幅度下降。当罗茨泵进出口间压力差不足以推动罗茨转子旋转，或者已经达到罗茨泵启动压力时，需要立即启动罗茨泵，否则，一旦罗茨转子停止转动，气体只能通过转子间隙流动，前级泵的预抽就几乎处于停滞状态。

直通式机组的另一个问题是，由于罗茨机组中罗茨泵的抽速通常远大于前级螺杆泵的抽速，所以在罗茨泵刚刚全速启动的一段时间内，如果前级泵所配抽速偏小，难以将罗茨泵压缩排出的气体及时排除，会造成罗茨泵出口压力的急剧上升而超出许用压力，导致罗茨转子因气体摩擦而发热和电动机因过载而发热。为此，应用于直通式机组的罗茨真空泵，大多在其内部设有一个限压溢流通道，上盖溢流阀，起到过载保护作用。当罗茨泵出口压力高于入口压力过大时，气体会推开溢流阀，一部分气体从排气侧通过溢流通道返回到进气侧，从而限制罗茨泵进出口压力差，起到保护泵的作用。

相比于旁通式机组，直通式罗茨-螺杆泵机组的优点是结构构成和作业方式都简单，制造成本低廉；但预抽阶段前级泵抽速损失较大，抽气能力明显低于前者；在罗茨泵过早直接全速启动初期，可能发生进排气口压力差超限的现象，气体推开溢流阀返流，会带来溢流阀体高频开闭撞击而产生的噪声，也导致电动机功率效率的损失。

基于图 7-13 所示的直通式罗茨机组，系统的流量连续性原理计算公式与前面式(7-2) 完全相同。与旁通式机组不同的是，在直通式机组的罗茨泵启动前，罗茨泵转子是靠被抽气体直接推动，假设保持罗茨泵转子转动所需的进出口间驱动压力差为 $\Delta p_{1\text{-}2}$，则有

$$p_1 = p_2 + \Delta p_{1\text{-}2} \tag{7-6}$$

据此，可求得预抽阶段前级泵在罗茨泵入口处的有效抽速 S_1 与其入口压力 p_1 间的关系为

$$S_1 = \frac{p_2 S_e}{P_1} = \frac{p_1 - \Delta p_{1\text{-}2}}{p_1} S_e \tag{7-7}$$

需注意，上式仅在 $p_1 > \Delta p_{1\text{-}2}$ 时成立。由式(7-7) 可以直接看出，推导罗茨泵转子旋转所需要的压力差 $\Delta p_{1\text{-}2}$ 越大，前级泵在罗茨机组入口处的有效抽速 S_1 就越小。

若罗茨泵启动后在额定工作转速 n_0 下的几何抽速为 S_L，单位为 m^3/s；则在启动前入口压力为 p_1 时，由被抽气体推动做被动旋转的实际转速 n_1 应为

$$n_1 = \frac{S_1}{S_L} n_0 = \frac{p_1 - \Delta p_{1\text{-}2}}{p_1} \times \frac{S_e}{S_L} n_0 \tag{7-8}$$

针对容积为 V 的被抽真空容器，其抽气过程方程依然为式(7-4)；在罗茨泵启动前被抽真空容器内气体压力由 p_a 下降至 p_b 所需要的抽气时间为

$$\tau = \frac{V}{S_e} \ln \frac{p_a - \Delta p_{1\text{-}2}}{p_b - \Delta p_{1\text{-}2}} \tag{7-9}$$

7.7.3 变频式罗茨-螺杆机组的抽气特性

随着变频器的制造成本与销售价格的持续下降，同时性能的不断提高，变频技术近些年来在国内各个行业中开始得到广泛应用，变频式罗茨-螺杆机组就是真空系统中较早采用变频技术的成功案例。变频式罗茨泵机组的系统结构形式与直通式罗茨泵机组完全相同，是将螺杆泵、罗茨泵和被抽容器直接串联连接，结构示意如图 7-13 所示，只是罗茨泵的驱动电机由变频电源供电控制。通过变频器来调节罗茨泵的驱动电机，使罗茨泵能够根据具体工作需要改变其转速和抽气速率。

旁通式和直通式机组在预抽阶段的运行方式都是首先单独启动前级螺杆泵而不启动罗茨泵，需要等到机组入口的气体压力降低到适当值之后，才启动罗茨泵，而且罗茨泵启动后直接以额定转速全速运行。与此不同，在变频式罗茨泵机组的预抽阶段，罗茨泵与螺杆泵几乎可以同时启动，罗茨泵的转速和抽速由变频器进行控制，由低速逐步提升，直至过渡到全速运行的最大抽速。

变频启动式罗茨泵机组的优势在于：由于罗茨泵全程参与系统的预抽过程，并且抽速可调，从而使螺杆泵能够充分发挥其抽气能力，避免了预抽阶段的螺杆泵抽速下降，能显著提高机组的有效抽速，缩短预抽时间。同时，合理控制罗茨

泵做变速运行，能够切实避免因进出口压力差过大导致的转子过载发热，罗茨泵就不必设置内置溢流阀，从而简化泵的结构，降低制造成本。

变频式罗茨泵机组中的罗茨泵，其电机启动运行的控制方式有多种形式，这里推荐采用恒转矩或恒功率控制模式。

罗茨泵变频低速启动时，对被抽气体的压缩作用，可以看作是一个热力学多变过程，罗茨泵进、排气口处压力与流量的关系可以表述为

$$p_1 S_1^m = p_2 S_e^m \tag{7-10}$$

式中，m 为压缩过程的多变指数，取值 $m=1\sim\kappa$（κ 为气体的绝热指数，空气 $\kappa=1.4$）。在机组预抽阶段，气体质量流量大，单位质量气体的温升相对较少，m 的取值更接近 1。但注意接下来的计算公式不适用于 $m=1$ 的等温压缩过程。

对应罗茨泵的有效抽速 S_1，罗茨转子的实际转速 n_1 应为

$$n_1 = \frac{S_1}{S_L} n_0 \tag{7-11}$$

式中，符号 n_1、n_0、S_L 和 S_1 的意义和单位同前。

此时，罗茨泵所需要的压缩功率为

$$w_s = \frac{m}{m-1}(p_2 S_e - p_1 S_1) \tag{7-12}$$

当罗茨泵驱动电机做恒力矩变频运行时，其输出功率 w(kW) 与电机的额定功率 w_0(kW) 和额定转速 n_0 之间的关系近似为

$$w = \frac{n_1}{n_0} w_0 = w_0 \frac{S_1}{S_L} \tag{7-13}$$

由 $w=w_s$，可求得罗茨泵入口处可获得的实际抽速与其入口压力的关系：

$$S_1 = S_e \left[1 + \frac{(m-1)w_0}{m p_1 S_L}\right]^{\frac{1}{m-1}} \tag{7-14}$$

针对容积为 V 的被抽真空容器，其抽气过程方程依然为式(7-4)。在罗茨泵启动前被抽真空容器内气体压力由 p_a 下降至 p_b 所需要的抽气时间为

$$\tau = -\frac{V}{S_e}\int_{p_a}^{p_b} \frac{1}{\left[1 + \frac{(m-1)w_0}{m p_1 S_L}\right]^{\frac{1}{m-1}} p_1} \mathrm{d}p_1 \tag{7-15}$$

该式难以得到显式解析解，实际计算时可以利用软件编程完成数值积分。

7.7.4 计算示例与三种启动方式的比较

下面通过一个具体案例，比较说明三种不同启动方式的差别。

一真空容器的当量容积为 3m^3，配置有一套罗茨-螺杆真空机组。其中罗茨泵抽速 0.3m^3/s，最高许用启动压力 5kPa；前级螺杆泵抽速 0.07m^3/s，近似认为在整个启动过程中抽速恒定。按照旁通式工作时，系统旁通管路流导近似取为常数 $C=0.04937\text{m}^3/\text{s}$；按照直通式工作时，罗茨泵驱动压力差 $\Delta p_{1\text{-}2}=2\text{kPa}$。罗茨泵额定转速 2950r/min；额定功率 4kW。按照变频式工作时，其过程多变指数分别取 $m=1.1$、1.2 和 1.4。

当罗茨泵达到启动条件直接启动或转速达到额定转速后，罗茨机组的入口抽速恒定，等于罗茨泵抽速 S_L。此时真空容器中气体压力由 p_a 降低至 p_b 所需的抽气时间按如下公式计算：

$$\tau=\frac{V}{S_L}\ln\frac{p_a}{p_b} \tag{7-16}$$

依据前述式(7-3)、式(7-7) 和式(7-14)，可计算出不同启动方式下罗茨-螺杆真空机组入口处的有效抽速与入口压力的关系曲线，如图 7-14 所示。

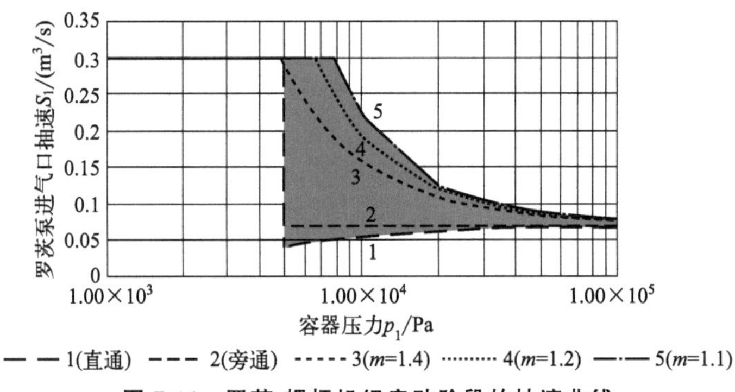

图 7-14 罗茨-螺杆机组启动阶段的抽速曲线

对于各种不同启动方式，分别依据式(7-5)、式(7-9) 和式(7-15)，可计算出被抽真空容器内气体压力由 $p_a=101325\text{Pa}$ 下降至 $p_b=3\text{kPa}$ 过程的压力-时间曲线，如图 7-15 所示。

比较三种启动方式下机组入口抽速随入口压力的变化规律。分析图 7-14 可以看出：旁通式的抽速十分接近前级泵的抽速并基本保持不变；直通式的抽速始终小于前级泵抽速，且入口压力越低，抽速下降越明显，在达到罗茨泵最大许用启动压力时抽速处于最低值；变频式的抽速始终高于前级泵抽速，入口压力越低，抽速增长越大，且有可能比规定的最大许用启动压力更早地进入全速工作状态。从图 7-15 可以看出，由于三种启动方式抽速的不同，也直接导致容器抽空

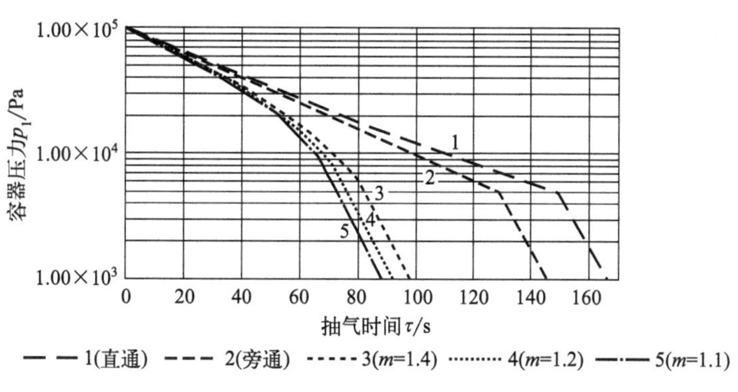

图 7-15　被抽容器的压力-时间曲线

时间的差别。就本计算示例而言，容器压力达到 1kPa 所需的抽气时间，变频式（m＝1.1）比旁通式和直通式分别缩短了 38.84％和 46.58％。

分析变频式抽气时间缩短的原因。为更深入地分析该机组的抽气过程，可以计算得到罗茨泵出口压力 p_2（即前级螺杆泵入口压力）与入口压力 p_1 的关系曲线，如图 7-16 所示。从图中看出，在整个启动阶段的抽气过程中，变频式的前级螺杆泵入口压力始终高于其他两者。这也意味着，在螺杆泵抽速相同的情况下，变频式能够排出更多的气体量。在 S_e 恒定的条件下，图 7-16 曲线同时也相当于前级泵（也是整个罗茨-螺杆真空机组）的气体流量曲线。另外，图 7-14 中不同抽速曲线的线下面积即是在对应压力区间内机组所排出的气体量。图中灰色阴影部分，就是变频式(m＝1.1）比直通式在该压力区间内多排出的气体量。

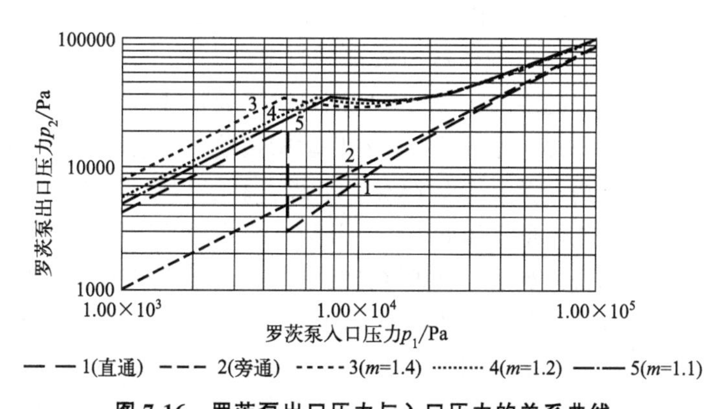

图 7-16　罗茨泵出口压力与入口压力的关系曲线

变频启动的超压现象。分析图 7-16 还发现，在靠近大气压 p_0 附近的一段压力范围内，变频式的前级泵入口压力 p_2 是高于大气压 p_0 的，这对于某些螺杆泵乃至罗茨泵是不可接受的。因此，罗茨泵变频启动方式需要在进入恒力矩运行方式之前，做短时间的延时启动。

多变过程指数的影响规律。分析图 7-14 和图 7-15 中的变频式曲线 3、4、5，可以发现，多变过程指数 m 的取值越小，机组的抽速越大，容器的抽气时间越短，这意味着罗茨机组的排气过程越接近等温过程，抽气效果越理想。反之，m 的取值越靠近绝热指数 κ 值，即排气过程越接近绝热过程，此时罗茨泵的排气温度越高，抽气效果越差，因为罗茨泵的压缩功耗更多地用于提高泵的排气温度，而不是用于提高气体压力与流量。

罗茨泵与前级螺杆泵的抽速比对机组抽速的影响规律。通过更多算例可以发现，当罗茨泵与螺杆泵的抽速比增大时，变频启动相比另外两种方式启动下的效率提升幅度会有所减小。

变频启动控制模式的选择。利用变频器控制罗茨泵的启动，有多种控制模式可供选择，目前现场使用最多的是转速控制模式，即设定在指定时长 t 内电源频率由 0Hz 提升至 50Hz，对应的罗茨泵转子转速由 0r/min 线性增速至额定转速。这种启动控制模式的常见问题是：罗茨转子在启动开始时受气体推动迅速达到了较高转速，进而超过了当时变频器设定的转速，常会给控制算法造成混乱；此外，需要根据被抽容器的大小和气源特性，以及所配罗茨-螺杆机组的抽速，通过试验摸索来确定启动时长 t，每一套真空设备都可能取值不同且需要逐个调试。这里推荐的恒力矩控制模式，能够在保持罗茨泵电动机始终不超载的前提下，尽可能提高转速，充分发挥其抽气能力，且不受气流推动转子的影响，特别适合于罗茨泵的变频启动。

恒力矩或恒功率控制模式的变频启动方式，还可以推广至变螺距转子螺杆泵的启动运行。在螺杆泵的转子内压缩比取值较大，而泵体上又没有开设中间泄压排气通道的情况下，当入口气体压力较高时，螺杆泵转子若直接以额定转速旋转，所需要的内压缩功耗会大大超出其所配电动机的常规额定功率，造成电流过载电机发热的故障。为此，这种螺杆泵在启动初期被抽工艺设备中气体压力尚接近大气压的一段时间内，需要变频降速，令螺杆转子以低速旋转，从而降低抽速，减少抽入泵内的气体量，因此降低了气体在泵内输运过程所需的压缩功，保证电动机安全可靠运行。当然，这种降速启动方式同时成正比地降低了螺杆泵的实际抽速，因此会延长工艺设备的预抽时间。螺杆泵低速变频启动的控制模式可以有多种形式，其中恒力矩控制模式依然是值得推荐的方式。

7.8 螺杆真空泵的选择、使用与维护

随着螺杆真空泵应用领域的越来越宽泛，不同应用场景之间的差异性也越来

越明显突出。这一方面对螺杆泵的生产者提出了面向用户的设计新理念，从而设计制造出适应各种不同工艺场合的专属化螺杆泵新产品；另一方面，也要求螺杆泵的使用者能够结合各自工艺设备的不同实际需求，从众多不同品牌型号的螺杆泵产品中恰当地选择适用的产品，并以正确的方式去加以使用。

正确地选择和使用螺杆真空泵产品，首先要对具体工艺设备的实际场景有深入的了解，明确把握工艺作业的关键点和困难点。关键点是指要求螺杆泵必须保证或优先满足的指标条件；困难点则是可能使螺杆泵无法高效、正常工作甚至造成破坏的负面因素。

例如，半导体产业需要的干式真空泵，对“无油”的指标要求十分苛刻，属于工艺作业的关键点，因此必须格外关注螺杆泵靠近进气口的前端轴承密封问题，严防轴承润滑脂经进气管道返流污染真空腔室。另外，许多半导体加工工艺设备存在粉尘污染问题，进入泵内的固体颗粒会黏附于螺杆转子和泵腔内壁之上，导致转子运转不灵活，属于常见的困难点。针对这种工况，在转子两端轴承内侧增设气体密封，向泵内充气形成气障，既可阻止轴承润滑油脂的蒸气向泵腔内扩散，又可阻止粉尘污染轴承。同时，在靠近排气口处开设充气口向泵内吹气，有助于提高泵内气体的流动速度从而携带粉尘将其排出泵外；在泵的进气口处开设充气口，在每个工作周期结束后对泵腔内充气吹扫，可清除泵内浮尘避免粉尘在泵内沉积，为下一工作周期做好启动准备。由此可知，面向于半导体领域的螺杆真空泵，具有一整套完善的泵内充气系统应该是其标准配置，选择在重点部位预留好充气口，以便根据实际工艺需要执行充气作业。

应用于医药化工领域的螺杆泵，面临的技术挑战可能是多方面的，需要对不同关键点的主次和困难点的难易程度进行先后排序，再考虑顺序应对的策略。对于抽除或输送的气体中含有有毒有害成分的工作场景，优先选择内置电动机的全封闭式螺杆泵而不采用外置电动机结构，从根源上避免毒害成分外泄漏的可能性。对于含有大量可凝性蒸气或原生粉尘的工况，优先选择立式泵，有利于液相、固相杂质成分的顺利排出，避免发生泵内沉积。对于泵内黏附、沉积、结垢难以避免，需要频繁做内部清洗的恶劣工况，选择悬臂式螺杆泵，并配以方便拆卸和重装的泵口连接结构，以便于利用工余时间，及时对泵腔和转子开展现场在位清洗。对于含有腐蚀性介质成分的工况，必须首先具体分析造成腐蚀物质的化学成分以及其浓度（或分压力）、温度等理化指标，然后有针对性地选择对应的耐腐蚀泵，包括转子、泵体直接由对应的可耐腐蚀材料制造，或者加镀防腐涂层，以及密封元件所使用的材料，由于药化行业所遭遇的腐蚀性物质种类繁多，对应的防腐手段也有多种形式，所以选择时要有针对性。

有些应用场景的技术需求可能是相互矛盾、难以兼顾的，选择时必须结合具体工况做出适宜的取舍。例如，一些螺杆泵使用单位出于挑选优质产品的目的，在招标、比较多家供应商产品时，对螺杆泵的基础压力指标提出很高的要求，认为螺杆泵所能达到的极限真空度越高，抽气效率越高，泵的综合性能就越好。面对用户这样的要求，供应商会有意减小螺杆转子各部位的运动间隙，以减少气体级间返流获取更高的极限真空度；但直接带来的一个不利后果是螺杆泵对粉尘颗粒和凝结沉积的耐受性大大降低，从而导致在恶劣工况环境下的工作过程中，时常发生转子剐蹭甚至卡死的故障，严重影响了正常生产。其实，对于如同药化行业等工况环境恶劣的应用场合，没有必要对螺杆泵的极限压力指标做过高要求。即使确实需要在较高真空度下具有必要的抽速，通常也是配备成罗茨-螺杆机组，充分利用罗茨泵在中真空区段具有的大抽速优势。而通过降低极限真空度指标要求，允许放大螺杆转子的运动间隙，在一定程度上以损失一些抽气效率为代价，来换取螺杆泵对粉尘和凝结物耐受性的提高，可以提高其安全运行可靠性，延长维修周期，对于一些应用场合可能是更恰当的选择。

为应对各种恶劣的应用工况，还应该从整个真空系统的宏观角度出发去思考解决方案，增设必要的配套设备，而不是单纯地局限于真空泵本身。在泵前加设冷凝器和过滤器，将有害成分截留下来，尽量阻止其进入泵内，减轻泵的排放负担，通常是十分有效的方法，能够在很大程度上保障真空泵的正常稳定工作。在泵后设置气液分离器、冷凝器、吸收塔等后处理设备，对于具有溶剂回收功能的真空系统是十分必要的；由真空泵排出的气体和蒸气，不应简单地交由环保部门做排放处理，而应该与真空系统统一考虑做联合设计，从工艺方案上尽量减少有害排放。

针对工作现场的安装条件，真空系统的管路布置也值得关注。对于采用集中式泵站或独立泵房的工作环境，工艺设备的真空室与真空泵之间有较远的距离，抽气管路通常很长，这时需要保证管路的通径尺寸足够大以便具有合适的流导。同理，多台套真空系统的统一排气管道也应具有足够的通径，以免管路过细排气压力差过大，导致真空泵排气背压过高，从而出现抽速减小、极限真空度下降、排气温度升高、抽气效率下降等问题。因进气管路、排气管路过细导致真空系统性能下降的问题，在大型工厂中偶有发生。

在螺杆泵的长期工作运行过程中，及时正确的维修保养也是十分必要的，不仅要避免因螺杆泵故障导致工艺设备停机的严重事故，也要防止因螺杆泵性能下降导致工艺时间延长和产品质量不合格等生产故障。

半导体行业集成电路加工生产中，工艺设备中的集成电路芯片是价值极高的产品，生产工艺的指标要求极为严格。为保障工艺设备内真空环境的长期一致性，所使用的真空泵不允许出现任何故障。为此，服务于该领域的真空泵产品，需要结合具体工艺设备和工艺环境，对其可能出现任何故障的概率开展可靠性分析，评估其有效服务寿命，制定安全服务期限；并且在工作时间到达安全服务期限时，即使真空泵没有出现任何故障现象，也要将其从生产线上替换下来做检修维护保养，全面清洗主要部件，更换易损零件，重新装配调试后测试其性能指标，只有在完全达到指标要求的情况下，才重新上线投入下一工作周期的使用。另一个类似的案例是光伏电池生产线中镀膜设备所使用的螺杆真空泵，在长期运行中会有被抽气体中携带的大量粉尘固体颗粒在泵内沉积，严重时会阻碍吸气排气通道，引起转子部件的摩擦干涉甚至卡滞。所以就需要定期下线维护，完全拆卸泵体，彻底清洗泵腔内壁和转子。目前工作于这一场景下的螺杆泵的维修周期为 3～6 个月。

应用于药化行业的螺杆泵，经常会遇到泵内发生凝结积液、胶质黏附、固态沉积的危害，适当、及时的日常维护，是最有效和最低成本的应对措施。常用方法包括：

首先是在工艺进行过程中，伴随着螺杆真空泵抽气的同时，在泵体的合适部位向泵内充入清洁气体。这有助于增大泵内气体流速，降低有害物质浓度，减少有害物质在泵内的停留时间，尽可能将其直接排出泵外，减轻甚至杜绝有害物质的泵内滞留沉积。

其次，在每一个工艺作业周期结束时，关闭真空系统总阀后，保持真空泵继续运转而不停机，此时从泵口冲入清洁气体甚至清洗剂，对泵腔内做净化清洗，除去螺杆式真空泵内残留的蒸气和液体物质，避免停泵后泵体温度下降发生凝结凝固，导致转子与泵体粘接，下一次启动时无法正常转动。

最后，在泵内累积的沉积物快要影响泵的正常运行时，及时利用工余时间，将泵下线维修清洗（如果采用悬臂式真空泵可以实现在线快速清洗），不要等到运行工作中被迫停机或长时间低性能带病运行，影响工艺设备中生产工艺的正常进行。

除了螺杆泵抽气通道中可能发生黏结、腐蚀等故障之外，机械故障也是日常生产管理和设备维护的关注点之一。因热膨胀导致的转子剐蹭卡滞和齿轮轴承系统过载，在泵温过高时首先发生。因此很多螺杆泵都自带温度监控功能，在重点部位（如排气口、轴承附近）安置测温热电偶，一旦温度超过设定范围，就立刻报警检修，但不建议自动停机保护，以免造成工艺流程中断影响生产。导致温度过高的原因通常有：进气温度过高、环境温度和冷却水温度过高，冷却水通道堵塞引起的水冷散热效果不好、排气背压过高，等等。

接触式密封部件通常是螺杆泵中有效工作寿命最短的元件，因此是日常维护检修的关注重点。导致密封件损耗或密封失效的原因主要是被抽介质的腐蚀和运行中的机械磨损，密封件损耗后带来的后果包括：轴承和齿轮的润滑剂进入泵腔造成污染；被抽气体中的油脂类蒸气渗入齿轮箱，与润滑油混溶导致润滑油乳化变质；腐蚀性物质穿过密封件对轴承、齿轮和转子造成腐蚀破坏；机械密封的摩擦环破碎产生固体碎块引发机械故障；等等。其中前面几项破坏后果不是即时显现的，不易被发现，造成的损失更大。因此，对密封件磨损程度的评估必须保守，在每次拆卸检修时都尽可能加以更换，以避免引发更大破坏损失。

对真空系统的日常维护检修中，除了重点关注真空泵的工作状态是否有变化、各项性能指标是否有下降趋势之外，还要关注真空泵的现场工作环境的保障条件是否满足要求，比如水、电、气的供应。由于生产场地的冷却水温度和环境温度与湿度有可能随季节发生较大变化，会导致工艺设备的进气温度、泵体的散热能力和工作温度发生变化，这对药化行业中含有某些易于发生热解或相变的气体成分、对排气温度比较敏感的工艺流程，可能引发泵内出现凝结、凝华、黏附、沉积等现象。因此，要求日常生产管理中考虑换季因素影响。对于通过集中排气管路排放废气的大型工厂，由真空泵排出的固体粉尘可能会堆积在水平走向的排气总管中，因而堵塞管道影响排气流动，造成真空泵排气背压升高，因此需要定期检查。

总而言之，为使螺杆真空泵得到安全、可靠、正确、高效的应用，需要结合具体实际工作场景，在其设计、制造、安装、调试、使用、检修直至报废的全生命周期内的每一个环节中，都以严谨、认真、科学的态度，做好应做、必做的本职工作。

参考文献

[1] 姜燮昌．干式螺杆真空泵的结构、性能与应用［J］．真空，2018，55（4）：6-12.

[2] 耿云静，吴晓蕊，张京月．干式螺杆真空泵在维生素 B_{12} 生产工艺中的应用［J］．化工中间体，2015（3）：19-20

[3] 许金全，段五华，汪承藩，等．应用特殊精馏技术从制药废液中回收四氢呋喃［J］化工环保，1999（19）：12-16.

[4] 赵永祥，王永辉，张培丽．螺杆真空泵在环丁砜减压精馏工艺中的应用与选型建议［J］．真空，2017，54（2）：22-24.

[5] 李爱珍，帅新发，廖雪松．干式螺杆真空泵在原料药生产工艺中的应用［J］．广东化工，2014（21）：190-191，193.

[6] 吴锐，张军，徐冬梅．螺杆式真空泵系统设计及其在卷烟企业的应用［J］．工程建设与设计，2007（10）：37-40.

[7] 生态环境部办公厅国家重点推广的低碳技术目录（第四批）［EB/OL］．https：//www.mee.gov.cn/xxgk2018/xxgk/xxgk06/202212/t20221221 _ 1008424.html.

[8] 黄本诚．神舟飞船特大型空间环境模拟器［J］．航空制造技术，2005（11）：34-37

[9] 张磊，王军伟，付春雨．大型空间环境模拟器真空系统配置技术研究［J］．装备环境工程，2018，15（6）：1-6

[10] 李海波．火星探测器自主着陆环境感知关键技术研究 [D]. 南京：南京航空航天大学，2018.
[11] 吕世增，张磊，韩潇．火星低气压环境下的尘暴模拟研究 [J]. 真空科学与技术学报，2017，37 (7)：669-673.
[12] 张丕显．干式真空泵在半导体及新能源领域的应用及发展趋势 [EB/OL]. 真空聚焦，2023-06-27.
[13] 张世伟，高雷鸣，李润达，等．罗茨真空机组预抽阶段的抽气特性比较研究 [J]. 真空，2022，59 (1)：1-6.

附录

符号表

R_D	齿顶圆半径（m）
D	齿顶圆直径（m）
R_d	齿根圆半径（m）
d	齿根圆直径（m）
R_e	节圆半径（m）
e	节圆直径，两转子中心距（m）
λ	转子螺旋导程（m）
λ_0	等螺距转子的导程或变螺距转子的初始导程（m）
λ_{in}	螺杆转子吸气导程（m）
λ_{out}	螺杆转子排气导程（m）
L_T	螺杆转子总长度（m）
α	螺杆转子变螺距系数（rad^{-1}）
V_{in}	单一螺杆转子的吸气容积（m^3）
V_{out}	单一螺杆转子的排气容积（m^3）
ε	吸排气几何压缩比或内压缩比
S_t	几何抽速或理论抽速（m^3/s、L/s 或 m^3/h）
S_d	实际抽速或名义抽速（m^3/s，L/s 或 m^3/h）
η	抽气效率
A_e	单一螺杆转子端面型线的有效抽气面积（m^2）
S_A	二转子相互重叠的弓形部分面积（m^2）
S_B	单一螺杆转子体的实体横截面积（m^2）
S	面积（m^2）
n	螺杆转子的工作转速（r/min）
x，y，z	直角坐标系
r，θ，z	圆柱坐标系
t	旋转角度或形式参数（rad）
φ	旋转角度或形式参数（rad）

θ	旋转角度或形式参数（rad）
R_0	渐开线或阿基米德螺旋线的基圆半径（m）
e_x，e_y	回转体质心坐标（m）
I_{yz}	转子对 y-z 轴的惯性积（kg·m^2）
I_{zx}	转子对 z-x 轴的惯性积（kg·m^2）
r，θ 或 x，y，z	形心坐标
r_0，θ_0 或 x_0，y_0，z_0	初始截面的形心坐标
A	面积（m^2）
A_0	螺杆转子实体端面型线的横截面积（m^2）
p	气体压力或真空度（Pa）
p_F	反冲过程前储气腔内的气体压强（Pa）
p_{0min}	泵的极限真空度（Pa）
V	气体体积或抽气容积（m^3）
T	气体温度（K）
V_0	吸气级储气腔的容积（m^3）
C_p	气体定压比热容［J/(kg·K)］
C_V	气体定容比热容［J/(kg·K)］
R_g	单位质量气体常数［J/(kg·K)］
R	理想气体常数［J/(mol·K)］
κ	气体绝热指数
μ	气体分子的摩尔质量（kg/mol）
m	气体的质量（kg）
U	气体的内能（J）
H	气体的焓（J）
S	气体的熵（J/K）
W	气体反冲做功或螺杆转子做功（J）
P 或 w	功率（W）
Q	气体热量（J）
t 或 τ	时间（s）
τ_0	转子旋转一周的时间（s）
N	螺杆转子的抽气级数
n 或 m	气体多变压缩热力过程的多变指数
L	泄漏间隙长度（m）
δ	泄漏间隙宽度（m）

h	齿顶面的法向宽度（m）
B	齿顶面的轴向宽度（m）
v	速度（m/s）
q_V	气体的体积流量（m^3/s）
q_m	气体的质量流量（kg/s）
q_L	返流气体的质量流量（kg/s）
$\bar{q}_L$	一周期内返流气体的平均质量流量（kg/s）
m_L	一周期内返流气体的总质量（kg）
η	气体的动力黏性系数（$N \cdot s/m^2$）
x	气体压力比
x_C	气体临界压力比
Q	气体流量（$Pa \cdot m^3/s$）
Q_L	返流泄漏气体流量（$Pa \cdot m^3/s$）
S_e	前级泵抽速（m^3/s、L/s 或 m^3/h）
C	管路流导（m^3/s 或 L/s）

下标

0	泵进气口参数
a	泵排气口参数
i	螺杆转子储气腔编号
s	气体在标准状态下的参数
C	库特流动
P	泊肃叶流动
H	孔口喷射流动